高等职业教育水利类新形态一体化教材

水利工程制图

主　编　斯庆高娃　王平霞　朱　敏
副主编　李建茹　　马晓宇　杨　健　宋国梁　王立辉
主　审　张瑞麟

中国水利水电出版社
www.waterpub.com.cn
·北京·

内 容 提 要

本书采用国家最新标准《技术制图 图样画法 剖视图和断面图》(GB/T 17452—1998)、《水利水电工程制图标准》(SL 73—2013)、《建筑制图标准》(GB/T 50104—2010)、《公路路线设计规范》(JTG D20—2017) 和《公路工程技术标准》(JTG B01—2014),结合工程实际和制图课程的教学特征,利用课件、动画、音频、视频、微课、图片、题库等数字资源,模拟工程的结构、构造,使教材内容具有真实性和职业性。本书分五个模块,主要内容包括:制图的基本知识,投影的基本知识,点、直线、平面的投影,立体的投影,轴测图,立体表面的交线,组合体,视图、剖视图、断面图,标高投影,水利工程图,房屋施工图,道路工程图,桥梁工程图,涵洞工程图,AutoCAD2017 工程绘图技术,计算机绘制专业图的操作实训等。

本书适用于高职高专水利水电工程建筑专业、水利水电工程技术专业、水利工程专业、建筑工程技术专业和道路与桥梁工程技术专业等使用,也可作为工程技术人员的参考用书。

图书在版编目（CIP）数据

水利工程制图 / 斯庆高娃，王平霞，朱敏主编. --
北京 : 中国水利水电出版社，2022.3
高等职业教育水利类新形态一体化教材
ISBN 978-7-5170-9855-3

Ⅰ. ①水… Ⅱ. ①斯… ②王… ③朱… Ⅲ. ①水利工
程－工程制图－高等职业教育－教材 Ⅳ. ①TV222.1

中国版本图书馆CIP数据核字(2021)第169898号

书　　名	高等职业教育水利类新形态一体化教材 **水利工程制图** SHUILI GONGCHENG ZHITU	
作　　者	主　编　斯庆高娃　王平霞　朱　敏 副主编　李建茹　马晓宇　杨　健　宋国梁　王立辉 主　审　张瑞麟	
出版发行	中国水利水电出版社 （北京市海淀区玉渊潭南路1号D座　100038） 网址：www.waterpub.com.cn E-mail：sales@mwr.gov.cn 电话：(010) 68545888（营销中心）	
经　　售	北京科水图书销售有限公司 电话：(010) 68545874、63202643 全国各地新华书店和相关出版物销售网点	
排　　版	中国水利水电出版社微机排版中心	
印　　刷	天津嘉恒印务有限公司	
规　　格	184mm×260mm　16开本　20.25印张　493千字	
版　　次	2022年3月第1版　2022年3月第1次印刷	
印　　数	0001—1500册	
定　　价	**69.00**元	

凡购买我社图书，如有缺页、倒页、脱页的，本社营销中心负责调换

前言

本书根据高职教育人才培养模式和基本特点，配合教材改革，结合数字化资源，注重能力培养、创新性和实践应用性等要求，并结合编者多年的教学经验编写而成。本书层次清楚，内容精炼，重点突出水利专业特色；在编排上符合学生的认知规律，具有很强的逻辑性和条理性。

本书内容由 5 个模块构成，采用模块化、任务式编写方式，每个任务设置总体教学目标和内容，并配有"基本概念与术语""自主学习任务单""自测练习"附以学生课前预习；任务的相关内容还设置了很多实例精讲和课外拓展阅读，重点、难点都有配套视频，供学习者线上、线下学习参考。

由于教材篇幅所限，为方便读者学习，本书将所涉案例的 CAD 图等作为附录图整理成压缩包供下载使用。

本书由内蒙古机电职业技术学院斯庆高娃、王平霞、朱敏担任主编，内蒙古机电职业技术学院李建茹、马晓宇、杨健、宋国梁、王立辉担任副主编，内蒙古机电职业技术学院张瑞麟担任主审。具体分工如下：斯庆高娃编写任务 1.1、任务 1.5、任务 3.1、任务 4.5、任务 5.1，王平霞编写任务 1.3、任务 1.6、任务 4.3，朱敏编写任务 2.1、任务 2.2、任务 4.4，李建茹编写任务 4.1、任务 4.2，马晓宇编写任务 3.2、任务 5.2，杨健编写任务 3.3、任务 5.3，宋国梁、云南水利水电职业学院王立辉编写任务 1.4，王立辉编写任务 1.2。斯庆高娃负责全书统稿。

由于编者水平有限，加之时间仓促，难免存在错误和不足之处，诚恳希望读者批评指正。

编者

2022 年 2 月

课件⑩

附录图①

"行水云课"数字教材使用说明

"行水云课"水利职业教育服务平台是中国水利水电出版社立足水电、整合行业优质资源全力打造的"内容"＋"平台"的一体化数字教学产品。平台包含高等教育、职业教育、职工教育、专题培训、行水讲堂五大版块，旨在提供一套与传统教学紧密衔接、可扩展、智能化的学习教育解决方案。

本套教材是整合传统纸质教材内容和富媒体数字资源的新型教材，将大量图片、音频、视频、3D动画等教学素材与纸质教材内容相结合，用以辅助教学。读者可通过扫描纸质教材二维码查看与纸质内容相对应的知识点多媒体资源，完整数字教材及其配套数字资源可通过移动终端APP、"行水云课"微信公众号或中国水利水电出版社"行水云课"平台查看。

内页二维码具体标识如下：

· ⓨ为课前预习

· ⓕ为动画

· ▶为微课

· ▷为音频

· ⓣ为课后巩固练习

· 🖥为课件

· ⓟ为图片

· ⓣⓩ为拓展知识

· ↓为可下载

线上教学与配套数字资源获取途径：

手机端：

关注"行水云课"公众号→搜索"图书名"→封底激活码激活→学习或下载

PC端：

登录"xingshuiyun.com"→搜索"图书名"→封底激活码激活→学习或下载

多媒体知识点索引

序号	资源号	资　源　名　称	类型	页码
151		课后巩固练习 4.1	⊤	189
152		课前预习 4.2	⑩	189
153	4－4	点的绘制	⊙	190
154	4－5	定数等分	⊙	190
155	4－6	定距等分	⊙	190
156	4－7	直线的绘制	⊙	191
157	4－8	射线的绘制	⊙	191
158	4－9	多段线的绘制	⊙	191
159	4－10	多线的绘制	⊙	191
160	4－11	圆形的绘制	⊙	192
161	4－12	椭圆及椭圆弧的绘制	⊙	195
162		课后巩固练习 4.2	⊤	198
163		课前预习 4.3	⑩	199
164	4－13	镜像	⊙	205
165	4－14	移动	⊙	208
166	4－15	旋转	⊙	208
167	4－16	修剪、延伸命令的操作方法	⊙	209
168	4－17	圆角	⊙	210
169	4－18	夹点	⊙	213
170	4－19	夹点镜像图形对象	⊙	215
171		课后巩固练习 4.3	⊤	216
172		课前预习 4.4	⑩	216
173	4－1	文字样式的介绍	◉	216
174	4－2	文字样式对话框含义	◉	217
175	4－3	尺寸标注的规则与组成	◉	246
176	4－1	线性标注	⊘	247
177	4－20	线性标注	⊙	247
178	4－21	对齐标注	⊙	247
179	4－22	直径标注	⊙	249
180	4－23	半径标注	⊙	249
181	4－24	折弯标注	⊙	250

序号	资源号	资 源 名 称	类型	页码
182	4-25	圆心标注	⊙	251
183	4-26	基线标注	⊙	251
184	4-27	连续标注	⊙	251
185	4-28	引线标注	⊙	252
186		课前预习4.5	Ⓜ	257
187	4-29	长方体的绘制	⊙	258
188	4-30	圆柱体的绘制	⊙	259
189	4-31	三维实体楔体的绘制	⊙	259
190	4-32	三维球体的绘制	⊙	259
191	4-33	三维圆棱锥体的绘制	⊙	259
192	4-34	三维实体多段体的绘制	⊙	260
193	4-35	拉伸实体	⊙	260
194	4-36	旋转实体	⊙	261
195	4-37	放样实体	⊙	262
196	4-38	并集操作	⊙	264
197	4-39	差集操作	⊙	264
198	4-40	旋转三维实体	⊙	266
199	4-41	三维镜像	⊙	266
200	4-42	剖切实体	⊙	270
201		课后巩固练习4.5	Ⓣ	272
202		课前预习5.1	Ⓜ	273
203	5-1	水工图缩放比例的设置	⊙	273
204	5-1	专业图绘图环境的设置	⊙	276
205		课后巩固练习5.1	Ⓣ	288
206		课前预习5.2	Ⓜ	288
207	5-2	墙体的绘制	⊙	294
208	5-3	门的绘制	⊙	295
209	5-4	窗的绘制	⊙	295
210		课后巩固练习5.2	Ⓣ	298
211		课前预习5.3	Ⓜ	300
212	5-1	工程图集	Ⓟ	300

目　　录

绪　　论

0.1　本课程概念

水利工程制图是指绘制水利工程图样并读懂水利工程图样的一门课程。水利工程图是表达水工建筑物（水闸、大坝、渡槽、溢洪道等）的设计图样。工程图是工程技术人员用来表达设计意图，组织生产施工，进行技术交流的技术文件，它能准确地表达出建筑物的形状、大小、材料、构造及有关技术要求等内容。因此，工程图被称为"工程技术语言"。

0.2　本课程的学习内容与学习要求

本课程内容分为 5 个模块，各模块的主要内容与要求如下。

模块 1　制图国标与投影原理的应用

模块 1 主要内容是绘图工具与仪器的使用方法，基本制图标准、平面作图、物体三视图的绘制、轴测图的绘制和组合体视图的绘制与识读等。

要求学生能正确使用绘图工具和仪器抄绘平面图形，掌握基本的绘图技能，掌握轴测图的绘制，组合体视图的绘制与识读。

模块 2　图样画法的应用与标高投影图的求作

模块 2 主要内容是学习表达物体内部形状的视图、剖视图和断面图，并学习标高投影图的求作与识读方法。

要求学生掌握视图、剖视图、断面图的画法及尺寸标注和读图方法；掌握点、直线、平面和地形面的标高投影图的画法及平面与平面的交线、地形面与建筑物的交线的标高投影图的求作，重视识图能力的培养和提高，初步掌握标高投影的基本概念和作图方法；重视识图能力的培养和提高；培养学生的空间思维和空间想象能力。

模块 3　专业图的绘制与识读

模块 3 主要内容是学习绘制和阅读水利工程图，了解水利工程图的图示特点和表达方法；学习绘制和阅读房屋施工图，了解房屋建筑施工图、房屋结构施工图的图示特点和表达方法；学习绘制和阅读道路工程图、桥梁工程图和涵洞工程图的图示特点和表达方法。

要求学生能绘制简单的水利工程图、房屋施工图、道路工程图、桥梁工程图和涵洞工程图并能熟练阅读常见的图。

模块4　AutoCAD2017 工程绘图技术的应用

模块 4 主要内容是 AutoCAD2017 的入门与常用工具命令的操作：按指定方式显示图形、创建与管理图层的方法和技巧；按制图标准设置线型、注写文字的方法；常用绘图和编辑命令各选项的内容、快捷的操作方法和应用技巧；对象捕捉、对象追踪等精确绘图方式的操作，按制图标准设置和编辑尺寸标注样式的方法；图块的创建与应用等。

要求学生能熟练掌握应用 AutoCAD2017 绘图软件；按制图标准和需要设置绘图环境的方法；掌握应用 AutoCAD 绘制工程图样的能力。

模块5　计算机绘制专业图操作实训

模块 5 主要内容是按制图标准创建系列样图的方法和样图的应用，包括绘制水利工程图、建筑施工图和桥梁工程图的方法步骤与相关技巧。

要求学生能使熟练掌握应用 AutoCAD2017 绘图软件绘制水利工程图、建筑施工图和桥梁工程图的能力。

0.3　本课程的学习方法

本课程是一门既有理论又十分重视实践的课程。只有认真钻研教材，弄懂投影原理和作图方法，多做习题练习，才能取得良好的效果。

(1) 关于绘图与识图原理部分的学习应重在理解，投影理论的基本内容是研究空间物体与平面基本视图的转换规律，只有增强对空间物体与基本视图转换过程的分析、理解，才能掌握视图的投影规律和特性。学习中应用教师推送的微课、视频、动画、音频、图片、PPT、基本概念与术语等，能帮助提高对空间物体的感性认识和对图样的识图能力。平时多注意学习生活中的空间物体与视图的转换作图练习，也有助于培养和提高对空间物体的想象能力。

(2) 关于绘图技能和识图能力的培养重在实践练习，本课程具有较强的实践性，必须做大量的"由三维空间立体画三视图和由三视图想象三维空间立体"的作业。"绘图与识图"训练紧密结合，贯穿整个课程教学。

因此，学生必须及时完成每节课布置的相应作业与练习，并做到画图线型工整、图面整洁、概念原理正确。这样才能培养好绘图能力，才能牢固掌握绘图原理，提高专业图的识图能力。

模块1　制图国标与投影原理的应用

任务1.1　制图基本知识

【教学目标】

一、知识目标

1. 通过对图纸的幅面、图框、标题栏、比例、图线、标注尺寸、字体等学习，使学生掌握图线画法及尺寸注法。

2. 了解长仿宋字体、图纸幅面的一般规定。

3. 常用绘图工具、仪器的使用方法。

二、能力目标

在实践中能严格依据制图标准及规定进行读图和绘图的能力。

三、素质目标

树立并培养严谨细致、一丝不苟的工作意识及作风。

课前预习
1.1

【教学内容】

1. 制图标准及规定。

2. 制图工具和仪器的使用方法。

1.1.1　基本制图标准

为实现水利水电工程制图标准化，使水利水电工程图样准确表达设计意图或实际情况，并保证图面质量，以适应勘测、设计、施工和存档的要求，必须对水利水电工程图样的内容、画法、格式等做出统一规定，即为制图标准。制图基本都遵循国家标准《技术制图　图样画法　剖视图和断面图》(GB/T 17452—1998) 和《水利水电工程制图标准》(SL 73—2013)。

1.1.1.1　图纸幅面及标题栏

1. 图幅和图框线

(1) 图纸幅面。

图纸幅面是指图纸宽度与长度组成的图面。绘制图样时，应采用表1-1-1中规定的图纸基本幅面尺寸，尺寸单位为：mm。

图纸的幅面宜采用基本幅面也可采用加长幅面。常用图幅的大小关系，如图1-1-1所示。

表 1 - 1 - 1　　　　　　　**基本图幅及图框尺寸（第一选择）**　　　　单位：mm

幅面代号	A0	A1	A2	A3	A4
$B \times L$	841×1189	594×841	420×594	297×420	210×297
e	20			10	
c	10			5	
a	25				

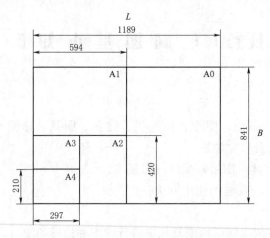

图 1 - 1 - 1　各种基本图纸幅面的关系

　　加长图幅宜选用表 1 - 1 - 2 和表 1 - 1 - 3 所规定的加长幅面，幅面的尺寸是由基本幅面的短边成整数倍增加后得出。加长幅面的图框尺寸，按所选用的基本幅面大一号的图框尺寸确定。图纸幅面的尺寸公差应满足《印刷、书写和绘图纸幅面尺寸》（GB/T 148—1997）的规定。

表 1 - 1 - 2　　　　　　　　　**加长幅面（第二选择）**　　　　　　　单位：mm

幅面代号	A3×3	A3×4	A4×3	A4×4	A4×5
$B \times L$	420×891	420×1189	297×630	297×841	297×1051

表 1 - 1 - 3　　　　　　　　　**加长幅面（第三选择）**　　　　　　　单位：mm

幅面代号	A0×2	A0×3	A1×3	A1×4	A2×3	A2×4	A2×5
$B \times L$	1189×1682	1189×2523	841×1783	841×2378	594×1261	594×1682	594×2102
幅面代号	A3×5	A3×6	A3×7	A4×6	A4×7	A4×8	A4×9
$B \times L$	420×1486	420×1783	420×2080	297×1261	297×1471	297×1682	297×1892

　　（2）图框线。

　　图框线是工程制图中图纸上限定绘图区域的线框。图框线应用粗实线绘制，格式分无装订边和有装订边两种。同一产品的图样应采用同一种图框线格式，如图 1 - 1 - 2（a）、（b）所示。

　　2．标题栏与会签栏

　　在水利工程制图中，为方便读图及查询相关信息，图纸中一般会配置标题栏，其位置一般位于图纸的右下角，看图方向一般应与标题栏的方向一致。标题栏的外框线

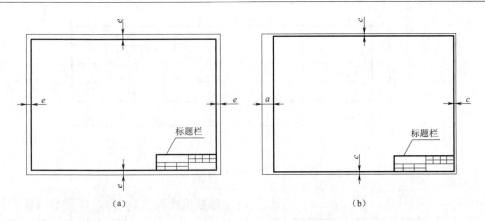

图 1-1-2　图纸装订边格式

(a) 无装订边的图框线格式；(b) 有装订边的图框线格式

应为粗实线，分格线应为细实线，如图 1-1-2 所示。

标题栏的内容格式和尺寸可按下列样式绘制：对 A0、A1 幅面可按图 1-1-3 所示式样绘制，对 A2~A4 幅面可按图 1-1-4 所示式样绘制，作业中的标题栏可按图 1-1-5 所示式样绘制。

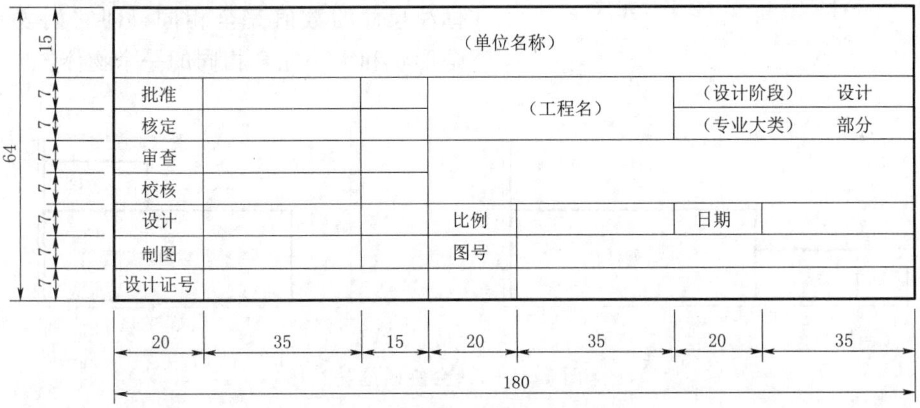

图 1-1-3　A0、A1 图幅标题栏

会签栏是为完善图纸、施工组织设计、施工方案等重要文件上按程序报批的一种常用形式。图纸中会签栏的内容格式及尺寸可按图 1-1-6 所示式样绘制，会签栏宜在标题栏的右上方或左下方，其位置如图 1-1-7 所示。

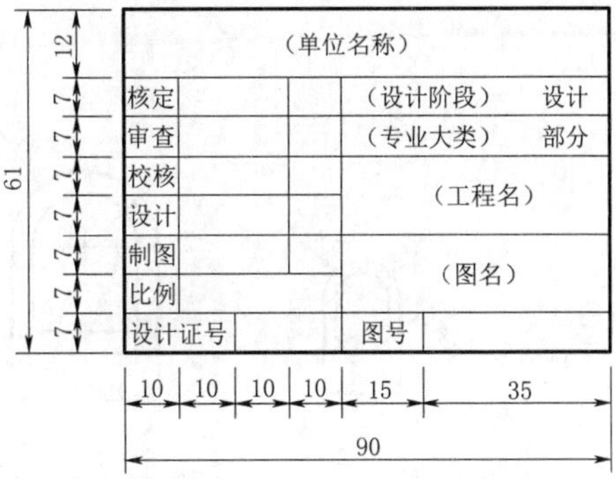

1.1.1.2　制图比例

图样中图形的线性尺寸与其实物相对应的线性尺寸之比，称为比例。比值为 1

图 1-1-4　A2~A4 图幅标题栏

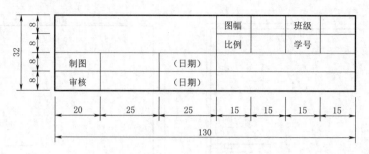

图 1-1-5　作业中的标题栏

1-1 制图比例

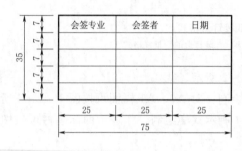

图 1-1-6　会签栏格式

时，称原值比例（1∶1），即图形与实物同样大；比值大于 1 时称为放大比例，例如 2∶1，即图形是实物的两倍；比值小于 1 时称为缩小比例，如 1∶2，即图形是实物的 1/2。图样上的比例只反映图形与实物大小的缩放关系，图中标注的尺寸数值应为实物的真实大小，与图样的比例无关。如图 1-1-8 所示，三个图样的大小不同，但标注尺寸的数值完全相同，即它们表示的是形状和大小完全相同的一个物体。

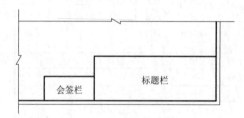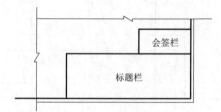

图 1-1-7　会签栏位置

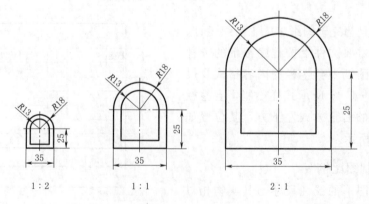

图 1-1-8　比例

制图比例有常用比例和可用比例，按表 1-1-4 的规定选用。

表 1-1-4　　　　　　　　　　　　制　图　比　例

常用比例	$1:1$		
	$1:10^n$　　　$1:2\times10^n$　　　$1:5\times10^n$		
	$2:1$　　　$5:1$　　　$(10\times n):1$		
可用比例	$1:1.5\times10^n$　　　$1:2.5\times10^n$　　　$1:3\times10^n$　　　$1:4\times10^n$		
	$2.5:1$　　　$4:1$		

注　n 为整数。

整张图纸中只采用一种比例的，应将比例统一注写在标题栏内。整张图纸中采用不同比例的，应在该图的图名之后或图名横线下方另行标注其比例，比例的字号应较图名字号小 1 号或 2 号。在一个视图中的铅直和水平两个方向可采用不同的比例，两个比例比值不宜超过 5 倍。图样比例可采用沿铅直和水平方向分别标注的形式。

1.1.1.3　制图图线

1. 图线及其应用

在工程图样中，为了使图样中所表达的内容主次分明，应根据图样的内容选用不同形式和不同粗细的图线。常用的几种线型的形式和用途见表 1-1-5。从表中可看出图线的宽度分为粗（b）、中（$0.5b$）、细（$0.25b$），其宽度比率为 4:2:1。图样中的图线宽度的尺寸系列应为 0.18mm、0.25mm、0.35mm、0.5mm、0.7mm、1.0mm、1.4mm 和 2.0mm。

表 1-1-5　　　　　　　　　图线线型的形式和用途

图线名称	线　型	线宽	主　要　用　途
粗实线	——————————	b	(1) 可见轮廓线 (2) 钢筋 (3) 结构分缝线 (4) 材料分界线 (5) 断层线 (6) 岩性分界线
细实线	——————————	$0.25b$	(1) 尺寸线和尺寸界线 (2) 剖面线 (3) 示坡线 (4) 重合剖面的轮廓线 (5) 钢筋图的构件轮廓线 (6) 表格中的分格线 (7) 曲面上的素线 (8) 引出线
虚线	≈1　2~6 — — — — — —	$0.5b$	(1) 不可见轮廓线 (2) 不可见结构分缝线 (3) 原轮廓线 (4) 推测地层界线

续表

图线名称	线　　　型	线宽	主　要　用　途
点划线	15~30　3~5　15~30	0.25b	(1) 中心线 (2) 轴线 (3) 对称线
双点划线	15~30　≈5　15~30	0.25b	(1) 原轮廓线 (2) 假想投影轮廓线 (3) 运动构件在极限位置或中间位置的轮廓线
波浪线		0.25b	(1) 构件断裂处的边界线 (2) 局部剖视的边界线
折断线		0.25b	(1) 中断线 (2) 构件断裂处的边界线

2. 图线绘制的注意事项

图线画法应符合下列规定：

(1) 同一图样中，图线的类型和宽度宜一致。

(2) 用点划线表示圆的中心线时，圆心应是线段的交点，点划线两端应超出圆弧 3~5mm，当在较小图形（圆的直径小于 10mm）上绘制点划线或双点划线有困难时，可用细实线画出，如图 1-1-9 所示。

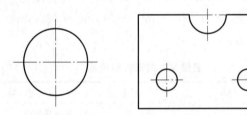

图 1-1-9　圆的中心线

(3) 点划线和双点划线的首末两端，应绘为线段。

(4) 各类图线相交时，必须是线段相交。但虚线若为实线的延长线时，应在相接处留有空隙，如图 1-1-10 所示。

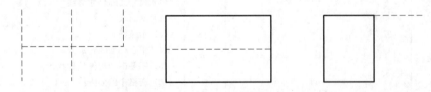

图 1-1-10　不同线型的相交与延长

(5) 图样中两条平行线之间的距离不应小于图中粗实线的宽度，且最小间距不应小于 0.7mm，图线不宜与文字、数字或符号重叠、混淆，出现图线与文字、数字或符号重叠的，应保证文字、数字或符号的清晰度。

(6) 当各种线条重合时，应按粗实线、虚线、点划线的优先顺序画出。

1.1.1.4　标注尺寸的基本方法

1-1　尺寸
的组成

1. 尺寸的组成

建筑物及构件的结构尺寸应以图样上所注的尺寸为准。一个完整的尺寸，一般由尺寸数字、尺寸线、尺寸界线及尺寸起止符组成，如图 1-1-11 所示。

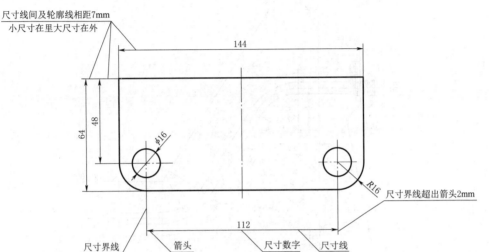

图 1-1-11　尺寸的组成

（1）尺寸界线用细实线绘制，并应由图形的轮廓线、轴线或对称中心线引出，也可利用轮廓线、轴线或对称中心线作尺寸界线，由轮廓线延长引出的尺寸界线与轮廓线之间宜留有 2~3mm 间隙，并超出尺寸线的终端 2~3mm。

（2）尺寸线也用细实线绘制。一端或两端带有尺寸起止符（一般是箭头）。尺寸线不能用其他图线代替，也不得与其他图线重合或画在其延长线上。标注线性尺寸时，尺寸线必须与所标注的线段平行。

（3）尺寸起止符用以表示尺寸的起止点，一般采用箭头或 45°细实线绘制的 3mm 短画线，如图 1-1-12 所示。线性尺寸标注可采用箭头为起止符号，空间不够的可采用圆点代替，标注圆弧半径、直径、角度、弧长尺寸起止符号应采用箭头。同一张图中宜采用同一种尺寸起止符号形式。

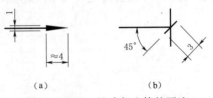

（a）　　　　　　（b）

图 1-1-12　尺寸起止符的画法

（a）箭头；（b）45°短画线

（4）尺寸数字标注实际尺寸，尺寸数字不可被任何图线或符号所通过，否则应将图线或符号断开。尺寸数字一般标注在尺寸线的上方，也允许标注在尺寸线的中断处。尺寸数字高度一般为 3.5mm。

（5）标高、桩号及规划图、总布置图的尺寸数字以米为单位；其余尺寸以毫米为单位，如果采用其他尺寸单位，应在图纸中加以说明，如图 1-1-13 所示。

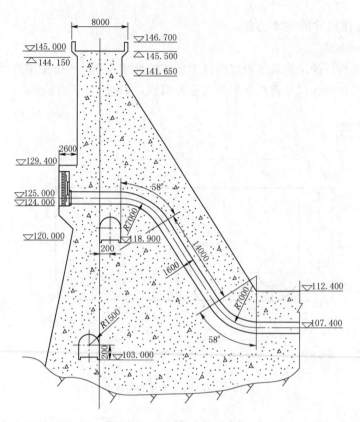

图 1-1-13　尺寸标注示例

2. 尺寸的一般标注方法

（1）直线段尺寸的注法。

1）水平方向尺寸数字应写在尺寸线上方中间，字头向上。

2）铅直方向尺寸数字应写在尺寸线左侧中间，字头向左。

1-2　尺寸
的标注

3）倾斜尺寸时，尺寸数字倾斜写在尺寸线上方，并尽可能避免在图示 30°范围内标注尺寸，当无法避免时可引出标注，如图 1-1-14 所示。

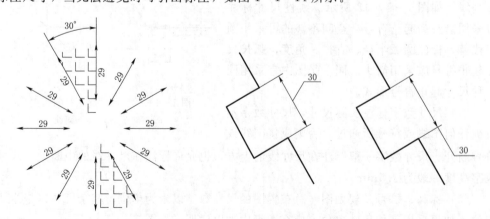

图 1-1-14　30°范围内标注和引出标注

4）连续的小尺寸，最外边的尺寸数字可以标注在尺寸界线的外侧；中间相邻的尺寸数字可错开标注或引出标注；小尺寸的尺寸起止符无法用箭头时可用小黑点代替，如图 1-1-15 所示。

5）图样轮廓线以外的尺寸线距图样最外轮廓线的距离不宜小于 10mm，平行排列的尺寸线之间的距离应大于 7mm，且各层尺寸线间距宜保持一致。

6）总尺寸的尺寸界线应靠近所指界的部位，中间分尺寸的尺寸界线不应超出其外层的尺寸线，尺寸界线的长度应保持相等。

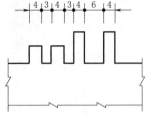

图 1-1-15　连续小尺寸的标注方法

（2）圆与圆弧尺寸的标注方法。

1）标注直径时，在尺寸数字前加注符号"ϕ"或"D"；若圆弧大于 180°时，金属材料应标注直径符号"ϕ"，非金属材料应标注直径符号"D"，如图 1-1-16 所示。若圆弧小于等于 180°时，应标注半径符号"R"，如图 1-1-17 所示。标注球面直径和半径时，应在符号"ϕ"和"R"前加符号"S"，如图 1-1-18 所示。

1-3　圆和圆弧尺寸的标注

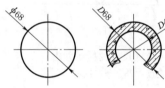

图 1-1-16　直径的标注方法

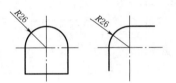

图 1-1-17　半径的标注方法

图 1-1-18　球面直径的标注方法

2）在狭小部位标注尺寸时，当没有足够位置画箭头或标注数字时，箭头可画在外面，或用小圆点代替；尺寸数字可写在外面或引出标注，标注示例如图 1-1-19 所示。当圆弧的半径过长或圆心位置在图纸范围内无法标出时，可按图 1-1-20（a）的形式标注。若不需要标出其圆心位置时，则可按图 1-1-20（b）的形式标注。

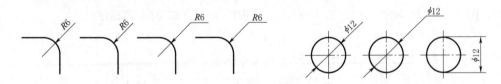

图 1-1-19　小尺寸圆和圆弧的标注方法

3）标注弦长或弧长的尺寸界线应垂直于该弦或弧段所对应的弦，弦长的尺寸线应为与该弦平行的直线，弧长的尺寸线应绘成与此圆弧段同心的圆弧，尺寸数字前面应加符号"$\frown$"，如图 1-1-21 所示。

（3）角度尺寸的标注方法。

1）标注角度的尺寸界线应沿径向引出，尺寸线是以角顶为圆心的圆弧。角度数字水平书写在尺寸线的中断处，必要时可以写在尺寸线的上方或外面，也可以引出标

1-4　角度尺寸的标注

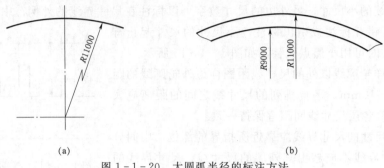

(a)　　　　　　　　　　　　　　　　　(b)

图 1-1-20　大圆弧半径的标注方法
（a）标注圆心；（b）不标注圆心

注，如图 1-1-22 所示。

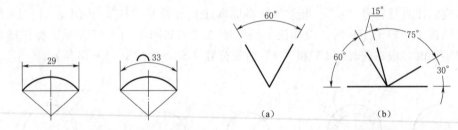

图 1-1-21　圆弧弦长与弧长的标注方法

(a)　　　　　(b)

图 1-1-22　角度尺寸的标注方法
（a）一般角度；（b）角度过小

2）当角度过小时，可将尺寸起止符标注在角度外侧，角度数字可引出标注；当相邻角度共顶点时，尺寸线用相同半径的圆弧，如图 1-1-22 所示。

（4）坡度尺寸的标注方法。

1）坡度是指直线上任意两点的高差与其水平距离之比。坡度的大小，是指比值的大小，如 1：10 大于（陡于）1：100。

1-5　坡度的标注

2）坡度的标注形式一般采用比例的形式，如 1：1，当坡度较缓时，坡度可用百分数表示，如 $i=n\%$。此时，在相应的图中应画出箭头，以示下坡方向。如图 1-1-23、图 1-1-24 和图 1-1-25 所示，也可按图 1-1-26 的形式标注。

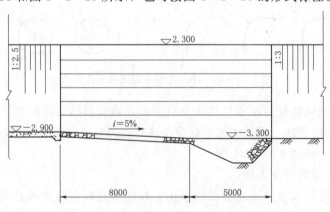

图 1-1-23　坡度尺寸的标注方法（一）

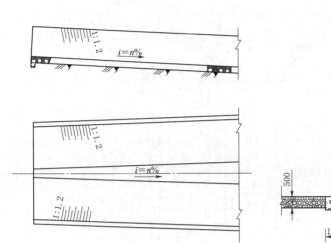
图 1-1-24　坡度尺寸的标注方法（二）

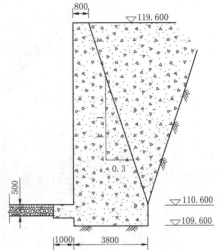
图 1-1-25　坡度尺寸的标注方法（三）

3）管路坡度尺寸的标注方法，如图 1-1-27 所示。

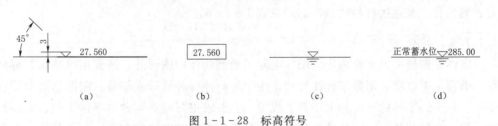
图 1-1-26　坡度尺寸的标注方法（四）

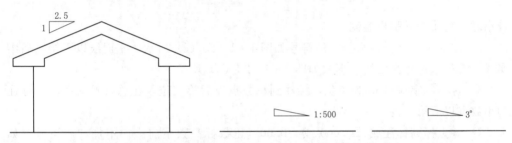
图 1-1-27　管路坡度尺寸的标注方法

（5）标高尺寸的标注方法。

1）立面图和铅垂方向的剖视图、断面图中，标高符号一般采用如图 1-1-28（a）所示的符号（为 45°等腰三角形），并用细实线画出。

1-6　高程的标注

图 1-1-28　标高符号

2）标高符号的尖端向下指，也可向上指，但尖端必须与被标注高度的轮廓线或引出线接触，如图 1-1-29 所示。

3）标高数字一律标注在标高符号的右边。

4）平面图中的标高符号采用如图 1-1-28（b）的形式，用细实线画出。当图形

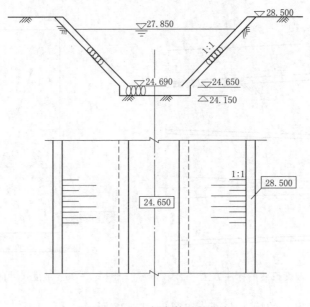

图 1-1-29 标高符号的指向

较小时，可将符号引出绘制。

5）水面标高（简称水位）的符号如图 1-1-28（c）所示，水面线以下绘三条细实线。特征水位标高的标注形式如图 1-1-28（d）所示。

6）标高数字应以 m 为单位，标注到小数点以后第三位，在总布置图中，可标注到小数点以后第二位。

7）零点标高标注成 ±0.000 或 ±0.00，正数标高数字前一律不加 "+" 号，如 27.56、28.30、30.00、264.500；负数标高数字前必须标注 "-" 号，如 -3.30、-0.374。

1.1.1.5 建筑材料图例

常用建筑材料（如各种石料、土料、混凝土、木材、钢材等）的图案填充应标准化、规范化，将常用材料图例汇总，见表 1-1-6。

1-1 常用材料

1.1.1.6 字体

字体是图样中的重要内容。图样上除了绘制物体的图形外，还要用汉字填写标题栏、书写说明事项，用数字标注尺寸，用字母标注各种代号或符号。制图标准对图样中字、数字、字母的字型和大小做了规定，并要求书写时必须做到字体工整、笔画清楚，均匀、排列整齐。字体的号数就是以毫米为单位的字体的高度，其取值为：2.5、3.5、5、7、10、14、20。

汉字应尽可能写成长仿宋体，如图 1-1-30 所示。

数字和字母可以写成竖笔铅直的直体，也可写成竖笔与水平线成 75° 角的斜体字，如图 1-1-31 所示。

表 1-1-6　　　　　　常 用 建 筑 材 料 图 例

序号	名称	图 例	序号	名称	图 例
1	自然土壤		10	砂、灰土、水泥砂浆	
2	夯实土		11	水、液体	
3	回填土		12	黏土	
4	岩石		13	木材　纵纹	
				木材　横纹	
5	金属		14	塑料、橡皮、沥青、填料	
6	混凝土		15	钢筋混凝土	
7	块石　浆砌石		16	条石　干砌	
	块石　干砌石			条石　浆砌	
8	碎石		17	卵石	
9	玻璃		18	砖	

1.1.2　常用制图工具和仪器的使用

1.1.2.1　图板、丁字尺

图板是用来铺放图纸的,它的表面必须平坦、光滑,左右两导边必须平直。

10号: 字体工整 笔画清楚 间隔均匀 排列整齐
7号:　横平竖直 注意起落 结构均匀 填满方格
5号:　水利工程制图 图幅 比例 班级 学号 审核 图线规范 尺寸标准

图1-1-30 汉字的写法

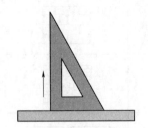

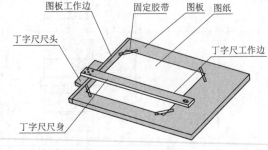

图1-1-31 数字和字母的写法　　　　图1-1-32 图板和丁字尺的使用

丁字尺主要用于画水平线，绘图时丁字尺的尺头靠紧图板的左导边，上下移动。自上而下、自左向右画一组水平线。如图1-1-32所示。

1.1.2.2　三角板

三角板除了可以连接直线外，还有以下三个作用：配合丁字尺可以绘制铅直线；画任意直线的平行线和垂直线；与丁字尺配合画15°角的倍角，如图1-1-33、图1-1-34和图1-1-35所示。

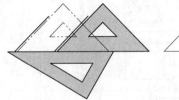

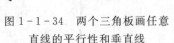

图1-1-33 三角板与丁字尺　　　　图1-1-34 两个三角板画任意
　　　 配合画铅直线　　　　　　　　直线的平行性和垂直线

1.1.2.3　圆规

圆规是用于画圆及圆弧的。圆规一条腿下端装有钢针，用于定圆心，另一条腿端部是可拆卸换装的铅芯插脚，鸭嘴插脚或针管笔、钢针插脚，分别绘制铅笔图、墨线图并作为分规来等分线段，延伸杆用于加长所画圆的半径。铅芯在画底稿时，应磨成

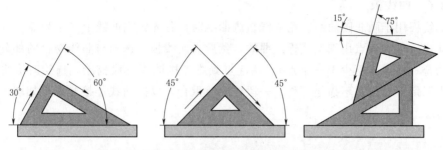

图 1-1-35   三角板与丁字尺配合画 15°角的倍角

截头圆柱或圆锥形，加深底稿时应削磨成扁平形。在画圆之前要校正铅芯与钢针的位置，即圆规两腿合拢时，铅芯要与钢针平齐。画圆时顺时针方向旋转，速度和用力要均匀，并向前进方向自然倾斜，如图 1-1-36 所示。

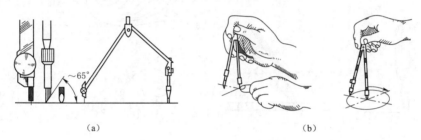

图 1-1-36   圆规的使用

1.1.2.4   分规

分规用于量取尺寸和等分线段，如图 1-1-37 所示。

1.1.2.5   铅笔

铅笔主要用于起草、加深、标注。绘图铅笔的铅芯有软硬之分，用 B 和 H 表示。B、2B、3B、4B 等，前面的数字越大表示铅芯越软且色越浓黑；H、2H、3H、4H 等，前面的数字越大表示铅芯越硬且色越浅淡；HB 介于软硬之间。绘图时常用

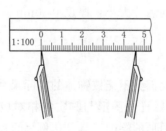

图 1-1-37   分规的使用

H 或 2H 的铅笔画底稿，用 HB 或 B 的铅笔加深底稿，用 H 的铅笔写字。削铅笔时应保留标号，以便识别铅芯的软硬度。被削去的笔杆长度为 25～30mm，露出的铅芯长度为 6～8mm，一般削成多棱锥形，加深粗实线的铅笔芯应削磨成扁平形，如图 1-1-38 (a)、(b) 所示。使用铅笔画线时，笔杆轴线与画线方向所构成的平面与纸面垂直匀速前进，并向画线方向倾斜约 60°，如图 1-1-38 (c)、(d) 所示。

1.1.2.6　曲线板

曲线板用于画非圆曲线。用曲线板画曲线时，首先定出曲线上一系列点，并徒手轻轻地用铅笔将各点用细实线连成曲线，然后在曲线板上选择与曲线吻合的部分，尽量多吻合一些点（不少于三个点），从起点到终点按顺序分段描绘。描绘时应将吻合段的末尾留下一段暂不描绘，待下一段描绘时重合，以使曲线连接光滑，如图 1-1-39 所示。

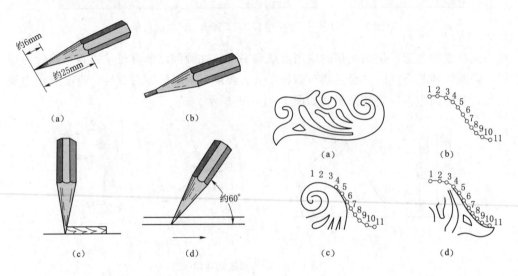

<table>
<tr><td>图 1-1-38　铅笔的选用和画线方法</td><td>图 1-1-39　曲线板的使用</td></tr>
</table>

1.1.2.7　擦图片

擦图片是为擦去铅笔制图过程不需要的稿线或错误图线，并保护邻近图线完整的一种制图辅助工具，如同名片大小，厚度 0.3mm 左右。擦图片多采用塑料或不锈钢制成。

1.1.2.8　比例尺

用图样表达物体，大部分不能按物体的实际尺寸画出，需选用适当的比例将图形缩小（或放大）。比例指图样中图形与其实物相对应的线性尺寸之比，比例尺就是直接用来缩小（或放大）图形的绘图工具。比例尺只用来量取尺寸，不可用来画线。尺上标注的尺寸数字为实物的实长，刻度长为对应比例的图上长度，如图 1-1-40 所示。

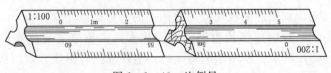

图 1-1-40　比例尺

任务 1.2 抄绘平面图形技术的掌握

课前预习 1.2

【教学目标】

一、知识目标

掌握常用绘图工具、仪器的使用与绘制平面图形的一般方法。

二、能力目标

通过本节学习，在能力培养上要求学生能正确使用绘图工具及仪器画平面几何图形，并培养遵守制图标准的意识。

三、素质目标

树立并培养严谨细致、一丝不苟的工作意识及作风。

【教学内容】

常用绘图工具、仪器的使用与绘图的一般方法。

1.2.1 几何作图

1.2.1.1 正多边形画法

1. 六等分圆周及作正六边形

（1）方法一，如图 1-2-1（a）所示。

1）分别以 2、5 两点为圆心，半径为圆的半径，画圆弧与圆周交于 1、3、4、6 四点，将圆周六等分。

2）依次连接等分点，即得内接于圆的正六边形。

（2）方法二，如图 1-2-1（b）所示。

1）用丁字尺使三角板的 60°邻边保持水平，让三角板的斜边过圆心，则得到 1、4 和 3、6 点。

2）依次连接等分点，即得内接于圆的正六边形。

1-7 正六边形的画法

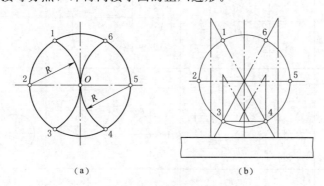

（a）   （b）

图 1-2-1 六等分圆周及作正六边形

（a）方法一；（b）方法二

2. 五等分圆周及作正五边形

五等分圆周及作正五边形的作图步骤，如图 1-2-2 所示。

1-8 正五边形的画法

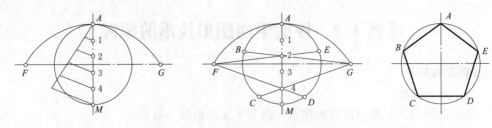

图 1-2-2 五等分圆周及作正五边形

（1）将直径 AM 等分为 5 段，等分点分别为 1、2、3、4。

（2）以 M 点为圆心，AM 为半径画圆弧，与圆的水平中心线交于 F 和 G 点。

（3）将 F 点和 G 点分别与偶数点 2、4 连接后延长，与圆周交于 E、D 和 B、C。

（4）依次连接 $ABCDE$ 五点，即可得到内接于圆的正五边形。

该方法适用于任意等分圆周，并作出内接于圆的任意正多边形。

1.2.1.2 圆弧连接

圆弧连接的方法，见表 1-2-1。

表 1-2-1　　　　　　　　　　　　　　圆 弧 连 接

连接要求	作 图 方 法 和 步 骤		
	求圆心 O	求切点 T_1、T_2	画连接圆弧
连接相交两直线			
连接一直线和一圆弧			
外接两圆弧			
内接两圆弧			

1.2.1.3　椭圆画法

常用四圆心法近似地画椭圆，如图 1-2-3 所示。

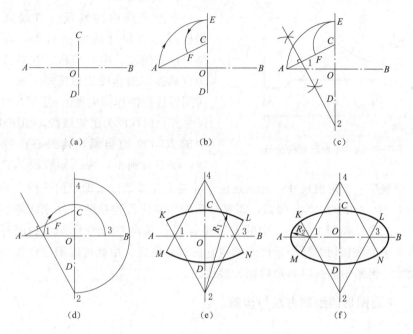

图 1-2-3　以四圆心法近似地画椭圆

（1）连接 AC，以 O 为圆心，以 OA 为半径画圆弧交于 CD 的延长线于 E 点，再以 C 为圆心 CE 为半径与 AC 交于 F 点。

（2）作 AF 的中垂线与 AB 和 CD 的延长线交于 1 点和 2 点，1 和 2 于 O 的对称点 3 和 4 点，是椭圆四段圆弧的圆心。

（3）连接 1、2、3、4 并延长，即为四段圆弧的分界点 K、L、M、N。

（4）以 2、4 为圆心，以 $2C$、$4D$ 为半径画两段圆弧，再以 1、3 为圆心，以 $2C$、$4D$ 为半径画两段圆弧即可。

1.2.2　平面图形的分析与绘制

平面图形是由若干直线和曲线封闭连接组合而成。画平面图形时，要通过对平面图形进行尺寸分析和线段分析，才能确定平面图形的作图步骤。

1.2.2.1　平面图形的分析

下面以溢流堰断面图为例，说明平面图形的分析方法与步骤。

1. 尺寸分析

平面图形中的尺寸，按其作用可以分为定形尺寸和定位尺寸两类。用于确定线段的长度、圆弧的直径（或半径）和角度大小等的尺寸，称为定形尺寸，如图 1-2-4 中的 1120、5700、1280、1500、$R5000$、$R1500$、$R800$ 等。用于确定线段在平面图形中所处位置的尺寸，称为定位尺寸，如图 1-2-4 中的 380、3800 等。定位尺寸通常以图形的

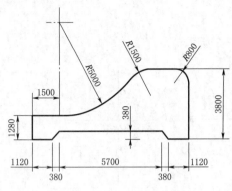

图 1-2-4 平面图形的分析

对称线、中心线或某轮廓线作为标注尺寸的起点，这些起点被称为尺寸基准。

2. 线段分析

平面图形中的线段（直线或圆弧），根据其定位尺寸的完整与否，可分为三类：已知线段、中间线段、连接线段（因为直线连接的作图比较简单，所以这里只讲圆弧连接的作图问题）。定形尺寸和定位尺寸齐全的线段为已知线段，如图 1-2-4 中的 $R5000$ 的圆弧，其圆心位置已经确定，能直接画出，为已知线段。它只有定形尺寸，但缺少一个定位尺寸，且该定位尺寸是由连接条件来确定的线段，为中间线段，如图 1-2-4 中的 $R800$ 圆弧，需要与两端相邻线段连接的条件才能确定位置的线段为连接线段；如图 1-2-4 中的 $R1500$ 圆弧，是由左端的 $R5000$ 的圆外切连接与右端的水平直线相切的两个条件来确定它的圆心位置。由此可以确定作图步骤：先画已知线段，再画中间线段，最后画连接线段。

1.2.2.2 平面图形的绘制方法与步骤

1-1 平面图形的绘制

1. 绘图步骤

平面图形的绘制步骤如下：

（1）画基准线。

（2）画出已知线段。

（3）画出中间线段。

（4）画出连接线段。

2. 绘图方法

平面图形的绘制方法如图 1-2-5 所示。

（1）准备工作。

1）阅读有关参考资料，并了解所画图形的内容和要求。

2）准备必要的工具和仪器。

3）选定图幅和比例，估计图形大小，确定图纸幅面。

（2）画底稿。

1）用 H 或 2H 的铅笔画底稿。

2）画图框和标题栏。

3）布置图形。

4）先画图形的基准线、对称线、中心线及主要轮廓线，然后由大到小，由整体到局部，画出其他所有图线。

（3）检查加深。

1）检查图形。完成底稿后，应认真检查、修改，并擦去多余图线。

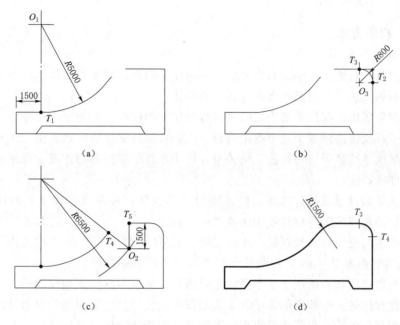

图 1-2-5　平面图形的绘制方法

2）加深。用 HB 或 B 铅笔加深粗直线，用 H 铅笔加深细直线和写字，圆规加深用 B 铅笔。

课后巩固练习
1.2

任务 1.3　简单体三视图的绘制与识图

【教学目标】

一、知识目标

1. 掌握正投影的基本原理。

2. 掌握三视图的形成及其投影规律。

3. 掌握点、线、面的投影特性。

4. 掌握基本形体的投影特征及应用。

二、能力目标

通过本章学习，学生能正确绘制并识读简单体的三视图。

三、素质目标

通过本课程的学习，培养学生爱岗敬业、科学严谨、细心踏实、思维敏捷、勇于创新、团结协作和诚实守信的职业精神。

【教学内容】

1. 投影的基本特性；三面投影图的形成及投影规律；点、线、面的投影特性。

2. 基本形体三视图的绘制与识读。

课前预习
1.3

1.3.1　投影的基本知识

1.3.1.1　投影方法

1. 投影的概念

投影法是从自然现象中抽象出来的，用来使空间物体产生平面图形，在平面上表示空间图形的方法，并通过投影图分析空间物体。

在日常生活中，我们看到当太阳光或灯光照射物体时，在地面或墙壁上就会出现物体的影子，投影法就源于这个物理现象。人们根据日常生活中这种由立体到平面的现象，科学地总结影子与物体的几何关系，逐步形成了把空间物体表示在平面上的基本方法，即投影法。

投影法就是投射线通过物体，向选定的平面投射，并在该平面上得到图形的方法，用投影法得到的图形称作投影图或投影。如图 1-3-1 所示，光源 S 称为投射中心，光源产生的光线称为投射线，ABC 为空间物体，预设的平面 P 称为投影面，投影面 P 上得到的图形（abc）称为该空间物体（ABC）的投影。

产生投影必须具备的三个基本条件是投影线、被投影的物体和投影面。

需要注意的是，生活中的影子和工程制图中的投影是有区别的，投影必须将物体的各个组成部分的轮廓全部表示出来，而影子只能表达物体的整体轮廓，并且内部为一个整体。如图 1-3-2 所示。

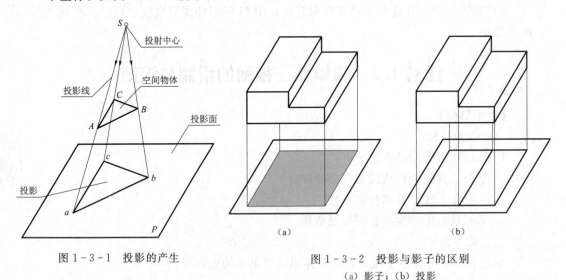

图 1-3-1　投影的产生　　　　　　　图 1-3-2　投影与影子的区别
（a）影子；（b）投影

2. 投影法的分类

投影法一般分为中心投影法和平行投影法。

（1）中心投影法，如图 1-3-1 所示。设 S 为投射中心，通过三角形上各点的投射线与投影面的交点称为点在平面上的投影，这种投影线从投射中心出发，经过空间物体，在投影面上得到投影的方法（投射中心位于有限远处）称为中心投影法。

　　日常生活中，照相、电影和影子都属于中心投影。由于用中心投影法绘制的图形符合人们的视觉习惯，立体感强，因而常用来绘制水利工程建筑物的透视图。但是，由于中心投影法作图复杂，度量性差，而且中心投影法不能真实地反映物体的大小和形状，因此，不适合用于绘制水利工程图样。

　　（2）平行投影法。将投射中心 S 移到无穷远，使所有的投射线都相互平行，这种投影线相互平行经过空间物体，在投影面上得到投影的方法（投射中心位于无限远处）称为平行投影法。

　　按投射线与投影面是否垂直，平行投影法又可分为正投影法和斜投影法，如图1-3-3所示。正投影法：投射线垂直于投影面的投影法。斜投影法：投射线倾斜于投影面的投影法。正投影能准确地反映物体的真实形状和大小，便于测量，且作图简便，所以工程图样通常采用正投影法绘制。在以后的章节中，如无特别说明，我们所讲述的投影都指的是正投影。

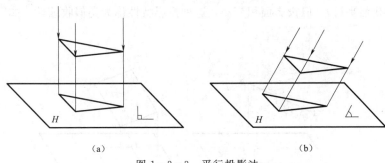

（a）　　　　　　　　　　　　　　　（b）

图 1-3-3　平行投影法

（a）正投影；（b）斜投影

3. 投影的特性

　　（1）真实性。当直线或平面图形平行于投影面时，直线或平面图形在该投影面上的投影反映该直线或平面图形的实长或实形，这种投影特性称为真实性，如图1-3-4所示。

1-2　投影的特性

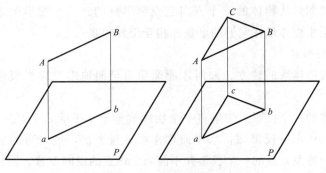

图 1-3-4　投影的真实性

　　（2）积聚性。当直线或平面图形垂直于投影面时，直线或平面图形在该投影面上的投影积聚成一个点或一条直线，这种投影特性称为积聚性，如图1-3-5所示。

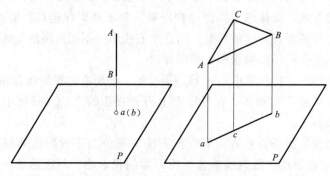

图 1-3-5　投影的积聚性

（3）类似收缩性。当直线或平面图形既不平行也不垂直于投影面时，直线的投影仍然是直线，但长度缩短；平面的投影是原图形的类似形（与原图形边数相同，平行线段的投影仍然平行），但投影面积变小，这种投影特性称为类似收缩性。如图 1-3-6 所示。

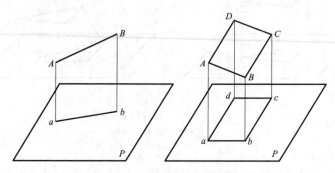

图 1-3-6　投影的类似收缩性

1.3.1.2　物体的三视图

物体的三视图是从物体的三个方向上投影得到的。三个投影图之间是密切相关的，它们的关系主要体现在它们的度量和相互位置的联系上。

1. 三视图的形成

（1）三面投影体系的建立。如何才能确切而全面地用投影来表达物体的形状和大小？

1-3　三视图的形成

先作出物体的一个投影。如果将一个物体放置于水平面之上，从上向下作投影，得到的投影图称作水平投影图，水平面称作水平投影面，用大写的字母 H 来表示；那么根据投影的特性，点的一个投影并不能确定该点的空间位置。同样，由于物体的水平面投影只能反映出物体的长度和宽度，反映不出物体上各点的相对高度，所以也不能唯一确定物体的形状。如图 1-3-7 所示。

一般物体需要两个或两个以上的投影，才能确切而全面地表达出该物体的形状和大小。比如，在与水平投影面垂直、位于观察者正对面，再设置一个投影面，将物体

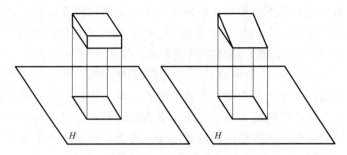

图 1-3-7　物体的水平投影

从前向后投影，得到的正投影图，称作正面投影。投影面称作正立投影面，用大写的字母 V 来表示。物体的正面投影反映了物体的长度和高度，如图 1-3-8 所示。

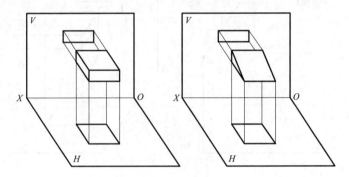

图 1-3-8　物体的两面投影

水平投影面与正立投影面构成了两面投影体系，它们的交线叫做投影轴，用 OX 来表示。物体的两面投影虽然可以将物体的长度、宽度和高度全部反映出来，但是却不能唯一反映物体的形状。

为了能够完全区分物体的形状，我们可以在水平投影面和正立投影面的右侧再增加一个投影面，让物体从左向右作正投影，得到的投影图称作侧面投影，新增加的投影面称作侧立投影面，用大写的字母 W 来表示。侧面投影反映出了物体的宽度和高度，如图 1-3-9 所示。

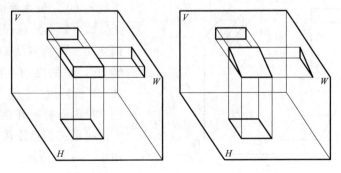

图 1-3-9　物体的三面投影

　　水平投影面、正立投影面和侧立投影面三个投影面两两垂直相交，得到了三条投影轴 OX、OY 和 OZ，三个轴相交于原点 O，OX 轴表示物体的长度方向，OY 轴表示物体的宽度方向，OZ 轴表示物体的高度方向。如图 1-3-10 所示。

　　如图 1-3-11 所示，将物体放置于三面投影体系中，并且尽可能地使物体的几个主要表面平行或者垂直于其中的一个或几个投影面。比如将物体的底面平行于水平投影面即水平面，物体的前后端面平行于正立投影面即正立面，物体的左右端面平行于侧立投影面即侧立面，保持物体的位置不变，将物体分别向三个投影面作投影，就得到了物体的三视图。

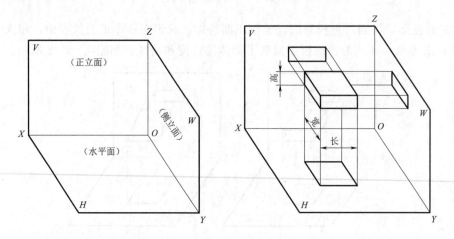

图 1-3-10　三面投影体系　　　　　图 1-3-11　三视图的形成

　　正视图，物体在正立面上的投影，即从前向后看物体所得的视图；

　　俯视图，物体在水平面上的投影，即从上向下看物体所得的视图；

　　左视图，物体在侧立面上的投影，即从左向右看物体所得的视图。

　　（2）三面投影体系的展开。工程中的三视图是在平面图纸上绘制，因此，我们需要将三面投影体系展开。由于三个投影面分别位于三个互相垂直的平面上，为了作图方

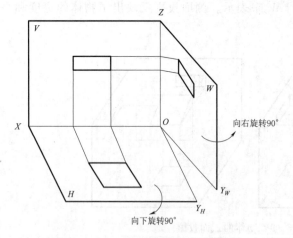

图 1-3-12　三面投影体系的展开

便，我们规定，正立面（V 面）不动，将水平面（H 面）绕 OX 轴向下旋转 $90°$，使水平面（H 面）与正立面（V 面）在一个平面内，将侧立面（W 面）绕 OZ 轴向右后旋转 $90°$，使侧立面（W 面）与正立面（V 面）也在一个平面内，这样，三个投影面被摊开在一个平面内的方法叫做三面投影体系的展开。如图 1-3-12 所示。

　　2．三视图的规律

　　（1）三视图的投影规律。综上

所述，物体的投影图一般有正立面投影、水平面投影和侧立面投影，正立面投影反映了物体的长度和高度，以及物体上平行于正立面的各个面的实形；水平面投影反映了物体的长度和宽度，以及物体上平行于水平面的各个面的实形；侧立面投影反映了物体的高度和宽度，以及物体上平行于侧立面的各个面的实形。

在三面投影体系中，通常使 OX 轴、OY 轴和 OZ 轴分别平行于物体的三个向度，也就是物体的长、宽、高。此时，物体的长度是指物体上最左和最右两点之间平行于 OX 轴方向的距离；物体的宽度是指物体上最前和最后两点之间平行于 OY 轴方向的距离；物体的高度是指物体上最高和最低两点之间平行于 OZ 轴方向的距离。

投影面展开之后，正立面和水平面两个投影左右对齐，称为"长对正"；正立面和侧立面投影都反映物体的高度，展开后这两个投影上下平齐，称为"高平齐"；水平面和侧立面投影都反映物体的宽度，称为"宽相等"。如图 1-3-13 所示。

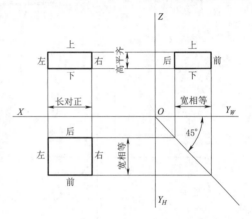

图 1-3-13   三视图的投影规律

"长对正、高平齐和宽相等"，就是三视图的投影规律，这也是画图和读图的根本规律。无论是物体的整体还是局部，都必须符合这个规律。

作图时，"宽相等"可以利用原点 O 为圆心所作的圆弧，或者利用从原点 O 引出的 45°线将宽度在水平面投影与侧立面投影之间互相转换，但一般是用直尺或分规直接度量来截取。

（2）三视图与物体位置的关系。物体的空间位置在投影图上也有所反映。物体有前、后、上、下、左、右六个方位。进行投影时，如果将物体周围这六个字随同物体一起投射到三个投影面上，那么，在投影图上我们就很容易识别物体的空间位置。

正视图反映了物体的长度和高度尺寸，同时也反映了物体的左右和上下方位关系。

俯视图反映了物体的长度和宽度尺寸，同时也反映了物体的左右和前后方位关系。

左视图反映了物体的高度和宽度尺寸，同时也反映了物体的上下和前后方位关系。如图 1-3-13 所示。

对于一般物体来说，用三个投影已经足够确定物体的形状和大小，所以正立投影面、水平投影面和侧立投影面上的三个投影称为基本投影，正立投影面、水平投影面和侧立投影面称为基本投影面。

3．三视图的画法

画物体的三视图之前，首先应选择物体形状和特征最明显的方向作为正视图的投射方向，且尽量让物体的主要面平行于投影面，然后根据物体形状、尺寸及三视图的规律完成三个视图。绘图步骤，如图 1-3-14 所示。

1-9   三视图的画法

1-2   三视图的画法

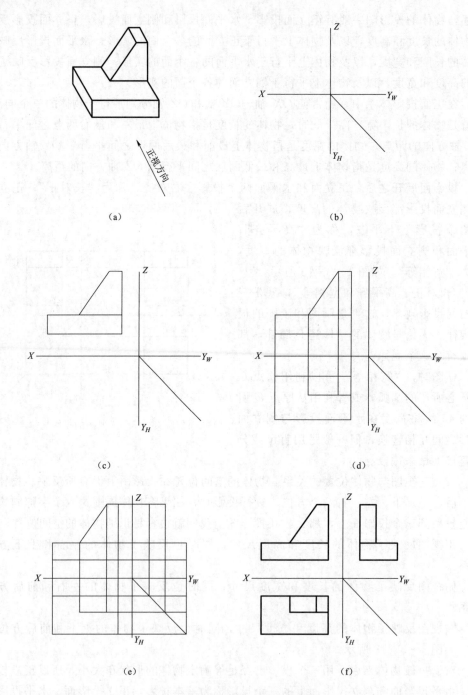

图 1-3-14 物体三视图的绘制

(a) 立体图; (b) 绘制三面投影体系; (c) 绘制正视图; (d) 绘制俯视图; (e) 绘制左视图;
(f) 检查加深图线,完成作图

(1) 正确放置空间物体,选择正视的投影方向,如图 1-3-14 (a) 所示。

(2) 绘制展开的三面投影体系,如图 1-3-14 (b) 所示。

（3）量取空间物体的长度和高度，绘制正视图，如图 1-3-14（c）所示。

（4）根据"长对正"绘制俯视图，如图 1-3-14（d）所示。

（5）根据"高平齐、宽相等"绘制左视图，如图 1-3-14（e）所示。

（6）擦去多余图线，加深物体的三视图，完成作图，如图 1-3-14（f）所示。

1-3　了解
都江堰一

1.3.2　点、直线、平面的投影

1.3.2.1　点的投影

1. 点的三面投影

（1）点的坐标。空间任意一点的位置可用直角坐标 $A(x, y, z)$ 表示。如图 1-3-15 所示。

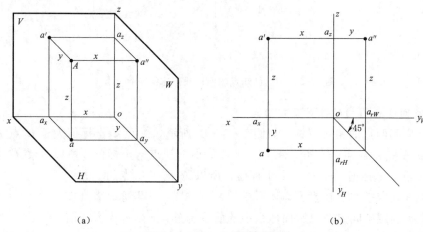

(a)　(b)

图 1-3-15　点的三面投影

(a) 立体图；(b) 投影图

1）x 表示空间点 A 到 W 面的距离，确定空间点 A 在投影面体系中的左右位置。

2）y 表示空间点 A 到 V 面的距离，确定空间点 A 在投影面体系中的前后位置。

3）z 表示空间点 A 到 H 面的距离，确定空间点 A 在投影面体系中的上下位置。

（2）点的三面投影的形成。统一规定，空间点用大写字母 A、B、C、…表示；空间点在 H 面上的投影用其相应的小写字母 a、b、c、…表示；在 V 面上的投影用字母 a'、b'、c'、…表示；在 W 面上的投影用字母 a''、b''、c''、…表示。

空间点只有其空间位置而无大小，而点的一个投影不能确定其空间位置，因此将点 A［图 1-3-15（a）］置于三面投影体系之中，过空间点 A 分别向三个投影面作垂线（即投射线），交得三个垂足 a、a'、a''，分别为 A 点的 H 面投影、V 面投影、W 面投影。移去空间点 A，将投影面展开，并去掉投影面的边框线，得到如图 1-3-15（b）所示的点的三面投影图。

（3）点的投影规律。点的两面投影连线垂直于相应的投影轴。如图 1-3-15（b）所示，点的正面投影与水平面投影的连线一定垂直于 OX 轴，即 $aa' \perp OX$；点的正面投影与侧面投影的连线一定垂直于 OZ 轴，即 $a'a'' \perp OZ$。点的水平面投影到 OX 轴的距离等于点的侧面投影到 OZ 轴的距离，即 $aa_X = a''a_Z$［图 1-3-15（b）］。

根据点的投影规律，只要已知点的任意两个投影，即可求第三个投影。

【例 1-3-1】　如图 1-3-16（a）所示，已知点 A 的两个投影 a 和 a'，求 a''。

【作图步骤】

过 a' 向右作水平线，过 O 点作 45°斜线，如图 1-3-16（b）所示。过 a 作水平线与 45°斜线相交，并由交点向上引铅垂线，与过 a' 的水平线的交点即为点 a''，如图 1-3-16（c）所示。

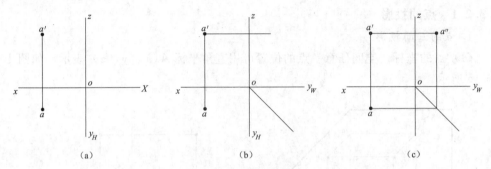

（a）　　　　　　　　　（b）　　　　　　　　　（c）

图 1-3-16　已知点的两面投影求第三面投影

2. 空间两点的相对位置及重影点

（1）空间两点的相对位置。如图 1-3-17 所示，A 点 x 坐标值大于 B 点 x 坐标值，所以 A 点在 B 点的左方；A 点 y 坐标值小于 B 点 y 坐标值，所以 A 点在 B 点的后方；A 点 z 坐标值大于 B 点 z 坐标值，所以 A 点在 B 点的上方。

x 坐标确定空间点在投影面体系中的左右位置，x 坐标大者在左；

y 坐标确定空间点在投影面体系中的前后位置，y 坐标大者在前；

z 坐标确定空间点在投影面体系中的上下位置，z 坐标大者在上。

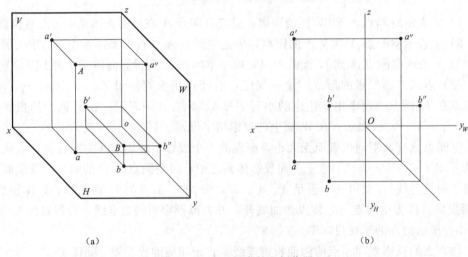

（a）　　　　　　　　　　　　　　　　　（b）

图 1-3-17　两点的空间位置

（a）立体图；（b）投影图

（2）重影点。当空间两点的某两个坐标值相等时，该两点处于某一投影面的同一条投射线上，则这两点对该投影面的投影重合于一点。空间两点的同面投影重合于一点的性质，称为重影性，该两点称为重影点。如图1-3-18（a）所示，A、B两点对H面的投影重合，因此，A、B两点是H面的一对重影点。

重影点有可见性问题，判别的原则是：两点之中，对重合投影所在的投影面的距离（或坐标值）较大的点是可见的，而另一点是不可见的。标记时，应将不可见的点的投影括在括弧里，如图1-3-18（b）所示。

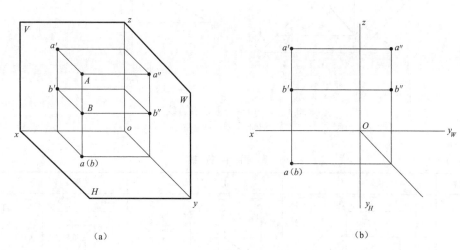

（a）　　　　　　　　　　　　　　　　　　（b）

图1-3-18　重影点
（a）立体图；（b）投影图

1.3.2.2　直线的投影

1. 空间各种位置直线的投影

空间两点确定一条直线，因此，作出直线上任意两点的投影，然后用粗实线将直线的同面投影连接起来，就是直线的投影。直线上两点之间的线段称为直线段。为了叙述方便，本课程把直线段简称为直线。

根据直线与投影面的相对位置，直线可分为一般位置直线、投影面平行线和投影面垂直线三类。

（1）一般位置直线。与三个投影面既不平行，也不垂直的直线称为一般位置直线。一般位置直线倾斜于三个投影面，与三个投影面的倾角，分别用α、β和γ表示。如图1-3-19所示。

一般位置直线的投影特性：一般位置直线与三个投影面均倾斜。因此，在三个投影面上的投影长度缩短，不反映实际长度，而且各个投影与投影轴的夹角也不反映空间直线与投影面的倾角。

（2）投影面平行线。平行于一个投影面，与另外两个投影面倾斜的直线，称为投影面平行线。它又分为水平线、正平线和侧平线三类。与水平面平行，且与正立面和侧立面倾斜的直线称为水平线；与正立面平行，且与水平面和侧立面倾斜的直线称为正平线；与侧立面平行，且与水平面和正立面倾斜的直线称为侧平线。见表1-3-1。

1-4　空间直线的投影

1-11　求作直线的三面投影

33

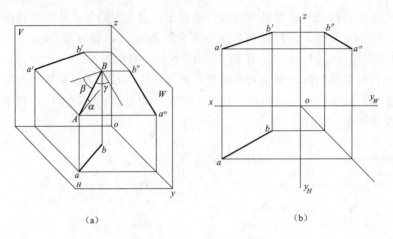

（a）　　　　　　　　　　（b）

图 1 - 3 - 19　一般位置直线

（a）立体图；（b）投影图

表 1 - 3 - 1　　　　　　　　投 影 面 平 行 线

名称	水 平 线	正 平 线	侧 平 线
立体图			
投影图			
投影特性	它的水平投影反映实长，即 $ab=AB$；它的正面投影 $a'b'$ 平行于 x 轴，侧面投影 $a''b''$ 平行于 yw 轴；它的水平投影与 x 轴的夹角等于该直线对 V 面的倾角 β，与 y_H 轴的夹角等于该直线对 W 面的倾角 γ	它的正面投影反映实长，即 $a'c'=AC$；它的水平投影 ac 平行于 x 轴，侧面投影 $a''c''$ 平行于 z 轴；它的正面投影与 x 轴的夹角等于该直线对 H 面的倾角 α，与 z 轴的夹角等于该直线对 W 面的倾角 γ	它的侧面投影反映实长，即 $b''c''=BC$；它的水平投影 bc 平行于 y_H 轴，正面投影 $b'c'$ 平行于 z 轴；它的侧面投影与 yw 轴的夹角等于该直线对 H 面的倾角 α，与 z 轴的夹角等于该直线对 V 面的倾角 β
投影共性	在所平行的投影面上的投影反映线段的实长，且倾斜于投影轴，与投影轴的夹角反映与相应投影面的倾角；其余两个投影平行于相应投影轴，且都小于实长		

　　（3）投影面垂直线。垂直于一个投影面，与另外两个投影面平行的直线，称为投影面垂直线。它又分为铅垂线、正垂线和侧垂线三类。与水平面垂直，与正立面和侧立面平行的直线称为铅垂线；与正立面垂直，与水平面和侧立面平行的直线称为正垂线；与侧立面垂直，与水平面和正立面平行的直线称为侧垂线。见表 1-3-2。

表 1-3-2　　　　　　　　　　　　　投　影　面　垂　直　线

名称	铅 垂 线	正 垂 线	侧 垂 线
立体图			
投影图			
投影特性	它的水平投影积聚为一点，即 $a(b)$；它的另外两个投影都垂直于相应的投影轴，且反映线段的实长，即 $a'b'$ 垂直于 x 轴，$a''b''$ 垂直于 y_w 轴，$a'b'=a''b''=AB$	它的正面投影积聚为一点，即 $a'(c')$；它的另外两个投影都垂直于相应的投影轴，且反映线段的实长，即 ac 垂直于 x 轴，$a''c''$ 垂直于 z 轴，$ac=a''c''=AC$	它的侧面投影积聚为一点，即 $a''(d'')$；它的另外两个投影都垂直于相应的投影轴，且反映线段的实长，即 ad 垂直于 y_H 轴，$a'd'$ 垂直于 z 轴，$ad=a'd'=AD$
投影共性	在直线所垂直的投影面上的投影积聚为一点；其余两个投影平行于同一投影轴，且都反映实长		

2. 直线上的点

　　直线上任意一点的投影特性如下。

　　（1）从属性。直线上任意一点的投影必在该直线的同面投影上，这个特性称为点的从属性。如图 1-3-20 所示，直线 AB 上的任一点 M 的投影必在该直线的同面投影上，而且点 M 的三面投影都符合点的投影规律。

　　（2）定比性。直线上的点分割直线之比，投影后保持不变，这个特性称为定比性。如图 1-3-20 所示，点 M 将直线 AB 分为 AM 和 MB 两段，则 $am:mb=a'm':m'b'=a''m'':m''b''=AM:MB$。

1-12　直线上的点

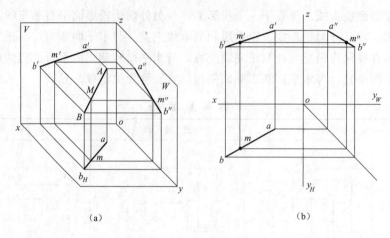

(a)　　　　　　　　　　　(b)

图 1-3-20　直线上的点

(a) 立体图；(b) 投影图

3. 空间两直线的相对位置

空间两直线的相对位置分为平行、相交和交叉三种情况。其中，平行和相交的两直线为同面两直线，而交叉的两直线为异面两直线。

(1) 两直线平行。平行两直线的投影特性为：若空间两直线互相平行，则其同面投影都相互平行，且比值相等。反之，若两直线的同面投影互相平行且比值相等，则此空间两直线一定互相平行。如图 1-3-21 所示，如果 $AB /\!/ CD$，则 $ab /\!/ cd$，$a'b' /\!/ c'd'$，$a''b'' /\!/ c''d''$，且 $AB : CD = ab : cd = a'b' : c'd' = a''b'' : c''d''$。

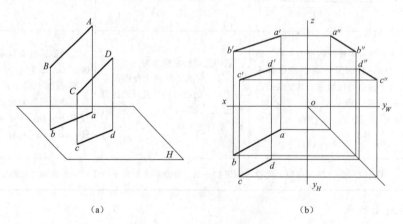

(a)　　　　　　　　　　　(b)

图 1-3-21　两直线平行

(a) 空间两平行直线；(b) 投影图

(2) 两直线相交。相交两直线的所有同面投影都相交，交点的三面投影符合点的投影规律，而且各投影交点的连线必垂直于相应的投影轴。

如图 1-3-22 所示，AB 和 CD 两直线相交，其交点 M 为两直线的共有点。直线上点的投影必在该直线的同面投影上，因此，当直线 AB 和 CD 分别向 H、V、W 面投影时，其投影 ab 和 cd、$a'b'$ 和 $c'd'$、$a''b''$ 和 $c''d''$ 的交点 m、m' 和 m'' 必是交点 M

的三面投影。而且 m 和 m' 的连线 mm' 垂直于 OX 轴，m' 和 m'' 的连线 $m'm''$ 垂直于 OZ 轴。

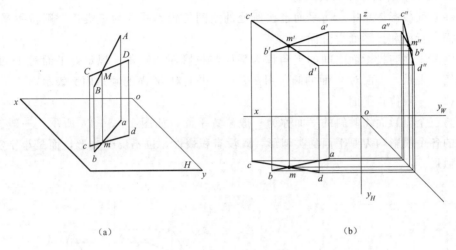

（a）　　　　　　　　　（b）

图 1-3-22　两直线相交

（a）空间两相交直线；（b）投影图

（3）两直线交叉。交叉两直线在空间既不平行也不相交。其各面投影不具备平行或相交两直线的投影特性。若两直线的同面投影不同时平行，或同面投影虽然相交但交点不符合点的投影规律，则该两直线必定交叉。

交叉直线的投影可能有一对或两对同面投影互相平行，但绝不可能三对同面投影都互相平行。交叉两直线的所有同面投影可能都相交，也可能表现为一对或两对同面投影相交，但它们的交点不符合点的投影规律，此时，两直线投影的交点实际上是两直线对投影面的重影点。如图 1-3-23 所示。

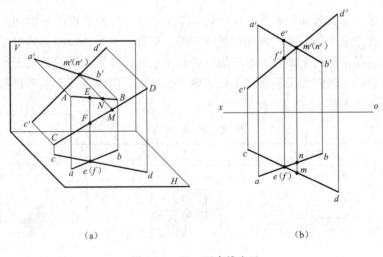

（a）　　　　　　　　　（b）

图 1-3-23　两直线交叉

（a）空间两交叉直线；（b）投影图

1.3.2.3　平面的投影

1. 空间各种位置平面的投影

在三面投影体系中，将平面也按所处的空间位置不同分为三类：一般位置平面、投影面平行面和投影面垂直面。

空间平面与投影面之间的夹角称为平面与投影面的倾角。规定：平面对 H 面的倾角用 α 表示，平面对 V 面的倾角用 β 表示，平面对 W 面的倾角用 γ 表示。

（1）一般位置平面。

与三个投影面均倾斜的平面称为一般位置平面，如图 1-3-24 所示。一般位置平面的各个投影均为原平面的类似形，既没有积聚性，也不反映实形，而是小于实形的类似形。

图 1-3-24　一般位置平面

(a) 立体图；(b) 投影图

（2）投影面平行面。

平行于某一个投影面的平面，同时也垂直于另外两个投影面的平面称为投影面平行面。它又分为水平面、正平面和侧平面三类。平行于水平投影面，同时垂直于正立投影面和侧立投影面的平面称为水平面；平行于正立投影面，同时垂直于水平投影面和侧立投影面的平面称为正平面；平行于侧立投影面，同时垂直于水平投影面和正立投影面的平面称为侧平面。见表 1-3-3。

表 1-3-3　　　　　　　　　　投　影　面　平　行　面

名称	水　平　面	正　平　面	侧　平　面
立体图	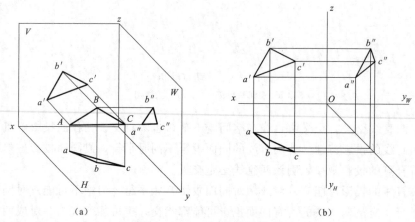		

续表

名称	水　平　面	正　平　面	侧　平　面
投影图	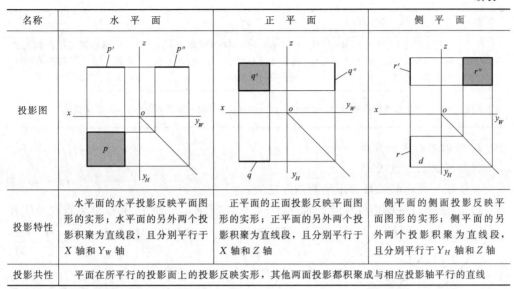		
投影特性	水平面的水平投影反映平面图形的实形；水平面的另外两个投影积聚为直线段，且分别平行于 X 轴和 Y_W 轴	正平面的正面投影反映平面图形的实形；正平面的另外两个投影积聚为直线段，且分别平行于 X 轴和 Z 轴	侧平面的侧面投影反映平面图形的实形；侧平面的另外两个投影积聚为直线段，且分别平行于 Y_H 轴和 Z 轴
投影共性	平面在所平行的投影面上的投影反映实形，其他两面投影都积聚成与相应投影轴平行的直线		

（3）投影面垂直面。

垂直于某一个投影面，同时倾斜于另外两个投影面的平面为投影面垂直面。它又分为铅垂面、正垂面和侧垂面三类。垂直于水平投影面，同时倾斜于正立投影面和侧立投影面的平面称为铅垂面；垂直于正立投影面，同时倾斜于水平投影面和侧立投影面的平面称为正垂面；垂直于侧立投影面，同时倾斜于水平投影面和正立投影面的平面称为侧垂面。见表 1-3-4。

表 1-3-4　　　　　　　　投　影　面　垂　直　面

名称	铅　垂　面	正　垂　面	侧　垂　面
立体图	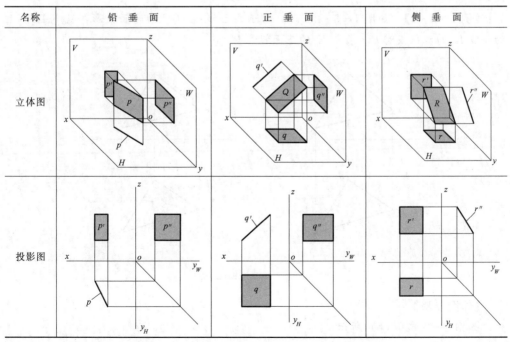		
投影图			

名称	铅垂面	正垂面	侧垂面
投影特性	铅垂面的水平投影积聚成一直线，铅垂面的另外两个投影为小于实形的类似形	正垂面的正面投影积聚成一直线，正垂面的另外两个投影为小于实形的类似形	侧垂面的侧面投影积聚成一直线，侧垂面的另外两个投影为小于实形的类似形
投影共性	平面在所垂直的投影面上的投影积聚成一条直线，其他两面投影为小于实形的类似性		

2. 平面内的点和直线

（1）平面上的直线。

直线在平面内必须具备下列两条件之一：

1）直线通过平面内的两点。如图 1-3-25 所示，平面 P 由相交两直线 AB 和
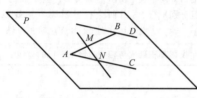

图 1-3-25 平面上的直线

AC 所决定。在 AB 和 AC 线上各取一点 M 和 N，则 M、N 两点必在平面 P 内，因此，M、N 两点连线也必在平面 P 内。

2）通过平面内的一点并平行于平面内的另一直线。如图 1-3-25 所示，过平面 P 上的 B 点，作直线 $BD /\!/ AC$，AC 是平面 P 内的一条直线，则直线 BD 必定在平面 P 上。

（2）平面上的点。

如果点在平面内的任一直线上，则该点一定在该平面上。

在平面内取点，可以直接在平面内的已知直线上选取，或先在平面内取一辅助线，然后在辅助线上取点。

1-13 平面
内的点

1-4 了解
都江堰二

【例 1-3-2】 如图 1-3-26（a）所示，已知 $\triangle ABC$ 的两面投影，及 $\triangle ABC$ 上的一点 K 的水平投影 k，求点 K 的正面投影 k'。

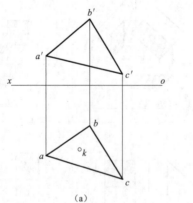
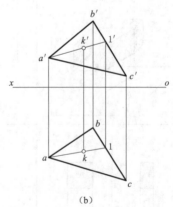

（a）　　　　　　　　　　（b）

图 1-3-26 平面上取点

【作图步骤】

如图 1-3-26（b）所示：

（1）先作辅助线。连接 a 点和 k 点，其延长线与 bc 交于 1 点，求出其正面投影 $1'$。

（2）根据直线上的点的从属性求出点 K 的正面投影 k'。由 k 向上作 x 轴的垂线与正面投影 $a'1'$ 交于 k'，即为平面内点 K 的正面投影。

1.3.3　立体的投影

基本形体三视图的画法与形体特征是绘制组合体和工程形体视图的基础。基本体分为平面立体和曲面立体。物体的表面均由平面组成的形体称为平面立体；物体的表面均由曲面组成或由曲面和平面共同组成的形体称为曲面立体。

1.3.3.1　平面立体的投影

工程上常用的平面立体有棱柱体、棱锥体和棱台。

1. 棱柱体

（1）棱柱体的形体特征。

有两个面互相平行，其余各面都是四边形，并且每相邻两个四边形的公共边都互相平行，由这些面所围成的几何体叫做棱柱。两个互相平行的平面叫做棱柱的底面，其余各面叫做棱柱的侧面。两个侧面的公共边叫做棱柱的侧棱。

棱柱由一平面图形沿直线路径延伸而形成。如果侧棱与底面垂直，则形成正棱柱（简称棱柱），如图 1-3-27 所示；如果侧棱与底面倾斜，则形成斜棱柱，如图 1-3-28 所示。

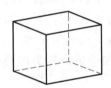　　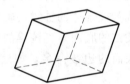

图 1-3-27　正棱柱　　　　图 1-3-28　斜棱柱

棱柱通常按它的底面边数命名，如底面为四边形，称为四棱柱。

（2）棱柱体的三视图。

下面以正六棱柱为例作棱柱体的三视图。正六棱柱的上下底面为全等且互相平行的六边形平面，六个侧面全为矩形，且与底面垂直，六条棱线互相平行且相等，也是六棱柱的高。

如图 1-3-29（a）所示，将正六棱柱放置于三面投影体系中，使其底面与水平投影面平行，前后棱面与正面投影面平行，其他四个侧面与水平投影面垂直。

正六棱柱的投影特征：

由于其底面与水平投影面平行，所以上下底面的水平投影反映实形——正六边形，正面、侧面投影各积聚成水平直线。

前后侧面与正面投影面平行，所以前后侧面的正面投影反映实形——长方形，水平、侧面投影积聚成直线。

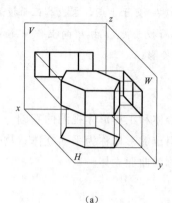 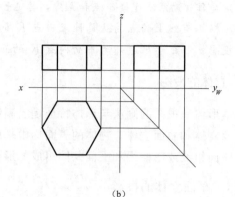

（a）　　　　　　　　　　　　　　　　（b）

图 1-3-29　正六棱柱的三视图

（a）立体图；（b）三视图

1-14　正六棱柱的三视图

其他四个侧面与水平投影面垂直，因而它们的水平投影都各积聚成直线，正面、侧面投影则为类似形。

画棱柱的三视图时，先画出反映棱柱特征面的视图——俯视图，然后再画它的正视图和左视图，如图 1-3-29（b）所示。

棱柱体三视图的视图特征：两个视图为矩形，第三视图为反映底面实形的多边形。

2. 棱锥体

（1）棱锥体的形体特征。

棱锥体的底面为多边形，所有的棱线均交于锥顶，所有的各侧面均为三角形。顶点与底面重心的连线为棱锥体的轴线，轴线垂直于底面为直棱锥，轴线倾斜于底面为斜棱锥。其中，直棱锥的底面是直棱锥的特征面，底面为正多边形时为正棱锥。

棱锥通常也按底面的边数命名，如底面为四边形，称为四棱锥。如图 1-3-30 所示。

1-15　三棱锥的三视图

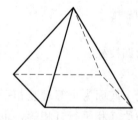

图 1-3-30　四棱锥

（2）棱锥体的三视图。

下面以正三棱锥为例作棱锥体的三视图。正三棱锥的底面是正三角形，三个侧面是全等的等腰三角形，轴线通过底面重心并与底面互相垂直，三条棱线汇交于锥顶。

如图 1-3-31（a）所示，将正三棱锥放置于三面投影体系中，使正三棱锥的底面平行于水平投影面。

正三棱锥的投影特征：

正三棱锥的底面平行于水平投影面，即底面△ABC 是水平面，它的水平投影为△abc，反映实形，正面投影、侧面投影积聚成水平直线。

后侧面△SAC 是侧垂面，其侧面投影积聚成直线，其余两个投影△$s'a'c'$、△$s''a''c''$为类似形。

左右两个侧面为一般位置平面，因而它们的三个投影均为类似形。

锥顶 S 的三个投影分别是 s、s'、s''。

画棱锥的三视图时，先画出反映棱锥特征面的视图——俯视图，然后再画它的正视图和左视图，如图 1-3-31（b）所示。

棱锥三视图的视图特征：两个视图为三角形，第三视图为反映底面实形的多边形。

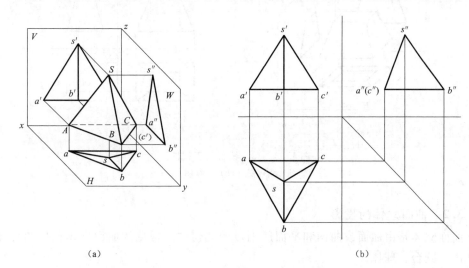

图 1-3-31　正三棱锥的三视图
（a）立体图；（b）三视图

3. 棱台

（1）棱台的形体特征。棱台是用平行于棱锥底面的平面截去锥顶后形成的。棱台的上下底面是互相平行的多边形，其余各面是梯形。

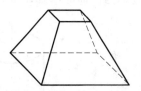

图 1-3-32　四棱台

棱台通常也按底面的边数命名，如底面为四边形，称为四棱台，如图 1-3-32 所示。

（2）棱台的三视图。

下面以四棱台为例作棱台的三视图。

如图 1-3-33（a）所示，将四棱台放置于三面投影体系中，使棱台上下底面平行于水平投影面。

1-16　棱台的三视图

四棱台的投影特征：

四棱台的上下底面是水平面，它们的水平投影反映实形，正面投影、侧面投影积聚成水平直线。

四个侧面中两个为正垂面，两个为侧垂面。正垂面在 V 面上的投影积聚为直线，侧垂面在 W 面上的投影积聚为直线，其余两个投影为类似形。

画棱台的三视图时，先画出反映棱台特征面的视图——俯视图，然后再画它的正视图和左视图，如图 1-3-33（b）所示。

棱台三视图的视图特征：两个视图为梯形，第三个视图为反映上下底面实形的多边形，且两个多边形的角顶点有连线。

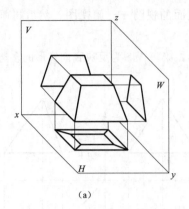
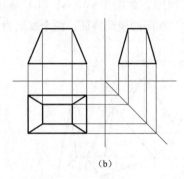

（a）　　　　　　　　　　　　　　　（b）

图 1-3-33　棱台的三视图
（a）立体图；（b）三视图

1.3.3.2　曲面立体的投影

曲面立体是由曲面或曲面和平面所围成的几何体。常见的曲面立体包括圆柱体、圆锥体、圆台、球体。

曲面立体的曲表面均可看作是一条动线绕固定的轴线旋转而形成的，这类曲面立体称为回转体，其曲表面称为回转面。动线称为母线，母线在旋转过程中的任一具体位置称为曲面的素线，曲面上有无数条素线。如图 1-3-34 所示。

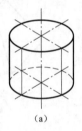

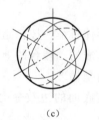

（a）　　　　　　　　（b）　　　　　　　　（c）

图 1-3-34　回转面的形成
（a）圆柱体；（b）圆锥体；（c）球体

1-17　圆柱的三视图

1. 圆柱体

（1）圆柱体的形体特征。

圆柱体是由圆柱面和上、下底面组成。圆柱面是由母线 AA_1 绕一条与其平行的轴线 OO_1 旋转一周而形成的曲面。圆柱的上下两个底面是直径相同而且互相平行的两个圆面，轴线与底面垂直。如图 1-3-35（a）所示。

（2）圆柱体的三视图。

将圆柱体放置于三面投影体系中，使圆柱的轴线垂直于水平投影面。

圆柱体的投影特征为：由于圆柱体的轴线垂直于水平投影面，因此它的上下底面均是水平面，其水平投影反映实形——圆，正面、侧面投影各积聚成水平直线。

圆柱面垂直于水平面，其水平投影积聚在圆周上，圆柱面的正面投影是轮廓素线

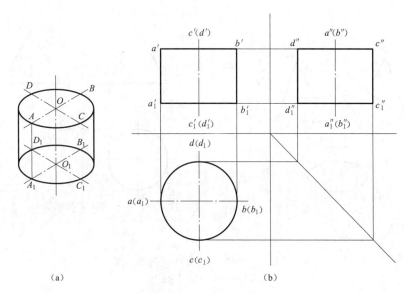

图 1 - 3 - 35　圆柱体的三视图

(a) 立体图；(b) 三视图

AA_1、BB_1 的投影 $a'a'$、$b'b'$，AA_1、BB_1 将圆柱面分成可见的前半部分与不可见的后半部分，圆柱面的侧面投影是轮廓素线 CC_1、DD_1 的投影 $c''c''_1$、$d''d''_1$，CC_1、DD_1 将圆柱面分成可见的左半部分与不可见的右半部分。如图 1 - 3 - 35 (a) 所示。

画圆柱的三视图时，先画出它的轴线和俯视图，然后再画它的正视图和左视图。如图 1 - 3 - 35 (b) 所示。

圆柱体三视图的视图特征：两个视图为矩形，第三视图为反映底面实形的圆。

圆柱体的正面投影和侧面投影是两个全等的矩形，但它们表达的空间意义不相同。正面投影矩形线框表示前半个圆柱面，后半个圆柱面与其重影不可见；侧面投影矩形线框表示左半个圆柱面，右半个圆柱面与其重影不可见。

2. 圆锥体

(1) 圆锥体的形体特征。

圆锥体由圆锥面和底面圆组成，轴线通过底面圆心并与底面垂直。圆锥面可以看成是由一条直线绕与它相交的轴线旋转而成的。

(2) 圆锥体的三视图。

如图 1 - 3 - 36 (a) 所示，将圆锥放置于三面投影体系中，使轴线与水平面垂直，底面平行于水平面。

圆锥体的投影特征为：圆锥的轴线垂直于水平投影面，因而底面圆是水平面，水平投影反映实形——圆，正面投影、侧面投影各积聚成直线。

圆锥面的水平投影与底圆重影。圆锥面的正面投影是轮廓素线 SA、SB 的投影，$s'a'$、$s'b'$，SA、SB 将圆锥面分成可见的前半部分与不可见的后半部分。圆锥面的侧面投影是轮廓素线 SC、SD 的投影 $s''c''$、$s''d''$，SC、SD 将圆锥面分成可见的左半部分与不可见的右半部分。如图 1 - 3 - 36 (a) 所示。

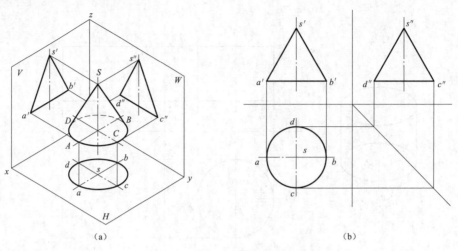

图 1-3-36　圆锥的三视图

（a）立体图；（b）三视图

画圆锥的三视图时，先画出它的轴线和俯视图，然后再画它的正视图和左视图，如图 1-3-36（b）所示。

圆锥三视图的视图特征：两个视图为三角形，第三个视图为反映底面实形的圆。

3. 圆台

（1）圆台的形体特征。

圆台可看作是用平行于圆锥底面的平面截去锥顶后得到的形体，两个底面为相互平行的圆，如图 1-3-37（a）所示。

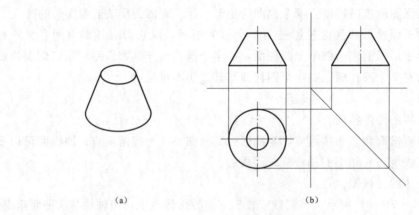

图 1-3-37　圆台的三视图

（a）立体图；（b）三视图

1-18　圆台的三视图

（2）圆台的三视图。

将圆台放置于三面投影体系中，使圆台的轴线垂直于水平投影面。

圆台的投影特征为：圆台的上下底面是水平面，水平投影反映实形——同心圆，上下底面的正面投影、侧面投影各积聚成水平直线。圆台的正面投影和侧面投影是两个全等的梯形，如图 1-3-37（b）所示。

画圆台的三视图时，先画出它的轴线和俯视图，然后再画它的正视图和左视图，如图 1-3-37 （b）所示。

圆台三视图的视图特征：两个视图为梯形，第三视图为反映两个底面实形的同心圆。

4. 球体

（1）球体的形体特征。

圆球体是由圆球面组成。球无论怎样放置，它的三个投影都是一样大小的圆，但这三个圆并不是球上某一个圆的三个投影，而是球上三个不同方向的轮廓纬圆的投影，如图 1-3-38 （a）所示。

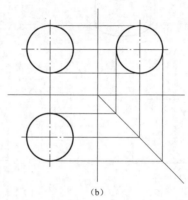

（a）   （b）

图 1-3-38　球体的三视图

（a）立体图；（b）三视图

（2）球体的三视图。

球体的三面投影均为与球的直径大小相等的圆。水平面投影是球体的上半个球面的投影和下半个球面的重影，正立面投影是球体的前半个球面的投影和后半个球面的重影，侧立面投影是球体的左半个球面的投影和右半个球面的重影。

画球体的三视图时，先画出各圆的中心线，然后再画出三个与球体直径相同的圆，如图 1-3-38 （b）所示。

球的三视图的视图特征：三个视图均为圆。

1.3.3.3　简单体三视图的绘制与识读

简单体是由较少的基本体进行简单的叠加或切割而形成的立体。因此，基本体的视图特征是绘制和阅读简单体三视图的基础。

1. 简单体三视图的绘制

（1）叠加法。

对于叠加而成的简单体，在绘制三视图之前，首先分析形体是由哪些基本体叠加而成的，其次分析各基本体之间的相对位置关系，最后逐个画出各基本体的三视图，检查无误后加深图线。

1-19　叠加式简单体三视图的画法

【例 1-3-3】　绘制如图 1-3-39 （a）所示物体的三视图。

【作图步骤】

该空间物体是由圆柱和圆台叠加的简单体。上部是圆台，下部是圆柱。

（1）先画轴线，再画下部圆柱的三视图，如图 1-3-39（b）所示。

（2）画圆台三视图，如图 1-3-39（c）所示。

（3）检查无误后，加深图线，如图 1-3-39（d）所示。

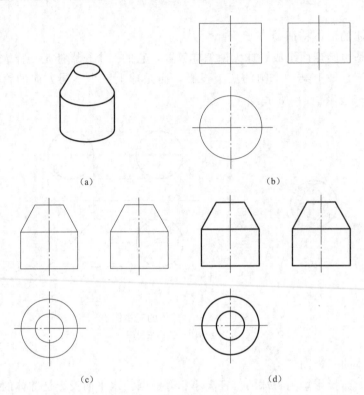

图 1-3-39　叠加式简单体三视图的绘制

(a) 简单体；(b) 圆柱三视图；(c) 圆台叠加圆柱三视图；(d) 叠加式简单体三视图

（2）切割法。

对于切割而成的简单体，在绘制三视图之前，首先分析形体在被切割之前的原体和切去的部分各是什么基本体，其次画出原体的三视图，再画出切割部分，检查无误后加深图线。

【例 1-3-4】　绘制如图 1-3-40（a）所示物体的三视图。

【作图步骤】

该空间物体是切割体。未切割时的原体是长方体，长方体的左上前部位切去了一个三棱柱，如图 1-3-40（b）所示。

（1）先画原体长方体的三视图，如图 1-3-40（c）所示。

（2）再画切割三棱柱的三视图，如图 1-3-40（d）所示。

（3）检查无误后，加深图线，如图 1-3-40（e）所示。

2. 简单体三视图的识读

读图是根据视图想象出空间物体的形状，其基本依据是三视图的投影规律和基本体三视图的视图特征。

1-20 切割式简单体三视图的画法

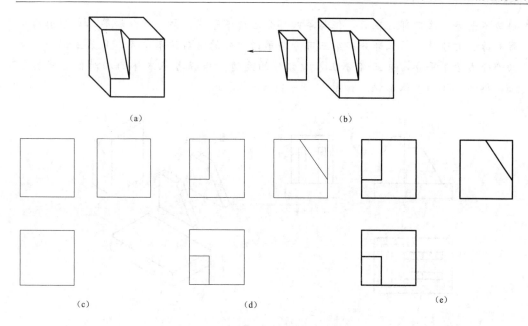

图 1-3-40　切割式简单体三视图的绘制

(a) 简单体；(b) 切割示意图；(c) 原体三视图；(d) 切割三棱柱三视图；(e) 切割式简单体三视图

读图时首先要弄清楚各个视图的投影方向和它们之间的投影关系，然后从一个反映物体形状特征视图入手，再结合其他视图进行分析和判断。一个视图只能反映物体的一个方向的形状，因此一个视图或两个视图通常不能确定物体的形状。读图时，必须将几个视图联系起来进行分析、联想构思，才能想象出空间物体的形状。

（1）叠加式简单体。

对于叠加式简单体，在物体的三视图中，凡有投影联系的三个封闭线框，一般表示构成简单体某一简单部分的三个投影。因此，读图的要领是以特征视图为主，按封闭线框分解成几个部分，再与其他视图对应，想象各部分的基本体形状、相对位置和组合方式，最后组合为物体整体形状。

【例 1-3-5】　识读如图 1-3-41（a）所示三视图，想象物体的形状。

【识图步骤】

以特征视图为主，并与其他视图对应，按封闭线框将视图分解成几个部分。该物体很显然是叠加体，我们从投影重叠较少、结构关系较明显的正视图入手，结合其他视图可将该物体分为四个部分。如图 1-3-41（a）所示。

逐部分对照三视图，想象各部分的基本体形状。由正视图按投影规律找出四个部分在俯视图和左视图上对应的线框。第一部分和第二部分是两个形状和大小相同的四棱柱；第三部分是在一个长方体的右上部位切去了一个三棱柱；第四部分是一个长方体。如图 1-3-41（b）所示。

1-3　简单体三视图的识读

将各部分基本体组合为整体。根据各基本体之间的相对位置关系和组合方式，将各基本体组合为整体。由正视图可知：第四部分在底部，第三部分在上部右侧，第一部分和第二部分在上部左侧。由俯视图或左视图可知：第一部分在前，但与第四部分前边不平齐；第二部分在后，但与第四部分后边不平齐；第一部分和第二部分前后位置对称且右边紧靠第三部分；第三部分与第四部分的前后边不平齐，且第三部分与第四部分右边不平齐，第三部分在第四部分的左边。根据各基本体的相对位置将其叠加，得到物体的整体形状。如图 1 - 3 - 41 (c) 所示。

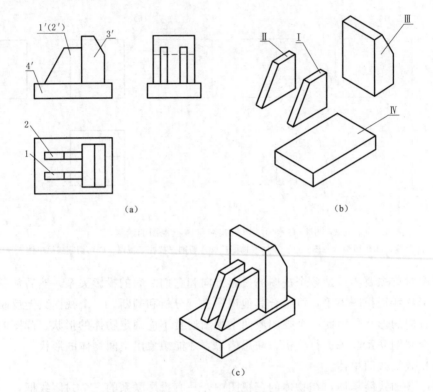

图 1 - 3 - 41　叠加式简单体三视图的识读

(a) 读视图、分部分；(b) 逐部分对投影，想各部分基本形状；(c) 将各部分基本形状组合为整体

(2) 切割式简单体。

对于切割式简单体，根据物体的三视图可以判定其是由基本体切割形成的物体，将原体分成一部分，然后再分切割处。首先想象原体的形状，再逐步想象切去的部分，最后组合为物体整体形状。

【例 1 - 3 - 6】　识读如图 1 - 3 - 42 (a) 所示三视图，想象物体的形状。

【识图步骤】

(1) 以特征视图为主，并与其他视图对应，按封闭线框将视图分解成几个部分。如图 1 - 3 - 42 (a) 所示。

(2) 逐部分对照三视图，想象各部分的原体形状，再想象切去部分的形状。该物体是切割体，未切割时的原体是长方体，左前上方切去了一个小三棱柱。如图 1 - 3 - 42 (b) 所示。

(3) 想象整体。如图 1 - 3 - 42 (c) 所示。

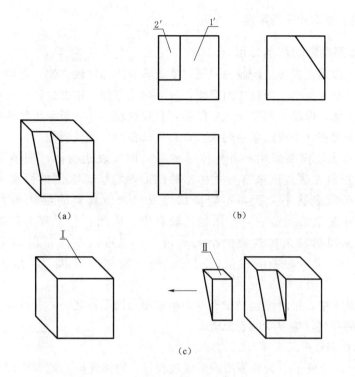

图 1-3-42　切割式简单体三视图的识读

（a）读视图、分部分；（b）逐部分照三视图，想象原体形状和切割体形状；（c）综合起来组合为物体整体形状

任务1.4　绘 制 轴 测 图

【教学目标】

一、知识目标

1. 理解轴测图的形成、分类，理解轴测投影的基本性质。

2. 掌握平面体、曲面体正等轴测图、斜二轴测图的画法。

二、能力目标

通过本任务的学习，学生能画轴测图，对今后的组合体学习起到分析理解建立空间概念的作用。

三、素质目标

轴测投影图富于立体感，直观性较强，故常被用作辅助图样，便于检查读图结果，培养自查及与人沟通交流的能力。

课前预习
1.4

【教学内容】

1. 轴测图的形成、分类，轴测投影的基本性质。

2. 平面体、曲面体正等轴测图和斜二轴测图的画法。

1.4.1 轴测图基本知识的掌握

1.4.1.1 轴测投影的基本知识

在工程上应用正投影法绘制的视图，度量和制图都比较方便，能够完整、准确地表达物体的形状和大小，而且作图简便，尺寸标注方便，依据这种图样可精确地制造出所表示的物体。但是，视图缺乏立体感，直观性较差，要想象出物体的形状，需要运用正投影原理把几个视图联系起来看，必须具备一定的读图能力。

有的工程上还需要采用一种立体感较强的图来表达物体，即轴测图。轴测图是用轴测投影的方法画出来富有立体感的图形，它接近人们的视觉习惯。但是轴测图一般对形状表达不全面，不能确切地反映物体真实的形状和大小，度量性差，并且对于复杂的构造物，作图也比较麻烦。因此，在工程上常把轴测图作为辅助图样，来说明复杂构筑物的结构等情况，也可以作为帮助读图的辅助性图样。在设计中，可以用轴测图帮助构思、想象物体的形状，以弥补正投影图的不足。

1-6 视图
与轴测图

在制图教学中，轴测图也是发展空间构思能力的手段之一，通过画轴测图可以帮助想象物体的形状，培养空间想象能力。

1. 轴测投影的形成

如图1-4-1所示，为轴测图的形成过程，将物体连同确定其空间位置的直角坐标系，沿不平行于任一坐标平面的投影面方向，用平行投影法将其投射在单一投影面上所得到的投影图，称为轴测投影（简称轴测图）。

在轴测投影中，我们把选定的投影面 P 称为轴测投影面；把空间直角坐标轴 OX、OY、OZ 在轴测投影面上的投影 OX_1、OY_1、OZ_1，称为轴测投影轴，简称轴测轴。

2. 轴间角和轴向伸缩系数

相邻两轴测轴之间的夹角，称为轴间角，如图 1-4-1 中 $\angle X_1O_1Y_1$、$\angle X_1O_1Z_1$、$\angle Y_1O_1Z_1$。随着坐标轴、投射方向与轴测投影面相对位置不同，轴间角的大小也不同。但是，其中任何一个轴间角不能为 0，三个轴间角之和为 360°。

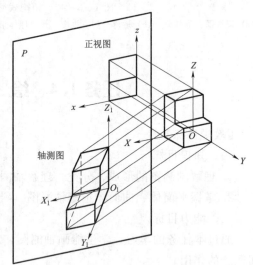

图 1-4-1 轴测投影的形成

轴测轴上沿轴方向的线段长度与物体上沿对应的坐标轴方向同一线段长度之比，称为轴向伸缩系数。O_1X_1、O_1Y_1、O_1Z_1 的轴向伸缩系数分别用 p、q、r 表示，轴向伸缩系数用来控制轴测投影的大小变化。

1.4.1.2　轴测投影的基本性质

由于轴测图采用的是平行投影法，所以，它具有平行投影的全部特性，以下几点基本特性在绘制轴测图时经常使用，应熟练掌握和运用。

1. 平行性

物体上互相平行的线段，在轴测图中仍互相平行；物体上平行于坐标轴的线段，在轴测图中仍平行于相应的轴测轴。

1-7　平行投影的性质

2. 定比性

空间同一线段上各段长度之比在轴测投影图中保持不变。

3. 可测性

沿坐标轴的轴向长度可以按伸缩系数进行度量。由于平行线的轴测投影仍互相平行，因此，物体上凡是平行于 OX、OY、OZ 轴的线段，其轴测投影必须相应平行于 O_1X_1、O_1Y_1、O_1Z_1 轴，且具有和 O_1X_1、O_1Y_1、O_1Z_1 相同的轴向伸缩系数。在轴测图中，只有沿轴测轴方向才可以测量长度，这就是"轴测"二字的含义。

注意：物体上与坐标轴不平行的线段具有与之不同的伸缩系数，不能直接测量与绘制，只能按"轴测"原则，根据端点坐标，作出两端点后连线绘出。物体上不平行于轴测投影面的平面图形，在轴测图中变成原形的类似形。如长方形的轴测投影为平行四边形，圆形的轴测投影为椭圆等。

1.4.1.3　轴测投影的分类

轴测投影采用单面投影图，是平行投影之一，它是把形体按平行投影法投射至单一投影面上所得到的投影图。根据投影方向不同，轴测图可分为两类，即正轴测图和斜轴测图。根据轴向伸缩系数不同，轴测图又可分为等测、二测和三测轴测图。以上两种分类方法相结合，可得到六种轴测图。

正轴测图是轴测投影方向与轴测投影面垂直时投影所得到的轴测图。正轴测图根据轴向伸缩系数不同，又分为正等测图（轴向伸缩系数 $p=q=r$）、正二测图（轴向伸缩系数 $p=r=2q$）和正三测图（轴向伸缩系数 $p\neq q\neq r$）；斜轴测图是轴测投影方向与轴测投影面倾斜时投影所得到的轴测图。斜轴测图根据轴向伸缩系数不同，又分为斜等测图（轴向伸缩系数 $p=q=r$）、斜二测图（轴向伸缩系数 $p=r=2q$）和斜三测图（轴向伸缩系数 $p\neq q\neq r$）。工程上主要使用正等测图和斜二测图，本章也只介绍这两种轴测图的画法。

1. 正等测图

轴测投影方向与轴测投影面垂直，物体的三个投影轴与轴测投影面的夹角相同时投影所得到的轴测图。因此，三个轴间角均为 120°，三个轴向伸缩系数相同，$p=q=r=0.82$，为简化作图取 $p=q=r=1$，在画图时，沿三个轴测轴的轴向尺寸都取物体的实际尺寸。虽然轴向伸缩系数取 1，作出的正等测图是实际物体大小的 1.22 倍，但不会影响作为辅助图样的使用。

2. 斜二测图

当空间物体上的坐标面 XOZ 平行于轴测投影面，而投射方向与轴测投影面倾斜时，所得到的投影图就是斜二轴测图，如图 1 - 4 - 2 所示。斜二测图的 OX 轴与 OZ 轴的轴间角仍为 $90°$，轴向变形系数 $p = r = 1$。通常取 OY 轴与 OZ 轴的轴间角为 $135°$，轴向变形系数 $q = 0.5$。在画图时，X 与 Z 方向取物体实际尺寸，Y 方向取物体实际尺寸的 0.5。

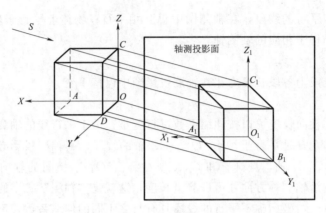

图 1 - 4 - 2 　斜二测图的形成

斜二测图的正面形状能反映物体正面的真实形状，特别当形体正面有圆和圆弧时，画图简单方便，这是它最大的优点。

正等测图和斜二测图的轴间角和轴向伸缩系数，见表 1 - 4 - 1。

表 1 - 4 - 1 　　　　　　　　正等测图和斜二测图的轴间角和轴向伸缩系数

种类	轴 间 角	轴向伸缩系数	种类	轴 间 角	轴向伸缩系数
正等测图	$120°$ $120°$ $120°$	$p = q = r = 0.82$ 简化系数 $p = q = r = 1$	斜二测图	$90°$ $135°$ $135°$	$p = r = 1$ $q = 0.5$

1.4.2　绘制正等轴测图

1.4.2.1　平面体的正等轴测图画法

画轴测图常用的方法有坐标法、特征面法、叠加法和切割法。其中，坐标法是最常用的方法，其他方法都是根据物体的形体特点对坐标法的灵活应用。下面分别介绍这几种作图方法。

1. 坐标法

由多面正投影图画轴测图时，应先选好适当的坐标体系，画出对应的轴测轴，然后按一定方法画出平面立体轴测图的基本方法，称为坐标法。

【例 1-4-1】　根据六棱台的二面投影图，画出它的正等测图，如图 1-4-3 所示。

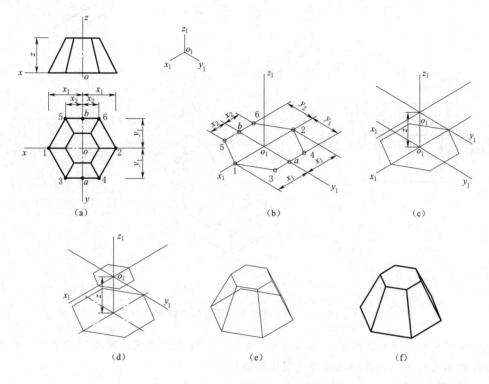

图 1-4-3　正六棱台的正等测图绘制

【作图步骤】

（1）在正面视图与水平投影视图上确定各坐标轴，如图 1-4-3（a）所示。

（2）先画下底面。建立 X、Y、Z 三条轴测轴，从 O 点开始沿着坐标轴 X 的方向左右分别量取长度方向尺寸 x_1，得到 1、2 两点，在 Y 轴上向前后两个方向量取 y_1 宽度尺寸，得到 a、b 两点，过 a、b 两点作平行于 x 轴的直线，沿 x 轴方向在 a、b 两侧分别量取 x_2，得到 3、4、5、6 四点，这样就找到了六棱台下底面的六个顶点，依次连接画出下底的轴测图，如图 1-4-3（b）所示。

（3）将坐标系上移 z，再画上底面。绘制方法与下底的绘制相同，如图 1-4-3（c）、（d）所示。

（4）连接各个棱线。将上下底面多边形的各个顶点对应连接起来，为六棱台的六条棱线。再擦去不可见的轮廓线，将图线加粗，最后完成轴测图，如图 1-4-3（e）、（f）所示。

2. 特征面法

特征面法适合于绘制柱类形体的轴测图，尤其是各种直棱柱体。其做法通常是先画出能反映柱体形状特征的一个可见底面（通常称为特征面），再画出平行于轴测轴的所有可见侧棱，然后连出另一底面，即可完成物体的轴测图。

55

【例 1-4-2】　如图 1-4-4（a）所示，根据跌水坎的两面投影图，用特征面法画出它的正等测图。

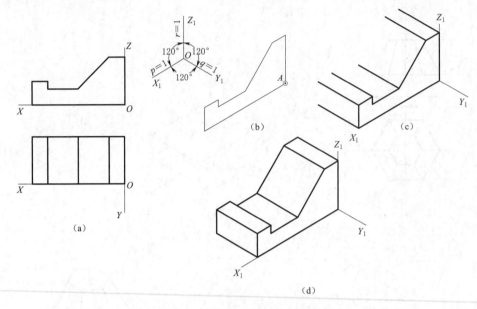

图 1-4-4　跌水坎的正等测图绘制

分析：该物体主视图反映跌水坎的形状特征，俯视图表明跌水坎前后等宽，属于直棱柱体的一种。采用特征面法作图比较合适。

【作图步骤】

（1）在视图上确定坐标轴。原点 O 为起画点，一般定在特征面的某端点处，如图 1-4-4（a）所示。

（2）画特征面的轴测图。先画参考轴测轴，用于确定轴测图中各线段的方向，然后确定适当的起画点 A，根据主视图画出特征面的轴测图，如图 1-4-4（b）所示。

（3）画可见侧棱的轴测图。由特征面可见侧棱的各端点向后引出 OY 轴平行线，同时在这些平行线上量取宽度尺寸，得到可见侧棱，如图 1-4-4（c）所示。

（4）画底面。连接侧棱上各截取点，得到另一底面，最后完成图形，如图 1-4-4（d）所示。

3. 切割法

对于切割而成的形体画轴测图，应先画出被切割物体的原体，然后依次画出被切割的部分，这种方法称为切割法。用切割法作图时要注意切割位置的确定。

【例 1-4-3】　如图 1-4-5 所示，已知切割体的两面投影，作这个形体的正等测图。

分析：该形体是由一个四棱柱切割掉两个小四棱柱而成的。应先画出原体再画被切割掉的形体。

1-4　切割体轴测图的绘制

【作图步骤】

（1）在视图上确定各坐标轴，如图 1-4-5（a）所示。

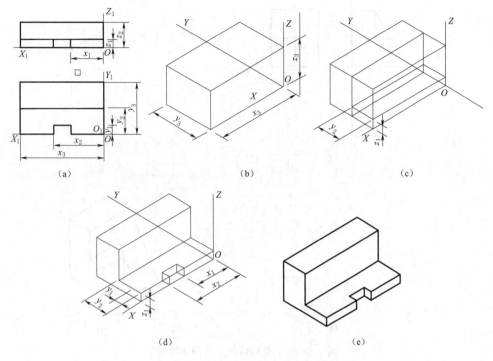

图 1-4-5 切割体的正等测图绘制

(2) 画原体。建立 X、Y、Z 轴测轴，然后从 O 点沿 Y 轴向后量取 y_3 宽度尺寸，沿着 X 轴向左量取 x_3 长度尺寸，沿 z 轴向上量取 z_2 高度尺寸，绘制出四棱柱原体，如图 1-4-5 (b) 所示。

(3) 画被切割的前上部分。从 O 点沿着 Y 轴向后量取 y_2 宽度尺寸找到切割的位置，切割体的长度与原体一样长，沿着 z 轴向上量取 z_1 高度尺寸找到切割位置，绘制出要被切割掉的第一个四棱柱，如图 1-4-5 (c) 所示。

(4) 画前上方被切割的四棱柱。从 O 点沿着 y 轴向后量取 y_1 长度找到切割位置，沿着 x 轴向左量取 x_1 长度和 x_2 长度，找到切割位置。切割体高度与原体高度相同，绘制被切割的第二个四棱柱，如图 1-4-5 (d) 所示，擦掉作图辅助线，加粗图线，完成作图，如图 1-4-5 (e) 所示。

4. 叠加法

对于叠加而成的形体画轴测图，在选定的坐标轴上，分别画出每个形体的轴测投影即可。

【例 1-4-4】 如图 1-4-6 (a) 所示，画出所示物体的正等测图。

分析：根据已知视图分析，可知该物体是由 L 形直棱柱体和梯形直棱柱体两部分叠加而成，L 形柱体在梯形柱体的前面，两部分右面靠齐并同高，采用叠加法。

【作图步骤】

(1) 在视图上确定坐标轴，如图 1-4-6 (a) 所示。

1-21 绘制叠加体的正等测图

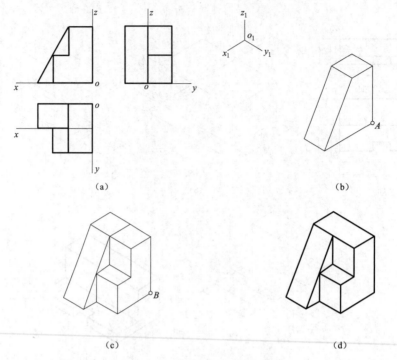

(a)　　　　　　　　　　　　　　　　(b)

(c)　　　　　　　　　　　　　　　　(d)

图 1-4-6　叠加体的正等测图绘制

（2）先画参考轴测轴，确定起画点 A，然后用特征面法画出梯形柱的正等测图，如图 1-4-6（b）所示。

（3）准确定位，找准起画点 B，用特征面法画出 L 形柱体正等测图，如图 1-4-6（c）所示。

（4）擦掉多余的图线和不可见轮廓线，加深可见轮廓线，完成作图，如图 1-4-6（d）所示。

1.4.2.2　曲面体的正等轴测图画法

绘制曲面立体的正等测图，关键是要掌握圆的正等测图画法，平行于坐标面的圆的正等测图为椭圆。在曲面立体中，圆是最基本的图形，所以先来讨论圆的正等测图。

1. 圆的正等测图的画法

平行于坐标面的圆的正等测图都是椭圆，除了长短轴的方向不同外，画法都是一样的。图 1-4-7 所示为三种不同位置的圆的正等测图。

作圆的正等测图时，必须弄清椭圆长短轴的方向。分析图 1-4-7 所示的图形（图中的菱形为与圆外切的正方形的轴测投影）即可看出，椭圆长轴的方向与菱形的长对角线重合，椭圆短轴的方向垂直于椭圆的长轴，即与菱形的短对角线重合。

通过分析，还可以看出，椭圆的长短轴和轴测轴有关，即：

（1）圆所在平面平行 X_1OY_1 面时，它的轴测投影——椭圆的长轴垂直 O_1Z_1 轴，

1-22　圆的正等测图的绘制

即成水平位置，短轴平行 O_1Z_1 轴；

（2）圆所在平面平行 X_1OZ_1 面时，它的轴测投影——椭圆的长轴垂直 O_1Y_1 轴，即向右方倾斜，并与水平线成 $60°$ 角，短轴平行 O_1Y_1 轴；

（3）圆所在平面平行 Y_1OZ_1 面时，它的轴测投影——椭圆的长轴垂直 O_1X_1 轴，即向左方倾斜，并与水平线成 $60°$ 角，短轴平行 O_1X_1 轴。

概括起来就是：平行坐标面的圆（视图上的圆）的正等测投影是椭圆，椭圆长轴垂直于不包括圆所在坐标面的那条轴测轴，椭圆短轴平行于该轴测轴。

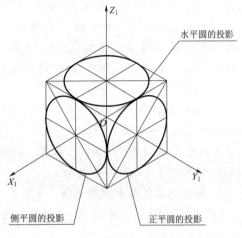

图 1-4-7　平行于坐标面上圆的正等测图绘制

圆的正等测投影是一个椭圆。这个椭圆与前面几何作图中的近似画法不同，常用的近似画法是菱形法（四心法）。

【例 1-4-5】　以坐标平面 X_1OY_1 上的圆（或其平行圆）的正等轴测投影为例，说明作图方法，如图 1-4-8 所示。

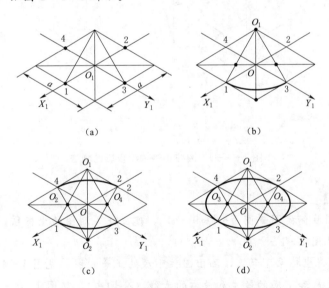

图 1-4-8　圆的正等测椭圆的近似画法（菱形法）

【作图步骤】

（1）$X_1O_1Y_1$ 平面内的圆（直径 a）的外切正方形。

（2）画轴测轴，按圆的外切的正方形画出菱形 [图 1-4-8 (a)]。在 X_1OY_1 平面内画圆的外切菱形。因为圆在 X_1OY_1 平面内，根据轴测投影特性它也应在相应的 $X_1O_1Y_1$ 平面内作图。画轴测轴，X_1、Y_1、Z_1 都可以向相反的方向延长。以 O 为对称点，在 X_1 方向量取 $a/2$ 交两点 1、3 点。以 O 为对称点，在 Y_1 方向量取 $a/2$ 交两点 2、4 点。过这四点分别作 X_1 和 Y_1 的平行线得一菱形。

（3）确定四个圆心和半径。水平为椭圆长轴方向，O_1O_2 为短轴方向，O_1、O_2 为椭圆大圆弧的圆心，以 O_1、O_2 为圆心，O_11 为半径画两个大圆弧 [图 1-4-8 (b)]。分别连接 O_11 和 O_12 分别交长轴于 O_3、O_4 两点（小圆弧的圆心），如图 1-4-8 (c) 所示。

（4）以 O_3、O_4 两点为圆心，O_31 和 O_42 为半径画两小弧；在 1、2、3、4 处与大弧连接 [图 1-4-8 (d)]。

平行于 V 面（即 X_1OZ_1 坐标面）的圆、平行于 W 面（即 Y_1OZ_1 坐标面）的圆的正等测图的画法都与上面类似。

2. 圆柱的正等轴测投影画法

【例 1-4-6】 如图 1-4-9 所示，绘制圆柱的正等测图。

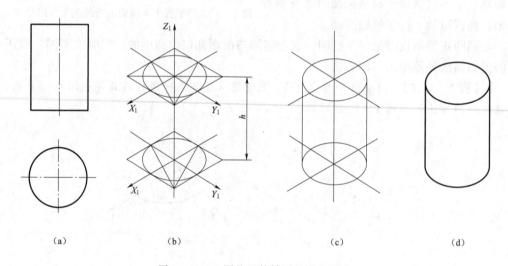

(a)　　　　　　(b)　　　　　　(c)　　　　　　(d)

图 1-4-9　圆柱正等轴测投影的画法

【作图步骤】

（1）根据圆柱俯视图 [图 1-4-9 (a)]，建立正等测图的坐标系，画出圆柱上底的正等测图，见图 1-4-9 (b)。

（2）沿 Z_1 将坐标系下移 h，画出圆柱下底的正等测图，见图 1-4-9 (b)。

（3）作出上底和下底的最左和最右的素线（公切线），见图 1-4-9 (c)。

（4）擦去多余的线，加深圆柱轮廓，完成作图，见图 1-4-9 (d)。

3. 圆角正等轴测投影的画法

1-23　圆角的正等测图的绘制

从图 1-4-9 用菱形法近似画椭圆可以看出，菱形的钝角与大圆弧相对，锐角与小圆弧相对，菱形相邻两边的中垂线的交点就是大圆弧（或小圆弧）的圆心，由此可得出圆角的正等轴测投影的近似画法：画圆角正等轴测投影时，只要在作圆角的两边上量取圆角半径 R，自量得的点作边线的垂线，然后以两垂线交点为圆心，以交点至垂足的距离为半径画弧，所得的弧即为圆角的正等轴测投影。

【例 1 - 4 - 7】　已知一个四棱柱（$a \times b \times h$），两个前角被修圆，修圆半径为 R，1、2、3、4 点为切点。正视、俯视两面投影如图 1 - 4 - 10（a）所示，绘制其正等测图。

【作图步骤】

（1）作出正等测图的坐标系，先画出四棱柱修圆前的上底面的正等测图，如图 1 - 4 - 10（b）所示，应用棱柱轴测图的特征面法画出侧棱与下底面，如图 1 - 4 - 10（c）、（d）所示。

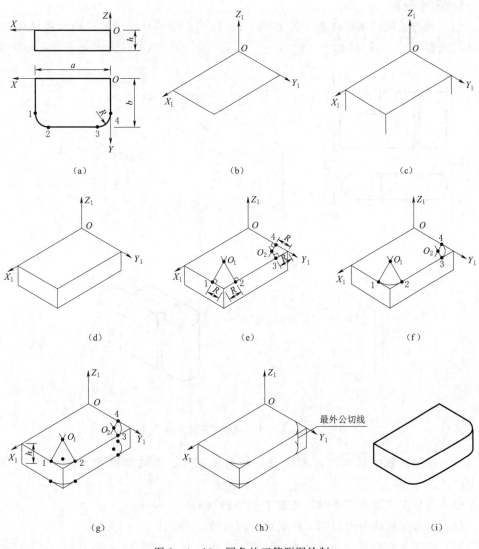

图 1 - 4 - 10　圆角的正等测图绘制

（2）在上底面左前角和右前角处分别截出距两顶点距离为 R 的切点 1、2、3、4 点。并过 1、2、3、4 作出与相应边相垂直的辅助线，两两交汇后得到连接圆弧的圆心 O_1 和 O_2 点，如图 1 - 4 - 10（e）所示。

（3）以 O_1 为圆心，1、2 为起止点画出左前角连接圆弧，同理画出右前角圆弧，如图 1-4-10（f）所示。将圆心 O_1、O_2 和切点 1、2、3、4 向下平移 h，作出下底面的两个圆角，见图 1-4-10（g）。

（4）作出右前角上下圆弧的最外公切线，然后将多余的图线擦去，加深即可，如图 1-4-10（h）、（i）所示。

4. 绘制闸墩的正等测图

【例 1-4-8】 绘制闸墩的正等测图。

【作图步骤】

（1）根据闸墩的两面投影 [图 1-4-11（a）]，绘制外切于闸墩的四棱柱的正等测图，见图 1-4-11（b）。

1-24 绘制闸墩的正等测图

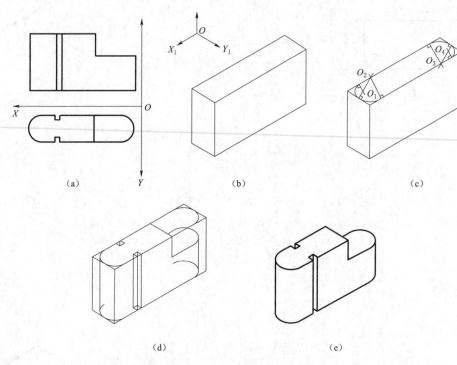

图 1-4-11 闸墩的正等测图

（2）根据闸墩俯视图的修圆半径，绘制上底左、右两端的圆角，见图 1-4-11（c）。

（3）将修圆圆弧向下平移，见图 1-4-11（d）。

（4）根据闸墩的两面投影，绘制闸墩的门槽，见图 1-4-11（d）。

（5）擦去多余的线，加深闸墩的轮廓，完成作图，见图 1-4-11（e）。

1.4.3 绘制斜二轴测图

1.4.3.1 平面体的斜二测图画法

斜二测图的画法与正等测图的画法基本相似，区别在于轴间角不同以及斜二测图

1-5 平面体斜二测图的画法

沿 O_1Y_1 轴的尺寸只取实长的一半。在斜二测图中，物体上平行于 XOZ 坐标面的直线和平面图形均反映实长和实形。所以，当物体上有较多的圆或曲线平行于 XOZ 坐标面时，采用斜二测图比较方便。

【例 1-4-9】 T 形柱的斜二测图。

作图方法与步骤如图 1-4-12 所示。

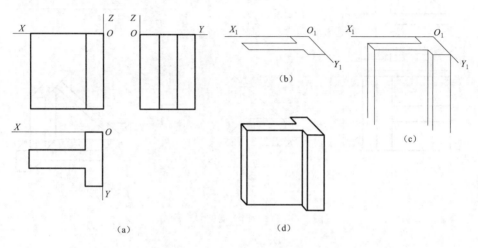

图 1-4-12　T 形柱的斜二测图

【作图步骤】

（1）在视图上确定各坐标轴，如图 1-4-12（a）所示。

（2）画特征面。建立轴测轴，画出特征面的轴测投影，注意 O_1Y_1 轴的尺寸只取实长的一半，如图 1-4-12（b）所示。

（3）画棱线。从特征图形的各个顶点平行于 Z 轴方向向下量取高度尺寸作出棱线，如图 1-4-12（c）所示。

（4）画下底面。连接棱线另一端点画出底面。擦掉被挡住的棱线部分，加粗图线，完成作图，如图 1-4-12（d）所示。

【例 1-4-10】 根据挡土墙的两面投影，绘制挡土墙的斜二测图。

分析：挡土墙可以看成是由两个部分叠加而成，一部分是直三棱柱，另一部分是直十棱柱，先用特征面法画出直十棱柱的斜二测图，再用叠加法绘制三棱柱。

【作图步骤】

（1）在视图上确定各坐标轴，如图 1-4-13（a）所示。

（2）画特征面。建立 X、Y、Z 轴测轴，然后从 O 点沿 X 轴向左量取 x_1、x_2、x_3 三个长度尺寸，沿 Z 轴向上量取 z_1、z_2、z_3 三个高度尺寸，绘制出直十棱柱的特征底面，如图 1-4-13（b）所示。

（3）画棱线。从特征图形的各个顶点平行于 Y 轴方向向后量取 $\frac{1}{2}y_3$ 宽度尺寸。将棱线的各个端点连接为另一特征底面，擦掉不可见的部分，如图 1-4-13（c）所示。

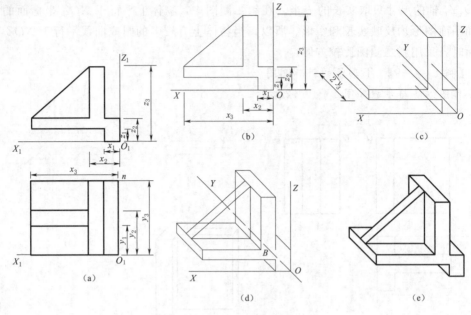

图 1-4-13　挡土墙的斜二测图

（4）画三棱柱。从 B 点沿 Y 轴向后量取 $\frac{1}{2} y_1$ 找到叠加的三棱柱的位置，做平行于轴测面的三角形，如图 1-4-13（d）所示。画出叠加的三棱柱，擦掉被挡住的棱线部分，加粗图线，完成作图。如图 1-4-13（e）所示。

1.4.3.2　曲面体的斜二测图画法

【例 1-4-11】　作出涵洞洞身的斜二测图。

【作图步骤】

根据主视图画出涵洞前面的特征面，并以 $y/2$ 沿 Y_1 轴作出侧棱，如图 1-4-14（b）所示。画出后面的特征面的轮廓，如图 1-4-14（c）所示。将多余的图线擦去，加深即可，如图 1-4-14（d）所示。

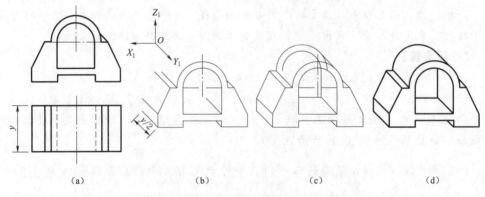

图 1-4-14　涵洞洞身的斜二测图绘制

【例 1-4-12】　绘制小桥的斜二测图。

根据主视图画出小桥前特征面的斜二测图，并以 $y/2$ 沿 Y_1 轴作出侧棱，如图 1-4-15（b）所示。连接侧棱的另一端点，画出小桥后特征面的斜二测图，并擦去多余的图线，加深斜二测图的轮廓，如图 1-4-15（c）所示。

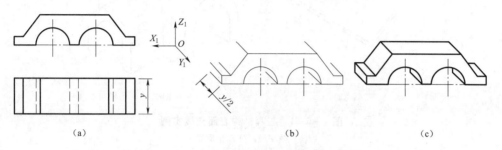

1-26 绘制小桥的斜二测图

课后巩固练习 1.4

（a）　　　　　　　　　　　　　（b）　　　　　　　　　（c）

图 1-4-15　小桥的斜二测图绘制

任务 1.5　立体表面的交线

【教学目标】

一、知识目标

1. 掌握平面体、曲面体截交线的画法。

2. 掌握平面体与平面体相交、平面体与曲面体相交、曲面体与曲面体相交相贯线的画法。

二、能力目标

通过本任务的学习，学生能画截交线和相贯线，对今后的组合体学习奠定基础。

三、素质目标

通过求作立体表面的交线，使学生具备绘制切割体和叠加体视图的能力，具备应用知识的能力。

课前预习 1.5

1-6　截交线

1-8　立体表面的交线

【教学内容】

1. 截交线的形成、分类和画法。

2. 相贯线的形成、分类与画法。

工程结构的构成是较复杂的，主要是由叠砌和截切形式形成的，故其表面具有很多交线，如图 1-5-1 所示。

工程结构表面的交线分为截交线和相贯线两种。平面与立体相交所产生的表面交线称为截交线。两立体之间相交所产生的表面交线称为相贯线。求立体表面的交线，实质是求立体表面交线上点的连线，因此首先要掌握立体表面取点的方法。

1.5.1　立体表面取点

根据立体表面点的分布特点，我们可将立体表面点分为以下几类：

Ⅰ类点：此类点分布在立体表面的轮廓线上。

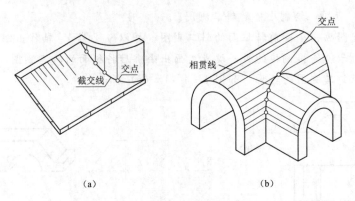

图 1-5-1 工程结构表面交线实例

(a) 截交线；(b) 相贯线

Ⅱ类点：此类点分布在立体具有积聚性的表面上。

Ⅲ类点：此类点分布在立体一般位置面的表面上。

立体表面点的求法要根据点在立体表面位置的类型来确定。

1.5.1.1 平面体表面上取点

1-27 三棱柱表面取点

【例 1-5-1】 如图 1-5-2 (a) 所示，已知三棱柱表面上的点 A、B 的正面投影，求 A、B 两点的其他投影。

分析：A 点在三棱柱的侧棱上，属于Ⅰ类点。B 点在三棱柱的侧面上，三棱柱的侧面为铅垂面，B 点属于Ⅱ类点。

因此，根据直线上点的从属性，可以直接求出其 A 点的水平投影和侧面投影。B 点可以根据铅垂面在水平投影面的积聚性，直接求出其水平投影，再根据投影规律求出其侧面投影，并判断 B 点的可见性，如图 1-5-2 (b) 所示。

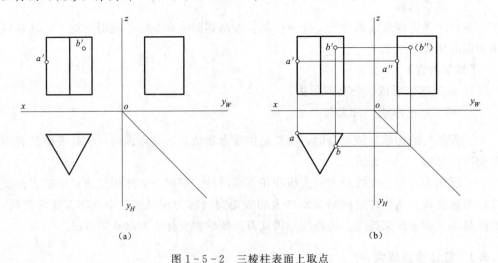

(a)   (b)

图 1-5-2 三棱柱表面上取点

1-28 三棱锥表面取点

【例 1-5-2】 如图 1-5-3 (a) 所示，已知三棱锥表面上的点 A、B 的一面投影，求 A、B 两点的其他投影。

分析：A、B 两点均在三棱锥的侧面上，而此三棱锥的左前和右前两个侧面为一般位置平面，因此，A、B 两点属于Ⅲ类点。

求 A、B 两点的投影，需作辅助直线，求出辅助线的投影，再根据直线上点的从属性求出点的投影。辅助直线可以通过平面内的两点求作，如 A 点的求法；也可以通过平面内的一点且与平面内的一条直线平行求作，如 B 点的求法。最后判断 A、B 两点的可见性，如图 1-5-3（b）所示。

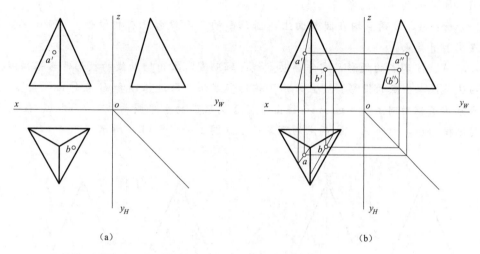

（a）　　　　　　　　　　　　　　　（b）

图 1-5-3　三棱锥表面上取点

1.5.1.2　曲面体表面上取点

【例 1-5-3】　如图 1-5-4（a）所示，已知圆柱表面上的点 A、B 的一面投影，求 A、B 两点的其他投影。

1-29　圆柱面表面取点

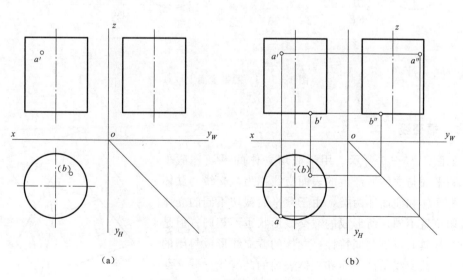

（a）　　　　　　　　　　　　　　　（b）

图 1-5-4　圆柱表面上取点

分析：A 点在圆柱的圆柱面上，圆柱面与水平面垂直，其水平投影具有积聚性，B 点在圆柱的下底面上，下底面为水平面，其正面投影具有积聚性，因此。A、B 两点均属于Ⅱ类点。

根据面的积聚性，直接求出 A 点的水平投影和 B 点的正面投影，再根据投影规律求出其另一投影，并判断可见性，如图 1-5-4（b）所示。

【例 1-5-4】 如图 1-5-5（a）所示，已知圆锥表面上的点 A、B 的一面投影，求 A、B 两点的其他投影。

1-30 圆锥表面取点

分析：A、B 两点均在圆锥面上，圆锥面的三面投影没有积聚性，因此，A、B 两点属于Ⅲ类点。

求 A、B 两点的投影，需作辅助直线或辅助圆，求出辅助线的投影，再根据线上点的从属性求出点的投影。B 点采用了辅助直线法，即过锥顶和 B 点作出一条素线；A 点采用了辅助圆法，即过 A 点作出平行于圆底面的水平圆曲线。求出 A、B 两点的其他投影后，判断 A、B 两点的可见性，如图 1-5-5（b）所示。

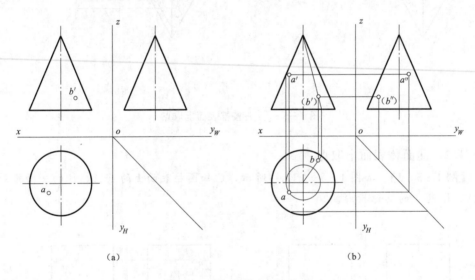

(a)　　　　　　　　　　　(b)

图 1-5-5　圆锥表面上取点

1.5.2　截交线

如图 1-5-6 所示，用于截切立体的平面称截平面；截平面与立体所产生的表面交线称为截交线。立体分为平面体和曲面体两类，由于截平面截切不同的立体或截切位置不同，所形成的截交线形状也不相同。但是截交线都具有以下共同特性：立体的截交线形成封闭的截交线；截交线是截平面和立体表面的共有线，截交线上的每一点为两者的共有点。

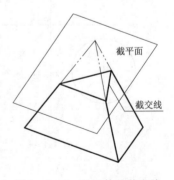
截平面
截交线

图 1-5-6　平面体的截交线

1.5.2.1 平面体截交线

1. 平面体截交线形状

因平面体的表面均是平面，所以立体被截平面所截的截交线必是封闭的多边形线框。

平面体截交线的求解分析，在截切过程中一个截平面形成一个多边形截交线；根据平面体上各棱线（包括底面边线）与截平面的交点判断多边形截交线的形状，有几个交点即为平面的几边形。

2. 平面体截交线画法

平面体截交线的画法：①根据立体与截平面的位置，判断截交线的形状，即确定顶点个数；②根据投影关系在三视图中找出截交线各个顶点的三面投影；③依次连接形成封闭的多边形，并同时进行可见性分析。

【例1-5-5】 如图1-5-7（a）所示，已知三棱锥被正垂面截切，试作出其截交线。

1-9 平面体截交线的求法

1-31 求三棱锥的截交线

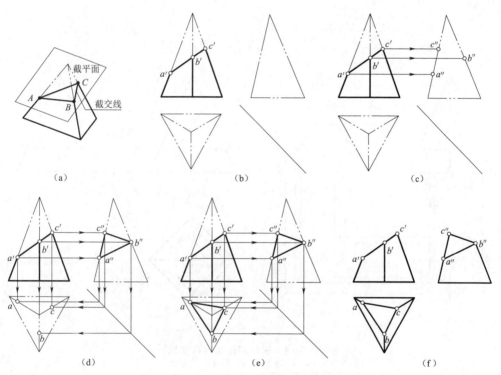

| （a） | （b） | （c） |

| （d） | （e） | （f） |

图1-5-7 求作三棱锥的截交线

分析：如图1-5-7（b）所示，正垂面截断了三棱锥，截平面与三棱锥的三条棱线相交，因此，截交线为三角形。

根据直线上点的从属性，求出截交线的三个顶点A、B、C的三面投影，并连接截交线，如图1-5-7（c）、（d）、（e）所示。最后，以截交线为界，将截去的部分擦去，加深剩余部分的轮廓，如图1-5-7（f）所示。

1-7 四棱锥截交线的求作

【**例 1-5-6**】 如图 1-5-8（a）所示，已知四棱锥被一个正垂截平面和一个水平截平面截切，试作出其截交线。

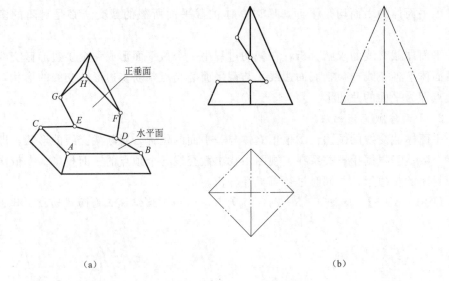

（a）   （b）

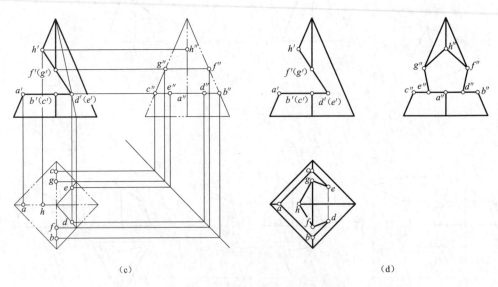

（c）   （d）

图 1-5-8 求作四棱锥的截交线

分析：如图 1-5-8（a）、（b）所示，根据读图分析，四棱锥被一个正垂面和一个水平面截切，故截交线有两个；由于一个截平面为水平面，另一个为正垂面，其截切产生的截交线也具有相同的性质；四棱锥的截交线形状依据立体上的棱线与截平面的交点分析得出，两截交线均为五边形；截交线的已知投影在正视图上具有积聚性。

【**作图步骤**】

（1）如图 1-5-8（c）所示，找出各截交线上的交点，特别要注意重影点，分析各点的类型；先根据从属性和积聚性求出Ⅰ、Ⅱ类点的投影，然后采用辅助直线法求出Ⅲ类点的投影，求点同时进行可见性分析。

（2）如图 1-5-8（c）、（d）所示，依据投影规律求出多边形截交线上所有交点，按其可见性顺序连接，即得截交线。

1.5.2.2　曲面体截交线

1. 曲面体截交线的形状

由于常见曲面体（圆柱、圆锥、圆台和球体等）的形体特定，其截交线的形状也根据截平面的位置而确定。

（1）圆柱。

圆柱被平面截切有三种情况，对应截交线有三种不同的形状，见表1-5-1。

表 1-5-1　　　　　　　　　　　圆柱截切的三种情况

截平面的位置	截平面 P 与圆柱轴线垂直	截平面 P 与圆柱轴线平行	截平面 P 与圆柱轴线倾斜
截交线的形状	圆	矩形	椭圆
直观图	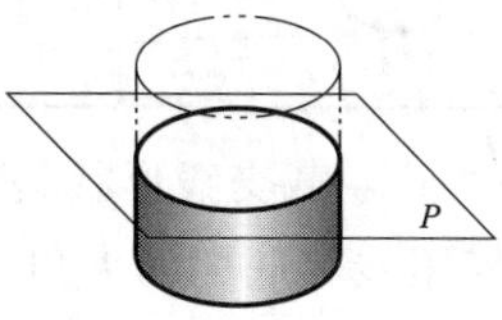	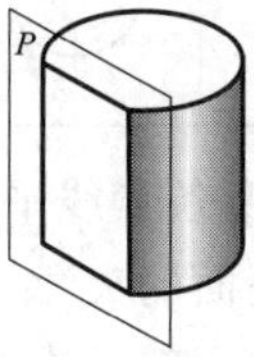	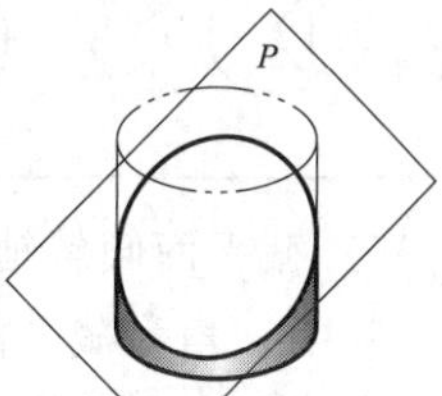
投影图	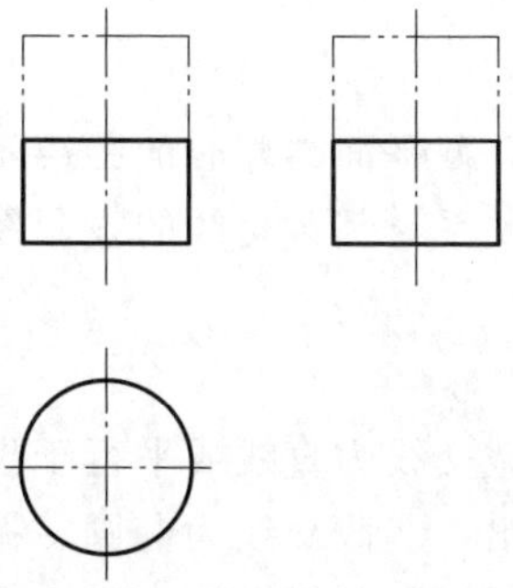	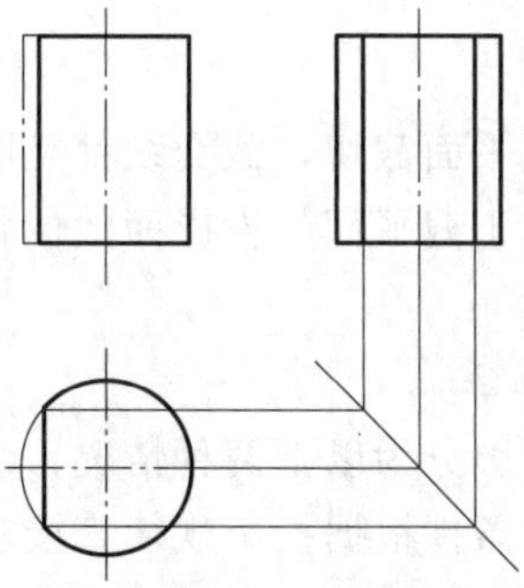	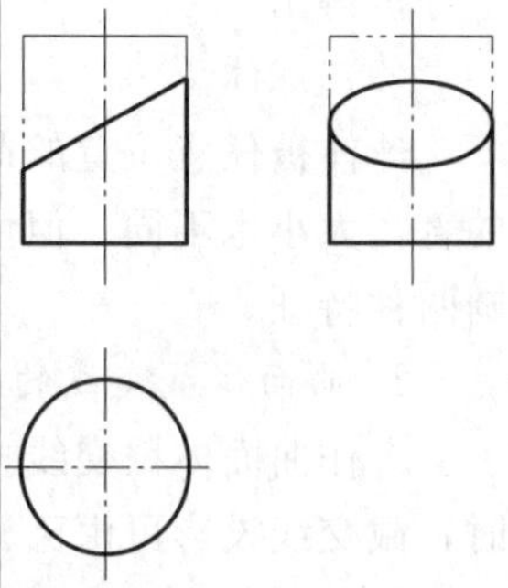

1）截平面垂直于圆柱轴线截切，截交线形状是圆。

2）截平面平行于圆柱轴线截切，截交线形状是矩形或平行四边形。

3）截平面倾斜于圆柱轴线截切，截交线形状是椭圆。

（2）圆锥。

圆锥被平面截切有五种情况，对应截交线有五种不同形状，见表1-5-2。

1）截平面通过圆锥顶点截切，截交线形状是三角形。

2）截平面垂直于圆锥轴线截切，截交线形状是圆。

3）截平面倾斜轴线并与所有素线相交截切（$\alpha < \theta$），截交线形状是椭圆。

4）截平面倾斜轴线并与一条素线平行截切（$\alpha = \theta$），截交线形状是抛物线。

表 1－5－2　　　　　　　　　　　　　　圆锥截切的五种情况

截平面的位置	截平面 P 通过圆锥锥顶	截平面 P 与圆锥轴线垂直	截平面 P 与轴线倾斜		
			截平面 P 与圆锥所有素线相交（$\theta>\alpha$）	截平面 P 与圆锥一条素线平行（$\theta=\alpha$）	截平面 P 与圆锥两条素线平行（$\theta<\alpha$）
截交线的形状	三角形	圆	椭圆	抛物线	双曲线
直观图					
投影图					

5）截平面倾斜轴线并与任两条素线平行截切（$\alpha>\theta$），截交线形状是双曲线。

其中 α 角为截平面与圆锥底面的夹角，θ 角为圆锥素线与底面的夹角。

由于圆台可认为是圆锥截切顶部形成的，故圆台的截交线可在圆锥的截交线基础上分析得出。

（3）球体。

球体被任意位置的截平面截切，截交线都是圆，截平面与球心的距离不同时，圆的直径大小也不同。但由于截平面与投影面的位置关系，其截交线的投影图有圆或椭圆两种特征。

2. 曲面体截交线的画法

求作曲面体截交线投影分为以下两种情况：①截交线为直线或平行于投影面的圆时，截交线投影可由已知条件根据投影规律直接求出；②截交线为椭圆、抛物线、双曲线等非圆曲线或非平行于投影面的圆时，需求出曲面与截平面相交形成的截交线上的一系列共有点，然后连接成截交线，并同时进行可见性分析。

为了准确地求出截交线的形状，在求非圆曲线截交线的投影时，应首先求出截交线上的控制点（如端点、曲线转向点与转折点、可见与不可见分界点和截平面与曲面体特殊轮廓素线的交点等），再补求若干截交线的中间点，即可精确完成截交线的绘制。

1－10　曲面体截交线的画法

【例 1－5－7】　如图 1－5－9 所示，圆锥被两个截平面截切，试求作其截切后的三视图。

分析：如图 1－5－9（a）、（b）所示，根据读图分析，圆锥被一个正垂截平面和一个水平截平面截切，故截交线有两个，均为正垂面；根据截平面的截切位置，可分析出其截切所产生的截交线形状，正垂面截切产生的截交线为三角形，水平面截切产生的截交线为圆弧；两条截交线的投影积聚在圆锥的正视图上。

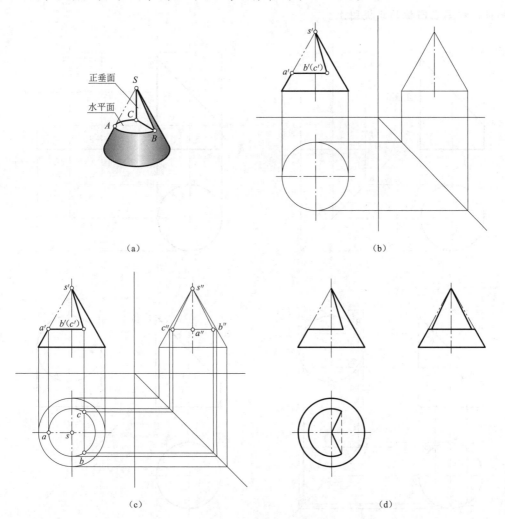

图1-5-9 求作圆锥的截交线

【作图步骤】

（1）如图1-5-9（c）所示，根据分析结果，找出各截交线上的控制点，特别要注意重影点，分析各点的类型；先根据从属性和积聚性求出Ⅰ、Ⅱ类点的投影，然后根据曲面体的形体特征，选用辅助素线法或辅助圆法求出Ⅲ类点的投影，求点同时进行可见性分析。

（2）如图1-5-9（c）、（d）所示，依据投影规律求出圆锥各截交线上所有控制点，如必要可少量补求一些曲线连接点，并按其可见性顺序连接，即得截交线的投影。

【例1-5-8】 如图1-5-10所示，圆柱被一个正垂面截切，试求作其截切后的三视图。

分析：如图 1-5-10 (a) 所示，根据读图分析，圆柱被一个正垂的截平面截切，根据截平面的截切位置，可分析出其截切所产生的截交线形状为椭圆；其截交线的已知投影积聚在圆柱的正视图上。

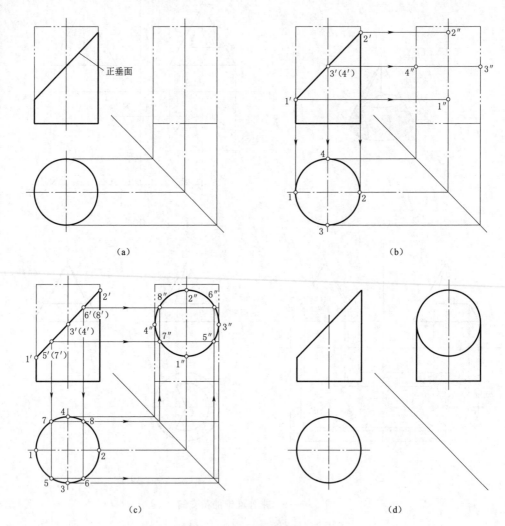

图 1-5-10 求作圆柱的截交线

【作图步骤】

（1）如图 1-5-10 (b) 所示，根据分析结果，找出各截交线上的特殊控制点 1、2、3、4 的主视图，3、4 两点在主视图上为重影点，由于该四个点为圆柱表面上的点，因此，其俯视图在圆周上，再根据投影规律求出四个点的左视图。

（2）如图 1-5-10 (c) 所示，在主视图上对称地找四个一般控制点 5、6、7、8，同理找出四个一般控制点的俯视图，并求出左视图。

（3）根据控制点的空间顺序依次连接，即得截交线的投影。擦去被截去的轮廓，加深其余的轮廓，即可完成作图，如图 1-5-10 (d) 所示。

1.5.3　相贯线

两个立体相交所产生的表面交线为相贯线。由于两立体表面形状、大小及相对位置不同，相贯线的形状也不同。但任何相贯线都具有以下两个基本性质：①相贯线是两个立体表面的共有线，是由一系列共有点组成的；②由于立体表面具有一定的范围，所以相贯线一般是封闭的。

1-11　相贯线的画法

如图 1-5-11 所示，立体的相交按相交两立体的形状分为三种类型：平面体与平面体相交；平面体与曲面体相交；曲面体与曲面体相交。

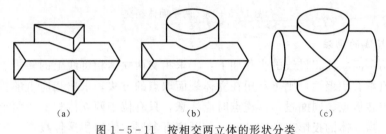

（a）　　　　　　　　　（b）　　　　　　　　　（c）

图 1-5-11　按相交两立体的形状分类

（a）平面体与平面体相交；（b）平面体与曲面体相交；（c）曲面体与曲面体相交

相交两立体的形状不同时，相贯线不同，其画法也不同，在后面的内容中会逐一介绍。

如图 1-5-12 所示，立体的相交按相交立体的虚实情况分为三种类型：实体与实体相交；实体与虚体相交（开孔）；虚体与虚体相交（孔与孔在立体内部相交）。

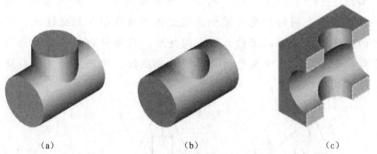

（a）　　　　　　　　　（b）　　　　　　　　　（c）

图 1-5-12　按两立体相交的虚实分类

（a）实体与实体相交；（b）实体与虚体相交；（c）虚体与虚体相交

如果相交的两立体相同，无论是实体与实体相交、实体与虚体相交或虚体与虚体相交，其相贯线的形状相同，画法也相同。

1.5.3.1　两平面体相交的相贯线

1. 相贯线的形状

如图 1-5-13 所示，两平面体相交，相贯线一般情况下是封闭的空间折线；只有当两个立体有两个棱面是共面时，相贯线才不封闭。从图 1-5-13 中可以看出，相贯线上的各个转折点是平面立体的棱线与另一个平面立体表面的交点或两立体棱线的交点，折线的各段就是两平面立体两相交棱面的交线。

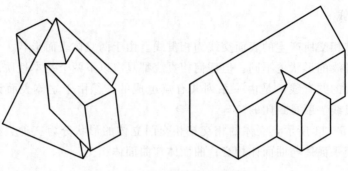

图 1-5-13　两平面体相交

2.相贯线的画法

求作两平面立体相贯线的步骤如下：①求相交两立体相贯线上的转折点，如果相贯线的某投影有积聚性，则可利用在立体表面取点的方法，求出相应点的投影；②依次连接所求转折点的同面投影。连点时应注意，只有位于两立体相交的两个面上的点才能连接；当立体的投影有积聚性时，其顺序可参照立体的积聚性投影；③判定可见性。只有两个可见棱面的交线才是可见的，否则为不可见。

由于两立体相交后已成为一个整体，凡是参与相交的棱线，两交点之间的线段已不存在，故不予画出。

【例 1-5-9】　如图 1-5-14 所示，三棱锥上开了一个四棱柱孔，试求作其相贯线的投影。

分析：如图 1-5-14（a）、（b）所示，根据读图分析，此例为虚实贯通型，相贯线有两组；根据立体之间的相交位置和虚实立体的棱线相互相交情况，可分析出三棱锥前面部分的相贯线形状为封闭的六段空间折线，后面部分为平面四边形；也可看成由两个水平截平面和两个侧平截平面与三棱锥相截切，所产生的多个截交线的已知投影积聚在三棱锥的正视图上。

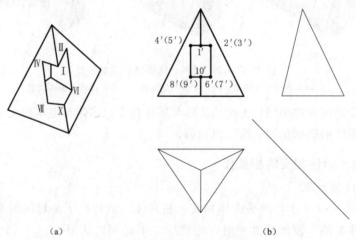

（a）　　　　　　　　　　　　　　（b）

图 1-5-14（一）　求作两平面体相交相贯线的投影

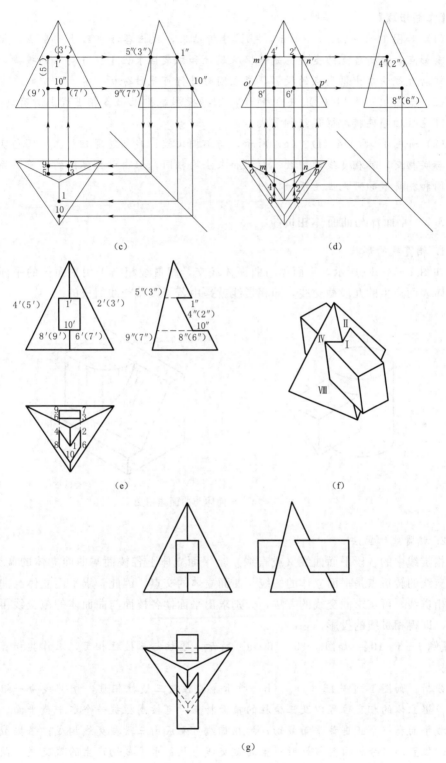

图 1-5-14（二） 求作两平面体相交相贯线的投影

【作图步骤】

(1) 如图 1-5-14 (c) 所示，根据分析结果，找出各相贯线上的交点，特别要注意重影点，分析各点的类型；先根据从属性和积聚性求出Ⅰ、Ⅱ类点的投影，然后采用辅助直线法求出Ⅲ类点的投影，求点同时进行可见性分析。

(2) 如图 1-5-14 (d)、(e) 所示，依据投影规律求出各相贯线上所有转折点，按其可见性顺序连接即得各组相贯线。

(3) 如图 1-5-14 (f)、(g) 所示，与前例比较；我们发现相同立体实与实相交或虚与实相交，其相贯线的组数、形状和求法均相同，但由于立体间的遮挡关系，其立体间和相贯线的可见性是不一样的。

1.5.3.2 平面体与曲面体相贯线

1.相贯线的形状

如图 1-5-15 所示，平面体与曲面体相交，相贯线相当于用平面体的平面截切曲面体表面产生的几段截交线，即相贯线就是由若干段截交线组成的。

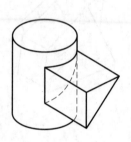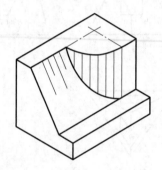

图 1-5-15 平面体与曲面体相交

2.相贯线的画法

相贯线中的各段平面曲线（或直线）是平面立体上各棱面与曲面立体的截交线。每段交线的转折点是平面立体的棱线与曲面立体的交点。因此，求平面立体与曲面立体的相贯线，可按求截交线的方法，分别求出平面体各棱面与曲面体的截交线再组合起来，即得相贯线的投影。

【例 1-5-10】 如图 1-5-16 (a) 所示，圆柱与三棱柱相交，求作其相贯线的投影。

分析：如图 1-5-16 (a)、(b) 所示，圆柱与三棱柱相贯，相贯线为一组截交线；根据立体的相交位置以及三棱柱的棱面特点，可按圆柱被一个水平截平面、一个侧平截平面和一个正垂截平面截切，故相贯线可看成由三段截交线构成；根据截平面的截切位置，可分析出其截切所产生的截交线形状，水平截切产生的截交线为圆，侧平截切产生的截交线为直线，正垂截切产生的截交线为椭圆；其相贯线的已知投影积聚在圆柱的正视图上。

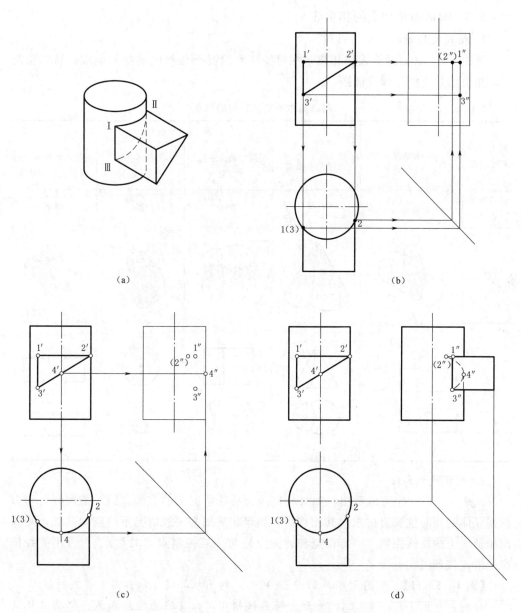

（a） （b） （c） （d）

图 1-5-16 求作平面体与曲面体相交相贯线的投影

【作图步骤】

（1）如图 1-5-16（c）、（d）所示，根据分析结果，找出构成相贯线的各截交线上的控制点，特别要注意重影点，分析各点的类型；先根据从属性和积聚性求出 1、2、3、4 点的投影，求点同时进行可见性分析；

（2）如图 1-5-16（c）、（d）所示，依据投影规律求出圆柱相贯线上所有控制点，如必要可少量补求一些曲线上的连接点，并按其可见性分析结果，按顺序连接各点，即得相贯线的投影。

1.5.3.3 两曲面体相交的相贯线

1. 相贯线的形状

见表 1-5-3，两曲面体相贯，相贯线一般情况下是封闭的空间曲线；特殊情况下，相贯线是直线、圆或椭圆。

表 1-5-3   两曲面体相交相贯线的形状

两曲面体相交情况	一般情况	几 种 特 殊 情 况			
		圆锥共顶相交	圆柱轴线平行相交	曲面体共轴相交	曲面体轴线相交且内部公切一球体
相贯线的形状	空间曲线	直线	直线	圆	椭圆
直观图	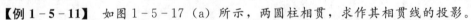				
投影图					

2. 相贯线的画法

从表 1-5-3 中可以看出，如果相贯线为特殊情况下的直线、圆、椭圆时，可以根据立体的相对位置直接求出其相贯线；如果相贯线为一般情况下的空间曲线，则找出相贯线上的特殊控制点（方位点和转向点）与一般控制点（对称点），再用曲线依次光滑连接即可。

【例 1-5-11】 如图 1-5-17（a）所示，两圆柱相贯，求作其相贯线的投影。

分析：如图 1-5-17（a）所示，两圆柱相贯，相贯线为空间曲线；根据立体的相交位置，找出相贯线上的特殊控制点（方位点和转向点）与一般控制点（对称点），再用曲线依次光滑连接即可。

【作图步骤】

（1）如图 1-5-17（b）所示，根据分析结果，找出构成相贯线上的特殊控制点 1、2、3、4 点的投影。

（2）如图 1-5-17（c）所示，在相贯线的左视图上任意取对称点 5、6，根据积聚性求出 5、6 两点的俯视图，再根据投影规律求出 5、6 两点的主视图。

（3）如图 1-5-17（c）、（d）所示，顺序连接各点，即得相贯线的投影。

1-33 两圆柱的相贯线的求作

课后巩固练习 1.5

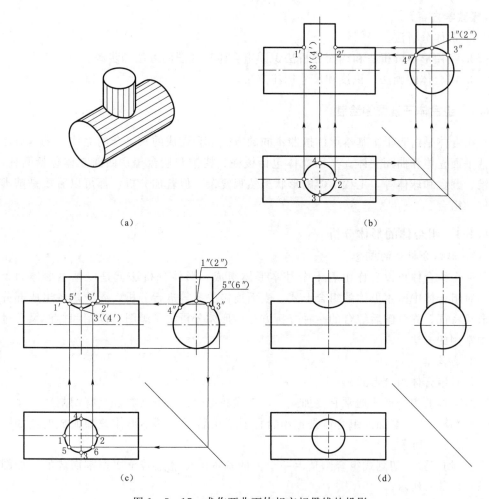

（a）　　　　　　　　　　　　（b）

（c）　　　　　　　　　　　　（d）

图 1-5-17　求作两曲面体相交相贯线的投影

任务 1.6　组合体三视图的绘制与识图

【教学目标】

一、知识目标

1. 理解并掌握形体分析法。

2. 掌握组合体的画法、识读和尺寸标注方法。

3. 掌握利用形体分析法和线面分析法识读组合体三视图的方法和步骤。

二、能力目标

学生能利用形体分析法和线面分析法读图。

三、素质目标

培养学生爱岗敬业、科学严谨、细心踏实、思维敏捷、勇于创新、团结协作和诚实守信的职业精神。

课前预习 1.6

81

【教学内容】

1. 形体分析法。

2. 利用形体分析法和线面分析法识读组合体三视图的方法和步骤。

3. 组合体的画法、识读和尺寸标注方法。

1.6.1　组合体三视图的绘制

组合体是由若干个基本形体按照不同的方式组合而成的较复杂的立体。基本形体包括平面立体和曲面立体。平面立体包括棱柱、棱锥和棱台等；曲面立体包括圆柱、圆锥、圆台和球体等。工程形体的形状虽然很复杂，但若加分析，都可以看成是基本形体的组合。

1.6.1.1　组合体的形体分析

1. 形体分析法的概念

一个组合体可以看作由若干个基本形体组成。形体分析法就是以基本形体为单元，对组合体中基本形体的组合形式、表面连接关系等进行分析，弄清楚各组成部分的形状特征，先分解后综合的一种分析方法。形体分析法是画图、读图和标注尺寸过程中常用的方法。

2. 组合体构成

（1）组合体组合形式。

组合体的组合形式通常有叠加式、切割式和综合式（既有叠加又有切割）三种。

1）叠加式。叠加式组合体是把组合体看成由若干个基本形体叠加而成的，如图 1-6-1（a）所示。

2）切割式。切割式组合体是由一个大的基本形体经过若干次切割而成的，如图 1-6-1（b）所示。

3）综合式。综合式组合体是把组合体看成是既有叠加又有切割的形体，如图 1-6-1（c）所示。

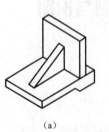 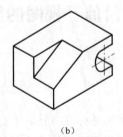 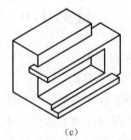

（a）　　　　　　　　　（b）　　　　　　　　　（c）

图 1-6-1　组合体的组合形式

（a）叠加式；（b）切割式；（c）综合式

（2）组合体表面连接关系。

组合体在工程中常以综合式的形式出现，所以在读图和画图时，必须掌握其组合形式和各基本形体表面连接关系，才能做到不漏线或不多线。

组合体各部分表面间的连接关系有平齐、不平齐、相交和相切形式，各有不同的表示要求，如图 1-6-2 所示。在读图和画图时，只有注意这些连接形式，才能准确画出整体结构的形状。

1）平齐和不平齐。两形体表面平齐，连接处无线；两形体表面不平齐，连接处应有轮廓线隔开，如图 1-6-2（a）所示。

2）相切和相交。两形体表面相切时，在相切处不画轮廓线；两形体表面相交时，相交处应画出交线，如图 1-6-2（b）所示。

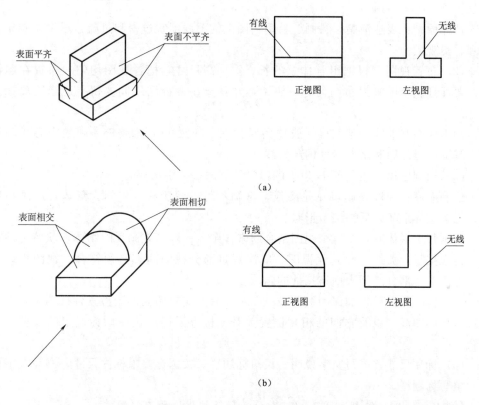

（a）

（b）

图 1-6-2 表面连接关系
（a）平齐和不平齐；（b）相切和相交

1.6.1.2 组合体三视图的画法

画组合体三视图，一般按照形体分析、视图选择、绘图三步进行。

1. 形体分析

画三视图之前，应对组合体进行形体分析。首先分析所要表达的组合体属于哪种组合形式，由几部分组成；然后弄清楚各组成部分的形状、相对位置以及各表面连接关系。

1-12 组合体视图画法

2. 视图选择

视图选择的原则是：用尽量少的视图把物体完整、清晰地表达出来。

（1）确定物体的放置位置。通常按物体正常的工作位置放置。

（2）选择主视图的投影方向。物体放置位置确定后，选择正视图的投影方向时，应使正视图尽可能多的反映物体的形状特征和结构特征。还要考虑尽可能减少视图中的虚线。另外，还要考虑合理布置视图，有效利用图纸。

3. 绘图

（1）选取作图比例、确定图幅。视图选择后，应根据组合体的大小和复杂程度，选择适当的作图比例和图幅，图幅的大小应考虑有足够的地方画图、标注尺寸和画标题栏。

选择原则：表达清楚，易画、易读，图上的图线不宜过密和过疏，尽量做到布置合理、美观。

（2）布置视图。根据组合体总的长、宽、高尺寸，把各视图均匀地布置在图幅内。要保证整个图幅内布图匀称、协调，并且要注意视图之间要留有适当距离标注尺寸。

画出作图基准线。基准线一般选用对称线、较大的平面或较大圆的中心线和轴线，基准线是画图和量取尺寸的起始线。

（3）绘制底稿。用硬度 H 以上的铅笔绘制底稿，手法要轻。

绘制顺序：一般先画可见轮廓线，再画不可见轮廓线；先画大形体，后画小形体；先画整体形状，后画细节形状。

绘制每个形体时，要三个视图结合起来作图。一般是先画反映物体形状特征的视图，再根据投影关系，画其他视图。应注意每部分视图间都必须符合三视图投影规律，并注意各部分之间表面连接处的画法。

（4）检查无误后，加深图线。底稿图画完后，应对照立体图检查各视图是否有缺少或多余的图线，以及它们的相互位置关系。检查无误后按照国标规定的线型加深图线。

（5）标注尺寸、书写文字说明、填写标题栏。按国标要求标注尺寸、书写文字说明、填写标题栏。

【例 1 - 6 - 1】 绘制如图 1 - 6 - 3（a）所示挡土墙的三视图。

【作图步骤】

该挡土墙由六棱柱底板、长方体立墙和三棱柱支板三部分叠加而成。如图 1 - 6 - 3（b）所示。

（1）选定作图比例，确定图幅。

（2）正确放置空间物体，选取正视图方向。如图 1 - 6 - 3（a）所示。

（3）绘制底稿。先绘制底板，接着绘制立墙，再绘制支板。如图 1 - 6 - 3（c）、（d）、（e）所示。

（4）检查无误后，加深图线，如图 1 - 6 - 3（f）所示。

1 - 34 挡土墙的形体组成

1 - 9 组合体三视图的画法

1.6.2 组合体三视图的尺寸标注

投影图只能反映组合体的形状，要准确反映组合体的大小和各部分的相对尺寸，满足施工的需要，还必须在投影图上标注尺寸。

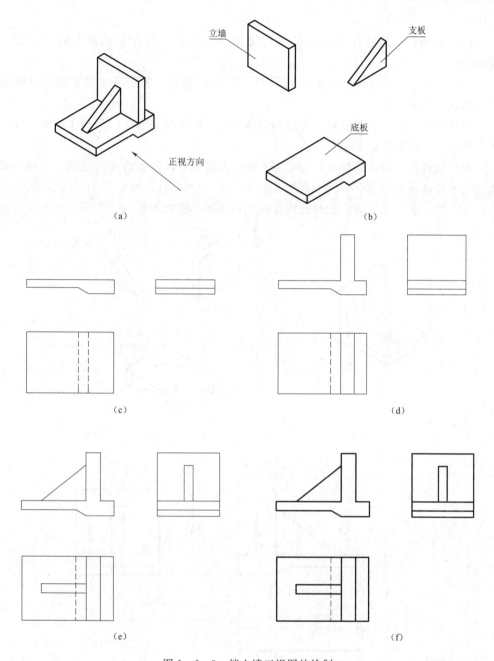

图 1-6-3 挡土墙三视图的绘制

(a) 挡土墙；(b) 基本体；(c) 画底板；(d) 画立墙；(e) 画支板；(f) 检查无误，加深图线

1.6.2.1 尺寸标注的要求

尺寸标注的要求可概括为：正确、齐全、清晰和合理。

（1）正确——尺寸注法要符合国家标准的规定。

（2）齐全——尺寸必须标注齐全，要能完全确定出物体的形状和大小，既不遗漏

1-7 了解
三峡水利
工程一

也不重复。

（3）清晰——尺寸标注布置的位置要恰当，尽量注写在最明显的地方，便于读图。

（4）合理——所注尺寸应能符合设计、施工、制造、装配等工艺要求，并使加工、测量、检验方便。

尺寸标注合理、布置清晰，可以为识图和施工制作带来方便。为便于读图，标注组合体的尺寸还应注意下列问题：

（1）反映某一形体的尺寸，应尽可能标注在最能反映形体特征的视图上；同一形体的尺寸应该尽量标注在一两个视图上。如图 1-6-4（c）所示，①、②、③、④、⑤、⑥、⑦、⑧、⑨、⑩、⑪和⑫应标注在正视图和侧视图中。

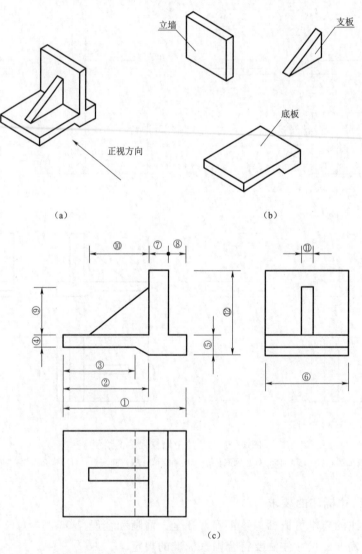

（a）　　　　　　　　　　　　（b）

（c）

图 1-6-4　挡土墙的尺寸标注
（a）挡土墙立体图；（b）挡土墙形体分析；（c）挡土墙的尺寸标注

（2）两视图相关的尺寸，应尽量标注在两视图之间，以方便对照识图。

（3）尺寸一般标在视图外，以免影响图样的清晰。如图 1-6-4（c）所示。只有当标注在视图内部比标注在视图外部更清楚时，才允许在视图内部标注尺寸。

（4）标注被平面截切后的立体尺寸时，除了注出基本立体的定形尺寸外，还应注出确定截平面位置的定位尺寸。尺寸不能标注在被平面截切的截交线上和两立体相交的相贯线上，正确的注法应是标注截平面的位置尺寸。

（5）尺寸排列要清晰，遵循"小尺寸在内，大尺寸在外"的原则排列。如图 1-6-4（c）所示，③和①的尺寸排列。

（6）串联尺寸箭头应对齐。如图 1-6-4（c）所示，④和⑨，⑩、⑦和⑧。

（7）为使尺寸清晰、明显，尽量避免在虚线上标注尺寸。

1.6.2.2　尺寸分类

要完整地确定一个组合体的大小，需要按顺序完整地标注出三种尺寸，即定形尺寸、定位尺寸和总体尺寸。如图 1-6-4 所示，以挡土墙为例，介绍这三类尺寸。

1. 定形尺寸

确定组合体各基本形体的形状和大小的尺寸称为定形尺寸。如图 1-6-4（c）所示，因为组成挡土墙的三部分——底板、立墙和支板都是平面立体，所以定形尺寸即为各部分的长、宽、高。①、②、③、④、⑤、⑥标注了底板的定形尺寸，⑦结合⑤、⑫标注了立墙的定形尺寸，⑨、⑩和⑪标注了支板的定形尺寸。

2. 定位尺寸

确定组合体各组成部分的基本立体的相对位置的尺寸称为定位尺寸。如图 1-6-4（c）所示，尺寸⑧确定立墙的左右位置，是定位尺寸。

3. 总体尺寸

确定组合体总长、总宽和总高的尺寸称为总体尺寸。这里须注意组合体的定形、定位尺寸已标注完整，再加上总体尺寸，有时必将出现尺寸的重复，必须要进行调整。调整后，标注出组合体的全部尺寸。如图 1-6-4（c）所示，①、⑥、⑫均为总体尺寸，其中①和⑥又兼做定形尺寸。

1.6.2.3　基本体的尺寸标注

标注基本体的尺寸时，应按照基本体的形状特点进行标注。例如，平面体一般要标注出它的长、宽、高三个方向的定形尺寸；对于曲面体，通常要标注出径向尺寸和轴向尺寸。如图 1-6-5 所示。

1.6.2.4　组合体的尺寸标注

组合体一般是由基本形体按照一定方式组合而成的，因此，在标注组合体尺寸时要注意形体分析，然后标注三类尺寸。

1. 形体分析

如图 1-6-4（b）所示，挡土墙由三部分——底板、立墙和支板叠加而成，组成挡土墙的基本形体都是平面立体，所以各部分的长、宽、高即为定形尺寸。

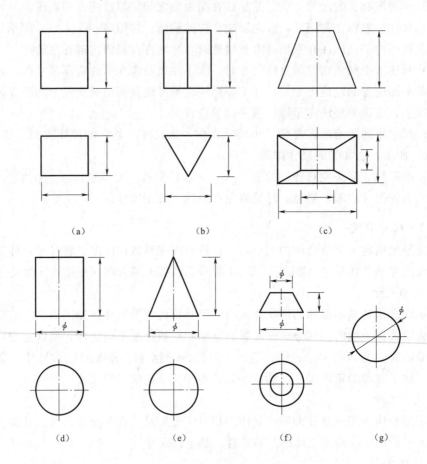

图 1-6-5　基本形体尺寸标注

(a) 四棱柱；(b) 三棱柱；(c) 四棱台；(d) 圆柱；(e) 圆锥；(f) 圆台；(g) 球体

2. 标注三类尺寸

如图 1-6-4 (c) 所示，标注定形尺寸、定位尺寸和总体尺寸。

3. 检查复核

标注尺寸后，要用形体分析法认真检查三类尺寸，补上遗漏尺寸，去掉重复尺寸，并对标注不合理的尺寸进行必要调整。

1.6.3　组合体三视图的识读

1.6.3.1　读图的基本知识

(1) 弄清每一个视图的投影方向。

(2) 掌握各视图之间的投影规律。

(3) 弄清各视图与物体之间左右、前后、上下位置关系。

(4) 熟练掌握各种位置直线、各种位置平面的投影特征、基本形体和简单体的形状特征及投影特征。

1-8　了解
三峡工程二

1-13　组合
体视图的读
图方法

（5）必须将反映组合体的几个视图联系起来看，才能准确地确定组合体的空间形状。

（6）为提高读图速度，读图应从反映形体特征和位置特征最多的特征视图着手。

（7）弄清图中线和线框所代表的含义。

视图中的图线可能表示一条直线的投影、面与面交线的投影、平面或柱面的积聚投影和曲面体轮廓素线的投影。

视图中封闭的线框可能表示孔洞的投影、面的投影，面可能是平面、曲面，也可能是平曲组合体。

1.6.3.2　读图的基本方法

读图的基本方法主要有形体分析法和线面分析法两种。形体分析法和线面分析法是互相联系的，不能完全分开，一般需要把两种方法结合起来使用。

1. 形体分析法

读图的基本方法与画图一样，也是运用形体分析法。形体分析法是以基本形体为读图单元，将组合体视图分解为若干个简单的线框，然后判断各线框所表达的基本形体的形状，再根据各部分的相对位置综合想象出整体形状。

1-10　形体解析法读图

形体分析法的读图方法：一般是通过对比各个视图，先找到特征视图，以特征视图为主，根据每个线框代表一个基本体或平面的投影原理，把组合体分解成多个封闭线框。再根据投影规律，在其他视图中找出每个线框对应的其他视图，最后根据这些相关的投影图，想象出每个线框所表示的基本体的空间形状。最后，按各基本体之间的相对位置关系，综合想象得到组合体的空间形状。

下面以图 1-6-6 所示的涵洞进口挡土墙为例，说明形体分析的读图方法。

【例 1-6-2】　根据图 1-6-6（a）所示涵洞进口三视图，想象其空间形状。

【读图步骤】

（1）读视图、分部分。综合三个视图可以看出，该物体是叠加体。从投影重叠较少、结构关系较明显的左视图入手，结合正视图和俯视图，可以将该物体分为上、中、下三部分，如图 1-6-6（b）所示。

1-35　涵洞进口挡土墙的形体组成

（2）逐部分对照三视图，想各部分基本体的形状。各部分的空间形状如图 1-6-6（c）所示。

（3）将各部分基本形体组合为整体。根据各基本体之间的相对位置关系，想象物体的整体形状，如图 1-6-6（d）所示。

2. 线面分析法

一般情况下，对于形体清晰的组合体，用形体分析法就可以解决读图问题。对于有些局部较为复杂的组合体，完全用形体分析法还不够，有时还需应用线面分析法来帮助想象和读懂这部分视图的形状。

1-9　了解水利工程二

线面分析法，就是以线和面的投影规律作为读图的基础，把立体的平面分解成线、面等几何元素，分析它们的形状和相互位置，最后想象出它们围成的组合体的空间整体形状。

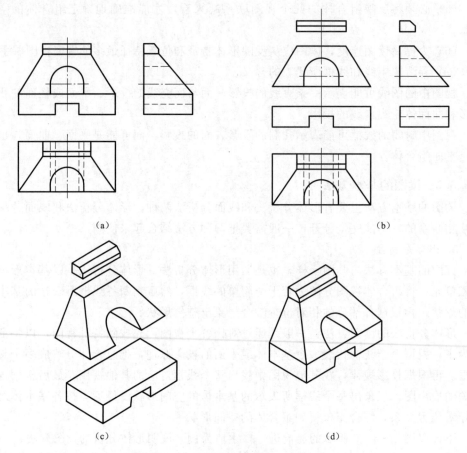

（a）　　　　　　　　　　　（b）

（c）　　　　　　　　　　　（d）

图 1-6-6　涵洞进口挡土墙三视图的识读

课后巩固练习
1.6

模块 2　图样画法的应用
与标高投影图的求作

任务 2.1　图样画法的应用

课前预习
2.1

【教学目标】

一、知识目标

1. 掌握各种视图、剖视图、断面图的定义，熟记它们的名称和标注规定。

2. 理解剖视图和断面图的形成，掌握剖视图和断面图的画法规定。

3. 能绘制物体的视图、剖视图和断面图。

4. 能识读工程图中常见的各种视图、剖视图和断面图。

二、能力目标

通过本章学习，学生能画视图、剖视图与断面图，提高综合读图能力。

三、素质目标

剖视图与断面图可以解决内部结构复杂物体的表达问题，故常被用作表达内部结构复杂物体的辅助图样，便于准确识读工程图，培养自查及与人沟通交流的能力。

【教学内容】

1. 视图的应用。

2. 剖视图的应用。

3. 断面图的应用。

2.1.1　视图的应用

视图是物体向投影面投影所得的图形。在图示表达工程结构中，视图一般画出物体外部形状的可见轮廓和物体内部的不可见轮廓。常用的视图有基本视图、局部视图和斜视图。

2.1.1.1　基本视图的应用

在前面的教学内容中，我们主要学习了用三视图表达物体的方法，然而三视图只能清晰地表示出物体的左、右、上、下、前、后六个方位中的左、上、前三个方向中的形状和大小。为了满足工程实际需要，制图标准规定用正六面体的六个面作为基本投影面，即在原有的 H、V、W 三个投影面的基础上对应地增加三个投影面，将物体放在其中，分别向这六个基本投影面投影，可得六个基本视图，如图 2-1-1 所示。

六个基本视图包括：主视图、俯视图、左视图、后视图、仰视图和右视图。六个

2-1　视图
的应用

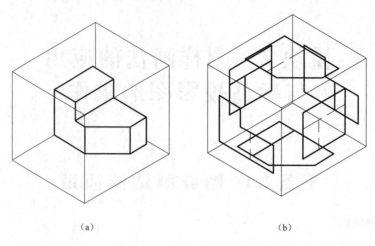

（a）　　　　　　　　　　　（b）

图 2-1-1　基本视图的形成

基本视图与三视图一样，仍然符合"长对正、高平齐、宽相等"的投影规律。即：

正、俯、仰三个视图之间满足"长对正"；

正、左、右、后视图之间满足"高平齐"；

俯、左、右、仰视图之间满足"宽相等"。

在工程中，将六个基本视图又称为正立面图（主视图）、平面图（俯视图）、左侧立面图（左视图）、背立面图（后视图）、底面图（仰视图）和右侧立面图（右视图）。

按照完整、清晰和简便的图示表达原则，在实际图示表达中，应根据物体形状特点的需要，选择基本视图的数量和类型。

2-1 视图的形成

2.1.1.2　辅助视图的应用

辅助视图是有别于基本视图的视图表达方法。主要用于表达基本视图无法表达或不便于表达的形体结构。局部视图和斜视图是常用的辅助视图。

2-1 辅助视图

1.局部视图

在图示表达过程中，经常出现主体结构表达清楚，而一些局部结构尚未表达清楚的情况。如图 2-1-2 所示，用主视图和俯视图将物体的主体结构已表达清楚，只有箭头所指的一个局部形状尚未表达清楚，若再增加基本视图表达，则大部分图形重复，为提高图示效率，可以采用局部视图来表达。即仅画出所要表达的那部分物体的左视图即可表达清楚。这种只将物体的某一部分向基本投影面投影所得的视图为局部视图。局部视图可以减少绘图工作量，且表达灵活、突出重点。

画局部视图时应注意以下几点：

2-2 局部视图的形成

（1）局部视图必须依附于一个基本视图，不能独立存在。

（2）局部视图只需画出需要表达的局部形状，范围可自行确定。局部视图的断裂边界用波浪线表示，但波浪线要画在物体的实体部分。如果局部结构完整且外轮廓线封闭，则波浪线亦可省略不画。

（3）局部视图应按投影关系配置，如需要也可配置在其他位置。

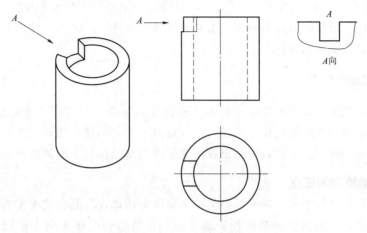

图 2-1-2 局部视图

（4）局部视图必须进行标注。标注方法：在局部视图的下方标注"A 向"（"A"为大写拉丁字母），在基本视图上画一箭头指明投影部位和投影方向，并注写相同的字母。

2. 斜视图

在用图示方法表达工程形体过程中，当物体表面与基本投影面倾斜时，在基本投影面上投影不能反映物体表面的真实形状，可选用一个平行于倾斜面并垂直于某个基本投影面的平面为辅助投影面，画出其基本视图。这种将物体倾斜部位向辅助投影面投影，在辅助投影面上画出其视图然后展开，最后所得视图称为斜视图，如图 2-1-3所示。

2-3 斜视图的形成

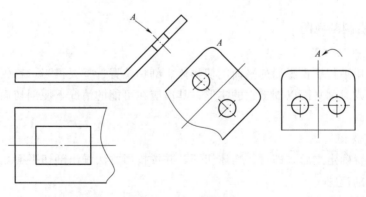

图 2-1-3 斜视图

画斜视图时的注意事项：

（1）斜视图只需要画出形体倾斜部分的真实形状，其余部分不需画出，断裂边界用波浪线来表示。画法与局部视图一样。

（2）斜视图一般按投影关系配置，必要时也可配置在其他适当位置。在不致引起误解时，允许将图形转正，并按规定标注。

（3）画斜视图必须标注。标注方法：在基本视图的倾斜局部画一箭头表示投影方向和投影部位，注写大写字母"A"，并在斜视图上用相同字母水平标注"A向"。如果斜视图转正，标注时应在斜视图上方标注"A向旋转"。注意：斜视图的标注中字母和文字都必须水平书写。

2.1.2 剖视图的应用

2-2 剖视图的应用

2-4 楼梯局部剖视图

在工程实践中，许多工程结构的形体不仅外形复杂，而且内部结构也比较复杂，这样视图中各种图线纵横交错在一起，造成层次不清，不便于图示表达，且不便于绘图、标注尺寸和读图。为此，采用剖视图来解决内部结构复杂物体的表达问题。

2.1.2.1 剖视图的概念

假想用一个平行于某一基本投影面的平面剖开物体，将处在观察者和剖切平面之间的部分移去，其余部分向基本投影面作投影，所得到的图形称为剖视图，简称为"剖视"，如图2-1-4所示。剖视图用于表达物体的内部结构。

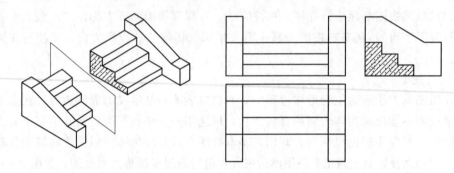

图2-1-4 剖视图的形成

2.1.2.2 绘制剖视图

1. 确定剖切位置

一般采用平行于投影面的平面剖切物体。剖切位置选择要得当，首先应通过内部结构的轴线或对称平面以剖出它的实形；其次应在可能的情况下使剖切面通过尽量多的内部结构。

2. 画剖视图

剖切位置确定之后，即可将物体切开，并按投影方法画出剖切平面之后部分的投影图，即得剖视图。

当剖切面将物体切为两部分后，移走观察者与剖切平面之间的部分，将剖切平面之后的部分投影。它包括两项内容：一项是剖切平面与物体接触部分的切断面；另一项是断面后未切到的部分。绘制剖视图时，为了分清物体内部结构的层次，规定在物体上被剖切到的切口部分画出剖面符号。根据国家标准中规定的建筑材料，应采用规定的剖面符号。

3. 剖视图的标注

为了表明剖视图与有关视图之间的投影关系，制图标准规定，剖视图一般均应加以标注，即注明剖切位置、投影方向和剖视图的名称。为了便于读图，还要对剖切符号进行编号，并对剖视图标注相应的编号名称，如图 2-1-5 所示。

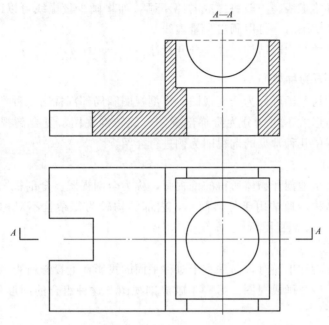

图 2-1-5　剖视图的标注

（1）剖切位置和投影方向。用剖切符号表示，由剖切位置线和投影方向线组成。剖切位置线为两段长度为 6～8mm 的粗实线。画在剖切平面的起始、终止处。剖切位置线不宜与视图轮廓线接触。投影方向由投影方向线表示。投影方向线用两端长度为 4～6mm 的粗实线表示。投影方向线垂直地画在剖切位置线的两端，其指向即为投影方向。

（2）剖视图的编号。编号采用阿拉伯数字或拉丁字母，水平书写在剖视图剖视方向线的端部。若有多个剖视图应按顺序由左到右，由上到下连续编号且不能重复。

（3）剖视图的名称。与剖切符号的名称对应，在剖视图的下方注出相同的两个数字或字母，数字或字母中间加一横线，如"A—A"或"1—1"。在剖视图中，也可以采用其他命名形式，如"横剖视图""纵剖视图"等。

当单一剖切平面通过物体的对称平面或基本对称的平面，且剖视图按投影关系配置，中间又无其他图形隔开时，可省略标注。当剖视图按照基本视图配置，中间无其他视图隔开时，可省略投影方向线。

4. 绘制剖视图应注意的问题

（1）正确绘制剖面材料符号。剖切面与物体接触的部分称为断面。国家标准规定，断面内要画上剖面符号，不同的材料采用不同的剖面符号。同一物体所有剖面线的方向、间隔均应相同。

（2）剖切的假想性。由于剖切是假想的，虽然物体的某个视图画成剖视图，但物体仍是完整的，因此物体的其他图形在绘制时不受其影响。

（3）不能漏线。剖视图中不仅要画出切断面部分的形状，还需画出剖切平面之后部分的轮廓线。

（4）合理省略虚线。一般将虚线省略不画，如果画少量虚线可以减少视图数量，在不影响视图的清晰时，可以画出少量虚线。

（5）外形尺寸与内部结构尺寸应分开标注。

2.1.2.3　剖视图的种类

剖视图按剖切范围可分为全剖视图、半剖视图和局部剖视图三种类型。其中因剖切平面的个数与形式不同又分为阶梯剖视图、旋转剖视图、复合剖视图和斜剖视图等。下面以工程中几种常见的剖视图为例进行介绍。

1. 全剖视图

用剖切面完全地剖开物体所得的剖视图，称为全剖视图。全剖视图是为了表达物体完整的内部结构，通常用于外形简单，内部结构较为复杂且不对称的物体，如图 2-1-5 中的 A—A 剖视图所示。

2. 半剖视图

当物体具有对称平面时，向垂直于对称平面的投影面上投影所得的图形，可以对称中心线为界，一半画成视图，另一半画成剖视图，这种组合的图形称为半剖视图，如图 2-1-6 所示。

2-2　半剖视图与局部剖视图

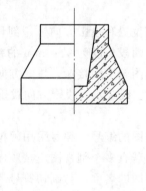

图 2-1-6　杯形基础半剖视图

2-5　半剖视图的形成

画半剖视图应注意的问题：

（1）画半剖视图时，剖视图与视图应以点划线为分界线，不能与可见轮廓线重合。

（2）半剖视图一般画在视图对称线的右侧或下边。

（3）在半剖视图中，由于物体的内部形状已在剖视图中表达清楚，所以视图上的虚线可以省略不画。

（4）半剖视图的标注方法与全剖视图相同。半剖视图在标注内部尺寸时，由于内部虚线省略，其标注形式一般只画出一边的尺寸界限和箭头，尺寸线要稍微超过对称线，尺寸数据应注写内部的全尺寸。如图 2-1-6 所示。

3.局部剖视图

用剖切平面局部地剖开物体所得的剖视图，称为局部剖视图，如图 2-1-7 所示。

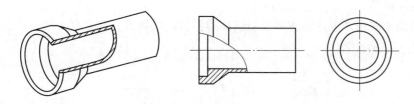

图 2-1-7　局部剖视图

局部剖视图主要用于物体主体结构已表达清楚，而内部结构的局部没表达清楚或不宜采用全剖视图或半剖视图的地方（孔、槽等）。

画局部剖视图应注意以下几点：

（1）局部剖视图用波浪线表示剖切范围，波浪线应画在结构的实体上，不能画在空心处或图形之外。

（2）当采用单一剖切平面，且剖切位置明显时，局部剖视图的标注可以省略。

4.阶梯剖视图

用两个或两个以上平行的剖切平面剖切物体形成的剖视图为阶梯剖视图，如图 2-1-8 所示。

当物体要表达的内部结构不在同一个剖切面且相互平行时，可以用阶梯剖视图。

画阶梯剖视图时应注意以下几点：

（1）阶梯剖视图的剖切位置线的转折处不能与图上的轮廓线重合或相交。

（2）因为几个剖切平面都是假想的，不要画出两个剖切平面转折处交线的投影。

（3）画阶梯剖视图时，必须标注剖切符号，如图 2-1-8 中的 *A—A* 阶梯剖视图。标注方法是，在剖切平面的起、止和转折处标出剖切符号，进行编号，并在起、止处标出投影方向，在剖视图的下方标出相应编号剖视图的名称，如图 2-1-8 所示。

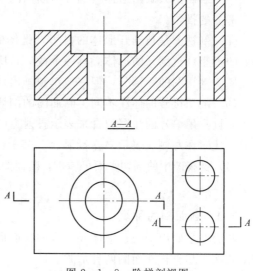

图 2-1-8　阶梯剖视图

2.1.3 断面图的应用

2.1.3.1 断面图的概念

在工程结构的图示表达中，对于形体简单的结构，一般采用断面图的形式来表达，如大坝的纵横断面、翼墙、挡土墙、涵管、梁和柱等。

假想用剖切平面将物体"切开"后，仅画出断面形状和断面处的材料符号，这种图形称为断面图。

断面图主要用来表达物体某处切断面的形状，剖切面一般垂直于物体结构的主要轮廓线。

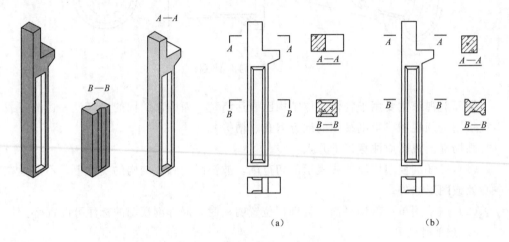

图 2-1-9 剖视图与断面图区别
(a) 剖视图；(b) 断面图

剖视图与断面图的区别：

(1) 断面图只画出形体被剖开后断面的投影，而剖视图要画出形体被剖开后整个余下部分的投影。

(2) 剖视图是被剖开形体的投影，是体的投影，而断面图只是一个截口的投影，是面的投影。被剖开的形体必有一个截口，所以剖视图必然包含断面图在内，而断面图虽属于剖视图的一部分，但一般单独画出。

(3) 剖切符号的标注不同。断面图的剖切符号只画出剖切位置线，不画出投射方向线，且只用编号的注写位置来表示投射方向。编号写在剖切位置线下侧，表示向下投射。注写在左侧，表示向左投射。

(4) 剖视图中的剖切平面可转折，断面图中的剖切平面则不可转折，如图 2-1-9 所示。

2.1.3.2 断面图的种类

断面图主要用于表达形体或构件的断面形状，根据其配置位置不同，一般可分为移出断面图和重合断面图两种形式。

1. 移出断面图

移出断面图是指将断面图画在基本投影图以外适当位置的断面图，如图 2-1-10 所示。

2. 重合断面图

重合断面图是指画在基本投影图之内的断面图，如图 2-1-11 所示。

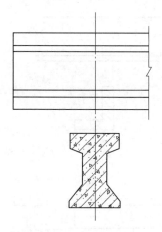
　　　　图 2-1-10　移出断面图

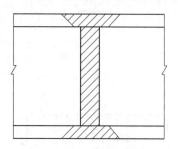
　　　　图 2-1-11　重合断面图

画重合断面图时，轮廓线是细实线，当视图的轮廓线与重合断面的图形重叠时，视图中的轮廓线仍应连续画出，不可断开。

2.1.3.3　绘制断面图

1. 移出断面图

（1）移出断面图的画法。当一个物体有多个断面图时，应将各断面图按顺序依次整齐地排列在投影图的附近。根据需要，断面图可用较大的比例画出。移出断面图的轮廓线用粗实线画出，并尽量画在剖切符号或剖切面迹线的延长线上，必要时也可将移出断面图配置在其他适当的位置。

画移出断面图时，应注意以下几点：

1）当剖切平面通过回转而形成的孔或凹坑的轴线时，这些结构按剖视图绘制。

2）由两个或多个相交平面剖切后所得的移出断面图，中间一般应断开。

3）为正确表达断面实形，剖切平面要垂直于所需表达物体的主要轮廓线或轴线。

4）当剖切平面通过非圆孔会出现完全分离的两个断面时，则这些结构按剖视图绘制。

5）在不至于引起误解时，允许将移出断面图旋转。

（2）移出断面图的配置与标注。

1）当移出断面图配置在剖切位置线的延长线上且剖视图形对称，可不标注，如图 2-1-12（a）所示；如果移出断面图配置在剖切位置线的延长线上且剖视图形不对称，应标注剖切位置线和剖切方向线，如图 2-1-12（b）所示。

2）当剖视图形对称，且移出断面图配置在视图轮廓线的中断处，可以不标注，如图 2-1-12 (c) 所示。

3) 移出断面图也可配置在图纸的其他位置,如果图形对称或按投影关系配置,可省略剖切方向线,但编号应写在剖切后的投影方向一侧,如图 2-1-12 (d) 所示。除此之外,应全部标注。

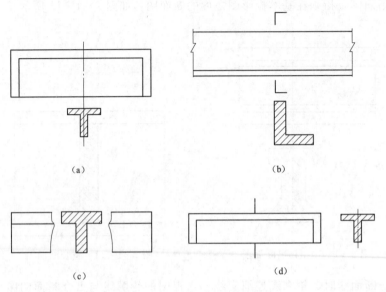

(a)   (b)

(c)   (d)

图 2-1-12 移出断面图的标注

2. 重合断面图

(1) 重合断面图的画法。

1) 重合断面的轮廓线规定用细实线画出。

2) 当视图中的轮廓线与重合断面图重合时,视图中的轮廓线仍需完整地画出。

(2) 重合断面图的配置与标注。

1) 对称的重合断面图可不标注,如图 2-1-13 (a) 所示。

2) 不对称时,应标注出剖切位置,并用编号表示投影方向,如图 2-1-13 (b) 所示。

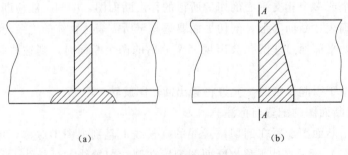

(a)   (b)

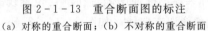
图 2-1-13 重合断面图的标注
(a) 对称的重合断面;(b) 不对称的重合断面

课后巩固练习
2.1

任务2.2 标高投影图的求作

【教学目标】

一、知识目标

1. 明确标高投影图的用途和表现形式。

2. 理解标高投影图的概念。

3. 熟练掌握各类标高投影图的基本画法并会识读标高投影图。

4. 理解运用地形断面法求和作标高投影图交线的作图思路与工程意义。

二、能力目标

学生能画平面体与曲面体的标高投影图，提高综合读图能力。

三、素质目标

标高投影图常被用于表达建筑物与地面的连接关系，建立标高投影图与空间形体的对应关系，便于准确识读工程图，培养与人沟通交流的能力。

课前预习
2.2

【教学内容】

1. 标高投影图的形成与作用。

2. 点、线、面标高投影图的求作。

3. 曲面标高投影图的求作。

4. 建筑物交线标高投影图的求作。

2.2.1 标高投影图的形成与作用

2.2.1.1 标高投影图的形成与作用

水工建筑物是修建在地面上的，因此在水利工程的设计和施工中，常需画出地形图，并在图上表示工程建筑物的相关问题。但地面形状是复杂的，且水平尺寸比高度尺寸大得多，用多面正投影或轴测图都很难表达清楚。因此，人们在生产实践中总结了一种适合于表达复杂曲面和地面的投影为标高投影图，如图2-2-1所示。

多面正投影表达物体时，当物体的水平投影确定之后，其他投影主要提供物体上各特征点、线、面的高度。若能在物体的水平投影中直接注明这些特征点、线、面的高度，那么只用一个水平投影就可以确定该物体的形状和位置。如图2-2-2所示是四棱台的标高投影，正四棱台平面图绘制好后，在其水平投影上标注出其上、下底面的高程数值2.000和0.000，并给出绘图比例。为了形象地表示坡面，斜面上画上示坡线。示坡线是一组长短相间的细实线，

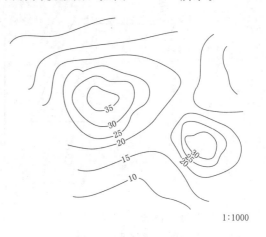

1:1000

图2-2-1 标高投影图

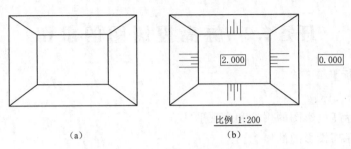

比例 1:200

（a）　　　　　　（b）

图 2-2-2　四棱台的标高投影图

2-6 标高投影三要素

短画的长度是长画的 1/3～1/2，方向与该面坡度线的方向一致。这种在物体的水平投影上加注高程数值，并注明绘图比例的单面正投影称为标高投影。

标高投影图三要素包括水平投影、高程数值和绘图比例。

2.2.1.2　绝对标高与相对标高

标高投影中的高程数值称为高程或标高，它是以某水平面作为计算基准的。标准规定基准面高程为零，基准面以上高程为正，基准面以下高程为负。在水工图中一般采用与测量一致的基准面（即青岛市黄海海平面），以此为基准面标出的高程称为绝对高程，以其他面为基准面标出的高程称为相对高程。标高的常用单位是 m，一般不需注明，数值精确到小数点后三位。

2.2.2　标高投影图

2.2.2.1　点、线、面的标高投影图

1. 点的标高投影图

规定 H 面高程为零，若点 A 在 H 面上方 2m，则在点 A 水平投影的右下角注上其高程数值即 a_2，再加上图示比例尺，就得到了点 A 的标高投影；若点 B 在 H 面下方 3m，则在点 B 水平投影的右下角注上其高程数值即 b_{-3}，再加上图示比例尺，就得到了点 B 的标高投影如图 2-2-3 所示。

2-4 点、直线的标高投影

2-7 点的标高投影

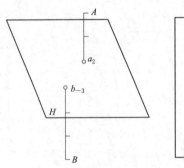

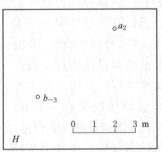

图 2-2-3　点的标高投影图

2. 直线的标高投影图

（1）直线的坡度与平距。

直线上任意两点间的高差与其水平投影长度之比称为直线的坡度，用 i 表示。直线两端点 A、B 的高差为 ΔH，其水平投影长度为 L，直线 AB 对 H 面的倾角为 α，如图 2-2-4 所示。坡度的计算见式（2-2-1）。

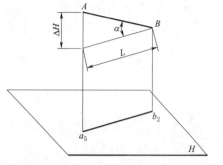

图 2-2-4 直线的坡度与平距

$$坡度\ i=\frac{高差\ \Delta H}{水平投影距离\ L}=\tan\alpha$$

$$(2-2-1)$$

在以后作图中还常常用到平距，平距用 l 表示。直线的平距是指直线上两点的高度差为 1m 时水平投影的长度数值，见式（2-2-2）。

$$平距\ l=\frac{水平投影长度\ L}{高差\ \Delta H}=\operatorname{ctg}\alpha$$

$$(2-2-2)$$

由此可见，平距与坡度互为倒数，它们均可反映直线对 H 面的倾斜程度。

（2）直线的表示方法。

直线的空间位置可由直线上的两点或直线上的一点及直线的方向来确定，所以直线在标高投影中也有 2 种表示法，如图 2-2-5 所示。

1）用直线上两点的高程和直线的水平投影表示，如图 2-2-5（a）所示。

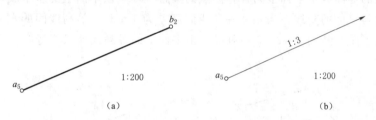

图 2-2-5 直线标高投影图的表示方法

2）用直线上一点的高程和直线的方向来表示，直线的方向规定用坡度和箭头表示，箭头指向下坡方向，如图 2-2-5（b）所示。

（3）直线上高程点的求法。

在标高投影中，直线的坡度是一定的，已知直线上任意一点的高程就可以确定该点标高投影的位置，已知直线上某点高程的位置，就能计算出该点的高程。

【例 2-2-1】 如图 2-2-6（a）所示，求直线上高程为 4.3m 的 B 点的标高投影，并求出该直线上各整数标高点。

分析：已知两点的高程和坡度，利用坡度公式求出 AB 的水平距离，量取投影长度可得 B 点投影。利用坡度公式求各整数高程点之间的水平距离，按照比例尺量取长度可求得。

【作图步骤】

如图 2-2-4（a）、（b）、（c）所示。

（1）求 B 点的标高投影。

$$\Delta H_{AB} = 8.3 - 4.3 = 4(\text{m}), l = 1/i = 3, L_{AB} = l \times \Delta H_{AB} = 3 \times 4 = 12(\text{m})$$

如图 $2-2-6$（b）所示，自 $a_{8.3}$ 沿箭头方向按给定比例尺量取 12m，得到 $b_{4.3}$。

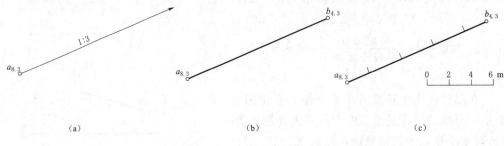

(a)   (b)   (c)

图 2-2-6　直线标高投影图

（2）求各整数高程点。

因为平距 $l=3$，$L=l \times H$，得各整数高程点间的水平距离均为 3m，高程为 8m 的点与高程为 8.3m 的点之间的水平距离 $= l \times \Delta H = (8.3-8) \times 3 = 0.9$（m），自 $a_{8.3}$ 沿 ab 方向依次量取 0.9m 及三个 3m，可以得到高程为 8m、7m、6m、5m 的整数标高点。

3. 平面的标高投影图

（1）平面的等高线和坡度线。

平面上的等高线是平面上高程相同点的集合，即是该平面上的水平线，也可以看成是水平面与该面的交线。当相邻等高线的高差为 1m 时，等高线间的水平距离 l 称为等高线的平距。从图 $2-2-7$ 中可以看出平面上的等高线有以下特性：

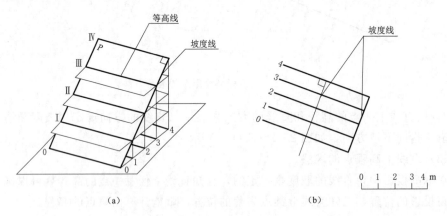

(a)   (b)

图 2-2-7　平面上的等高线
(a) 空间分析；(b) 标高投影图

1）等高线是直线。

2）等高线相互平行。

3）等高线间高差相等时，其水平间距也相等。

平面上垂直于等高线的直线就是平面上的坡度线，坡度线就是平面内对 H 面的最大斜度线，其特性有：平面上的坡度线与等高线的标高投影相互垂直，平面上坡度线的坡度代表该平面的坡度，坡度线对 H 面的倾角 α 代表平面对 H 面的倾角 α，坡度线的平距就是平面上等高线的平距。

（2）平面的表示方法。

在标高投影中，平面用几何元素的标高投影来表示。常用的表示方法是：

1）用平面上的一条等高线和一条坡度线（或两条等高线）来表示平面，如图 2-2-8（a）所示。

2）用平面上的一条倾斜直线和平面的坡度及大致坡向来表示平面，如图 2-2-8（b）所示。

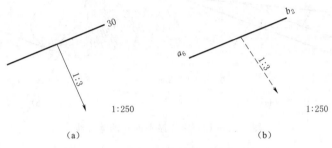

图 2-2-8 平面标高投影图的表示方法

（3）平面内等高线的求法。

【例 2-2-2】 如图 2-2-9（a）所示，已知平面内的一条等高线和坡度线，求作已知平面内高程为 26m、24m 的等高线，并画出示坡线。

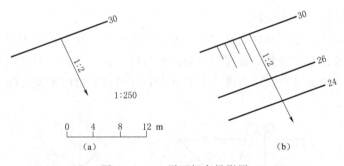

图 2-2-9 平面标高投影图

分析：根据平面上等高线的特性可知，所求等高线与已知等高线平行，又知该平面的坡度（坡度线的坡度）为 1:2，所以求作该平面上的等高线，只需在坡度线上求出各等高线上的一个高程点，然后过该点作已知等高线平行线，即得所求。

【作图步骤】

如图 2-2-9（b）所示。

【例 2-2-3】 如图 2-2-10（a）所示，已知平面内两条倾斜直线 a_3、b_0 且平面的坡度 $i=1:1$，求作平面上高程为 0m、2m 的等高线，并画出示坡线。

分析：用一条倾斜直线、平面的坡度及大致坡向来表示平面内的等高线，应先求出该平面上任一条等高线，再按例 2-2-2 的解法求解。本题中已知 A 点的高程为 3m，B 点的高程为 0m，平面的坡度 $i=1:1$，即平面上坡度线的坡度 $i=1:1$，但其坡度线的准确方向需待作出平面上的等高线后才能确定，该平面上高程为零的等高线必通过 b_0 点，且 b_0 等高线与 a_3 等高线距离 $L = l \times \Delta H = 1 \times 3 = 3$（m）。

求作该平面上高程为零的等高线的方法可以理解为：如图 2-2-10（b）所示，以 A 点为锥顶，作一素线坡度为 1:1 的正圆锥，此圆锥与高程为零的水平面交于一圆，此圆半径为 3m，从 B 点作该圆的切线即为该平面上高程为零的等高线。

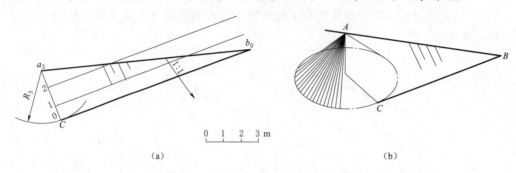

（a） （b）

图 2-2-10 求作该平面上的等高线

【作图步骤】

如图 2-2-10（a）所示，以 a_3 为圆心，以 $R = 3$m 为半径画圆，然后由 b_0 向该圆作切线，即得该平面上高程为零的等高线。过 a_3 作零等高线的垂线即为平面的坡度线。然后按上题方法求出高程为 2m 的等高线，并画出示坡线。

2.2.2.2 平面与平面的交线

在标高投影中，求两平面的交线时，通常采用水平面作为辅助平面。水平辅助面与两个相交平面的截交线是 2 条高程相等的等高线。由此可得：两平面同高程等高线的交点就是两平面的共有点。求出 2 个共有点，就可以确定两平面交线的投影，如图 2-2-11 所示。

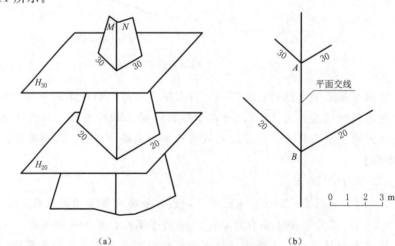

（a） （b）

图 2-2-11 两平面交线的标高投影图
(a) 空间分析；(b) 两平面交线

在实际工程中，把建筑物两坡面的交线称为坡面交线，坡面与地面的交线称为坡脚线（填方边界线）或开挖线（挖方边界线）。

【例 2-2-4】 如图 2-2-12（a）所示，已知地面高程为 11m，基坑底面高程为 7m，坑底的大小、形状和各坡面坡度已知，完成基坑开挖后的标高投影图。

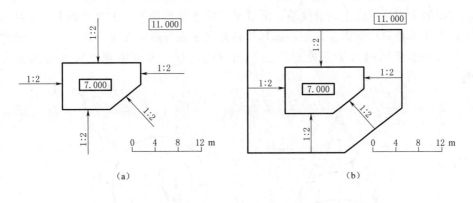

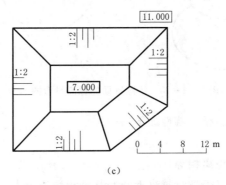

图 2-2-12 坡面交线

分析：本题需求两类交线：①开挖线即各坡面与地面的交线，因地面是水平面，故交线是各坡面高程为 11m 的等高线，共 5 条直线。因各坡面都是用一条等高线和一条坡度线来表示的，所以求作开挖线只需沿坡度线找到 11m 高程点，然后作已知等高线的平行线即可得。②坡面交线即相邻坡面的交线，它是相邻坡面上两组同高程等高线交点的连线，共 5 条直线。

【作图步骤】

如图 2-2-12（b）、（c）所示。

（1）求开挖线。坑底边线是各坡面高程为 7m 的等高线，开挖线是各坡面上高程为 11m 的等高线，两条等高线的水平距离 $L = l \times \Delta H = 2 \times (11-7) = 8$（m），根据所求的水平距离按图示比例尺沿各坡面坡度线量取 $L = 8$m，得各坡面上高程为 11m 的高程点，过点作坑底边平行线，即得所求开挖线，如图 2-2-12（b）所示。

（2）求坡面交线。直接连接相邻两坡面同高程等高线的交点，即得相邻两坡面交线，共有 5 条坡面交线，画出各坡面的示坡线，完成作图，如图 2-2-12（c）所示。

2-8 坡面交线求解方法

2.2.3　曲面的标高投影图

2.2.3.1　正圆锥面的表示方法

2-6　曲面标高投影

正圆锥面的标高投影是用一组等高线和坡度线来表示的，如图 2-2-13 所示。正圆锥面的素线是锥面上的坡度线，所有素线的坡度都相等。正圆锥面上的等高线即圆锥面上高程相同点的集合，用一系列等高差水平面与圆锥面相交即得，是一组水平圆。将这些水平圆向水平面投影并注上相应的高程，即可得到正圆锥面的标高投影图。

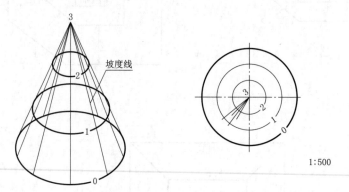

图 2-2-13　正圆锥面的标高投影图

正圆锥面等高线的标高投影特性如下：

（1）等高线是同心圆。

（2）等高线间的水平距离相等。

（3）当圆锥面正立时，等高线越靠近圆心其高程数值越大；当圆锥面倒立时，等高线越靠近圆心其高程数值越小，如图 2-2-14 所示。

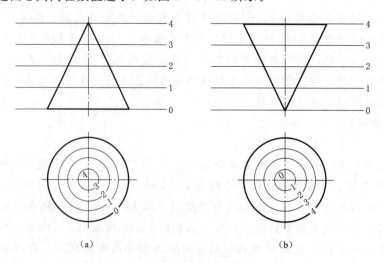

图 2-2-14　正圆锥面的标高投影图

（a）正立；（b）倒立

2.2.3.2 正圆锥面的交线

【例 2-2-5】 如图 2-2-15 (a) 所示，在土坝与河岸的连接处，常用圆锥面护坡。已知各坡面坡度，河底高程为 120.00m。河岸、土坝、圆锥台顶面高程为 130.00m，完成该连接处的标高投影。

2-9 正圆锥面标高投影

分析：本题需求两类交线：①坡脚线，共有 3 条，其中两斜面与河底面的交线是直线，圆锥面与河底面的交线是圆曲线；②坡面交线，共有 2 条，它是两斜面与圆锥面的交线，是非圆曲线，该曲线可由斜坡面与圆锥面上一系列同高程等高线的交点确定。

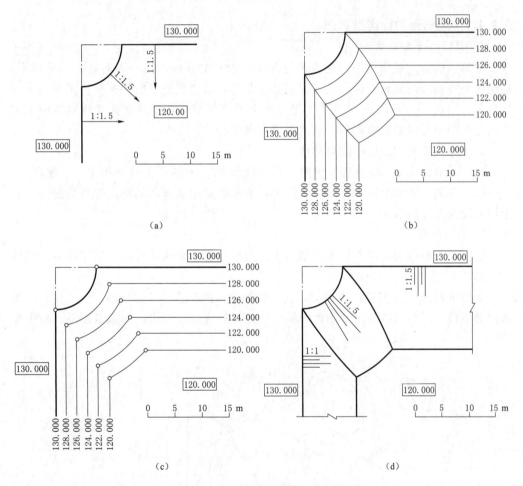

图 2-2-15 正圆锥面的标高投影图

【作图步骤】

如图 2-2-15 (b)、(c)、(d) 所示。

(1) 求作坡脚线。因河底是水平面，各面与河底面的交线是各坡面上高程为 120m 的等高线，坝顶轮廓线是各坡面上高程为 130m 的等高线，两等高线的水平距离为：$L = l \times \Delta H$，其中 $L_1 = l \times \Delta H = 1.5 \times (130 - 120) = 15$ (m)，$L_2 = l \times \Delta H = 1 \times (130 - 120) = 10$ (m)，沿着各坡面上坡度线的方向量取相应的水平距离，即可作出各坡面的坡脚线。其中圆锥面的坡脚线是圆锥台顶圆的同心圆，如图 2-2-15 (b) 所示。

（2）求作坡面交线。在各坡面上作出高程为 128、126、124、122 一系列等高线，得相邻面上同高程等高线的一系列交点，即为坡面交线上的点，如图 2-2-15 (c) 所示。依次光滑地连接各点，即得交线。画出各坡面的示坡线，加深完成作图，如图 2-2-15 (d) 所示。

2.2.4　建筑物交线的标高投影图

2.2.4.1　地形面的标高投影图

1. 地形面的表示方法

地形面的标高投影是用一组地形等高线来表示的。画出这些等高线的水平投影，注明每条等高线的高程，标出绘图比例和指北针，就得到地形面的标高投影图，又称地形图。如图 2-2-16 (a) 所示。地形面上等高线高程数字的字头按规定指向上坡方向。从图中可以看出地形图上的等高线有以下特性：

（1）等高线是封闭的不规则曲线。

（2）一般情况下（除悬崖、峭壁等特殊地形外），相邻等高线不相交、不重合。

（3）在同一张地形图中，等高线越密，表示该处地面坡度越陡；等高线越稀，表示该处地面坡度越缓。

2. 地形断面图

2-10　地形断面图

用一铅垂面剖切地形面，画出剖切平面与地形面的交线及材料图例，称地形断面图，如图 2-2-16 (b) 所示。

剖切平面 A—A 与地形面相交，其与各等高线的交点为 1，2，3，…，14。在图纸的适当位置以各交点的水平距离为横坐标，高程为纵坐标作一直角坐标系。根据地

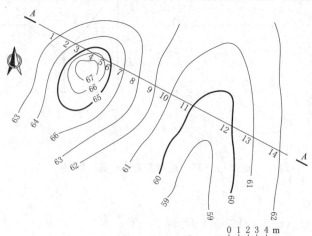

(a)

图 2-2-16（一）　地形面的标高投影图与地形断面图

(a) 地形面标高投影图；(b) 地形断面图

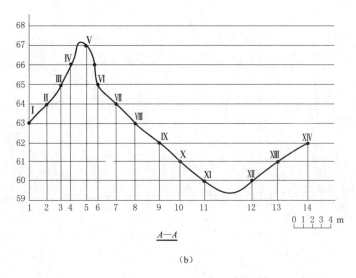

$A—A$

(b)

图 2-2-16（二） 地形面的标高投影图与地形断面图

(a) 地形面标高投影图；(b) 地形断面图

形图上的高差，按图中比例将高程标在纵坐标轴上，并画出一组水平线，根据地形图中剖切平面与等高线各交点的水平距离在横坐标轴上标出 1，2，3，…，14 点，然后自点 1，2，3，…，14 作铅垂线与相应的水平线相交得Ⅰ，Ⅱ，Ⅲ，…，依次光滑连接各点，即得该断面实形，再画出断面材料符号，即得 $A—A$ 地形断面图。

应当注意，在连点过程中，相邻同高程的两点 4，5 在断面图中不能连为直线，而应按该段地形的变化趋势光滑相连。

2.2.4.2 地形面与建筑物的交线

修建在地形面上的建筑物必然与地面产生交线，即坡脚线（或开挖线），建筑物本身相邻的坡面也会产生坡面交线。由于建筑物表面一般是平面或圆锥面，所以建筑物的坡面交线一般是直线和规则曲线，这些坡面交线可用前面所讲的方法求得，而建筑物上坡面与地形面的交线，即坡脚线（或开挖线）则是不规则曲线，需求出交线上一系列的点获得。求作一系列点的方法有两种：

(1) 等高线法。

(2) 断面法。

等高线法是常用的方法，只有当相交两面的等高线近乎平行，共有点不易求得时，才用断面法。

【例 2-2-6】 如图 2-2-17 (a)、(b) 所示，已知坝址处的地形图和土坝的坝轴线位置及土坝的最大横断面，试完成该土坝的标高投影图。

分析：坝顶、马道以及上下游坡面与地面都要产生交线即坡脚线，这些交线均为不规则的曲线。要作出这些交线，应首先在地形图上作出土坝坝顶和马道的投影，然后求出土坝各面上等高线与同高程地面等高线的交点，依次连接这些交点即得坡脚线的标高投影。同时剖切地形面和土坝，作出相应的地形断面图和土坝横断面图即为 $N—N$ 断面图。

2-11 土石坝坡脚线标高投影图

2-7 土坝与地形面交线求作

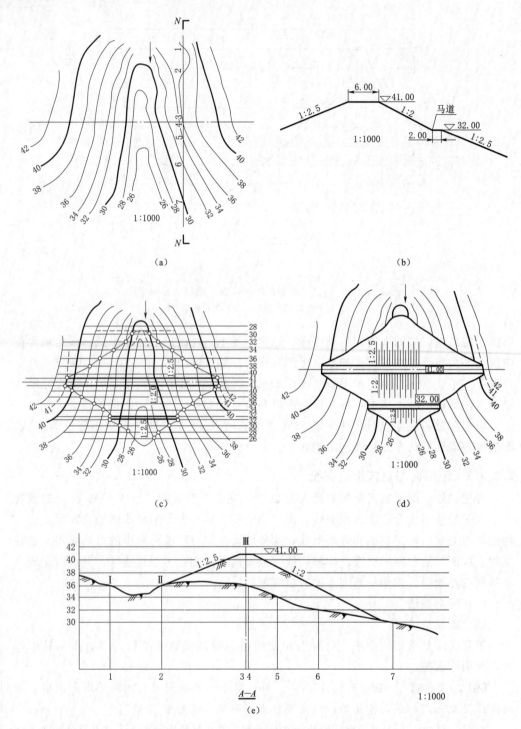

图 2-2-17　地形面与建筑物的交线

【作图步骤】

如图 2-2-17（c）、（d）所示。

（1）首先画出马道与坝顶的投影。由图示内容得知，坝顶高程为 41m，而地形图上只有 40m 与 42m 等高线，所以应在地形图上插入一条高程为 41m 等高线（图中虚线表示）。根据坝轴线的位置与土坝最大断面中坝顶宽度（由图示内容知坝顶宽度为 6m），绘制出坝顶的投影，将其边界线画到与地面高程为 41m 的等高线相交处。下游马道的投影从坝顶靠下游坡面的轮廓线沿坡度线向下量取 $L = l \times \Delta H = 2 \times (41 - 32) = 18$（m），然后作出坝轴线的平行线即为马道的内部边界线，量取马道的宽度（由图示内容知马道宽度为 2m），绘制出马道外部边界线，即可得到马道的投影，马道的投影应画到与地面高程为 32m 的等高线相交处，如图 2-2-17（c）所示。

（2）求土坝的坡脚线（即土坝与地形面交线的标高投影）。土坝的坝顶与马道是水平面，其与地面的交线是地面上高程为 41m、32m 的一段等高线。上下游坝坡与地面的交线是不规则的曲线，先求出坝坡上的各等高线，找到与同高程地面等高线的交点，连接各点即可得到坡脚线，如图 2-2-17（c）所示。

（3）画出坡面示坡线，标注出各坡面坡度及坝顶与马道水平面高程，即可完成土坝的标高投影图，如图 2-2-17（d）所示。

（4）作 N—N 断面图。在适当位置作一直角坐标系，横轴表示断面与地形面各交点水平距离，纵轴表示各点高程，将 N—N 剖切面与地形图和土坝各轮廓线的交点 1、2、3、4、5、6、7 依次绘制到横轴上，并从各点作铅垂线，确定点Ⅰ、Ⅱ、Ⅲ的空间位置，连接各点即得地形断面图。然后以Ⅲ点位基准做出土坝断面图，即可得到 N—N 断面图，如图 2-2-17（e）所示。

课后巩固练习 2.2

模块3 专业图的绘制与识读

任务3.1 水利工程图的绘制与识读

【教学目标】

一、知识目标

1. 熟悉水利工程图常见表达方法。

2. 熟悉水利工程图常见曲面的画法。

3. 熟悉水利工程图常见读图方法及绘图步骤。

4. 熟悉钢筋混凝土结构的基本知识；掌握钢筋图的表达方法和标注方法。

二、能力目标

在实践中通过观察、尝试、分析、类比的方法，具有对水工建筑物形体的图示能力和空间想象能力。

三、素质目标

课前预习3.1

通过水利工程图的绘制与识读，使学生具备从事专业工作必备的识读、绘制专业图的能力。

【教学内容】

1. 水利工程图的特点与分类、水利工程图的表达方法和水利工程图的尺寸标注法。

2. 水利工程建筑物中常见的曲面的画法。

3. 水利工程图常见读图方法、水利工程图的识读与绘制。

4. 钢筋图的表达方法和标注方法、钢筋图的识读与绘制。

为兴利除害和充分利用水资源，需要修建一系列建筑物来控制水流和泥沙，这些与水有密切关系的建筑物称为水工建筑物，表达水工建筑物的工程图样称为水利工程图，简称水工图。

前面的章节讲述了表达物体形状、大小、结构的基本图示原理和方法，下面将结合水利工程的实际，研究如何运用这些基本原理和图示方法来绘制和识读水利工程图。

3.1.1 水利工程图的分类与特点

3.1.1.1 水利工程图的分类

3-1 水利工程图的分类

水利工程的兴建一般需要经过5个阶段：勘测、规划、设计、施工和竣工验收。各个阶段都需绘制其相应的图样，每一阶段对图样都有具体的图示内容和表达方法。

1. 勘测图

勘探测量阶段绘制的图样称为勘测图，包括地质图和地形图。勘测阶段的地质图、地形图以及相关的地质、地形报告和有关的技术文件由勘探和测量人员提供，是水工设计最原始的资料。水利工程技术人员利用这些图纸和资料来编制有关的技术文件。勘测图样常用专业图例和地质符号表达，并根据图形的特点允许一个图用两种比例表示。

2. 规划图

在规划阶段绘制的图样称为规划图，是表达水利资源综合开发全面规划的示意图。按照水利工程的范围大小，规划图有流域规划图、水利资源综合利用规划图、灌区规划图、行政区域规划图等。规划图是以勘测阶段的地形图为基础，采用符号图例示意的方式表明整个工程的布局、位置和受益面积等内容，如图 3-1-1 所示。

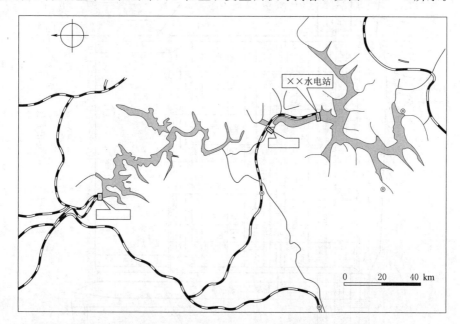

图 3-1-1 ××水电站工程位置与水库范围示意图

3. 设计图

在设计阶段绘制的图包括枢纽布置图和建筑结构图。一般在大型水利工程设计中分为初步设计图和技术设计图，小型水利工程中可以合二为一。初步设计图是进行枢纽布置，提供方案比较；技术设计图是在确定初步设计方案以后，对建筑物结构和细部构造进行具体设计。

为了充分利用水资源，由几个不同类型的水工建筑物组合在一起，协同工作的综合体称为水利枢纽，表达水利枢纽布置的图样称为枢纽布置图。枢纽布置图是将整个水利枢纽的主要建筑物的平面图形，按其平面位置画在地形图上，如图 3-1-2 所示。枢纽布置图反映出各建筑物的大致轮廓及其相对位置，是各建筑物定位、施工放样、土石方施工以及绘制施工总平面图的依据。

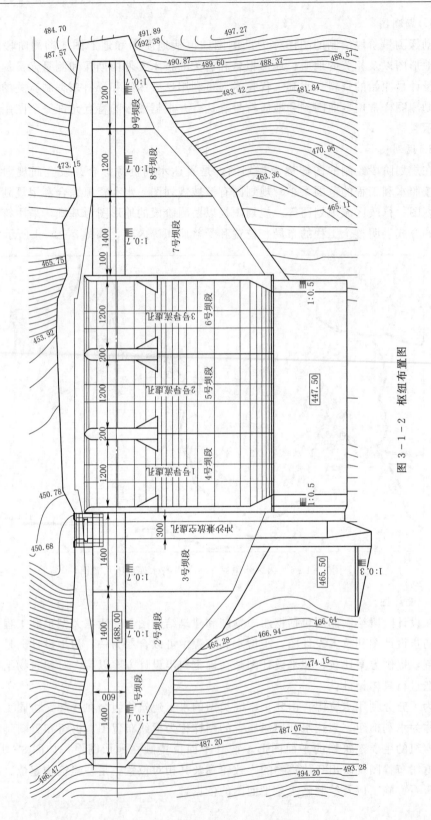

图 3-1-2 枢纽布置图

用于表达枢纽中某一建筑物形状、大小、材料以及与地基和其他建筑物连接方式的图样称为建筑结构图。对于建筑结构图中由于图形比例太小而表达不清楚的局部结构，可采用大于原图形的比例将这些部位和结构单独画出，如图 3-1-3 所示。

4. 施工图

施工图是表达水利工程施工过程中的施工组织、施工程序、施工方法等内容的图样，包括施工总平面布置图、建筑物基础开挖图、混凝土分块浇筑图、坝体温控布置图等。图 3-1-4 为土坝施工图。

5. 竣工验收图

竣工验收图是指工程验收时根据建筑物建成后的实际情况所绘制的建筑物图样。水利工程在兴建过程中，由于受气候、地理、水文、地质、国家政策等各种因素影响较大，原设计图纸随着施工的进展要进行调整和修改，竣工验收图应详细记载建筑物在施工过程中对设计图修改的情况，以供存档查阅和工程管理之用。

3.1.1.2　水利工程图的特点

水工图的绘制，除遵循制图基本原理以外，还根据水工建筑物的特点制定了一系列的表达方法，综合起来水工图有以下特点：

（1）水工建筑物形体庞大，有时水平方向和铅垂方向相差较大，水工图中允许一个图样中纵横方向比例不一致。

（2）水工图的整体布局与局部结构尺寸相差大，所以在水工图的图样中可以采用图例、符号等特殊表达方法及文字说明。

（3）水工建筑物总是与水密切相关，因而处处都要考虑到水的问题。水工建筑物直接建筑在地面上，因而水工图中必须表达建筑物与地面的连接关系。

3.1.2　水利工程图的表达方法

3.1.2.1　基本表达方法

1. 视图的名称和作用

（1）平面图。俯视图也称平面图。常见的平面图有表达单个建筑物的单体平面图和表达一组建筑物相互位置关系的平面图，如图 3-1-5（a）所示。

（2）立面图。正视图、左视图、右视图、后视图等称为立面图。观察者站在上游（或下游），面向建筑物作投射，所得的视图称为上游立面图（或下游立面图），如图 3-1-5（b）所示。

（3）剖视图。沿建筑物长度方向剖切的全剖视图，配置在正视图的位置，称为该建筑物的纵剖视图。垂直于建筑物长度方向剖切的全剖视图，配置在左、右视图的位置，称为该建筑物的横剖视图。

（4）断面图。表达建筑物组成部分的断面形状及建筑材料称为断面图，如图 3-1-5（c）所示。

（5）详图。当水工建筑物的局部结构由于图形太小而表达不清楚（包括无法标注尺寸）时，可将物体的部分结构用大于原图所采用的比例画出，这种图形常称为详图

3-1　水工图的表达方法

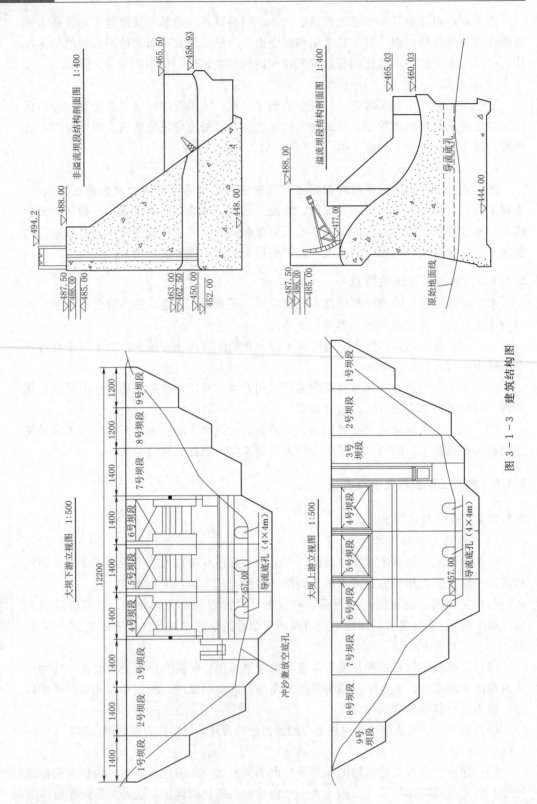

图 3 - 1 - 3 建筑结构图

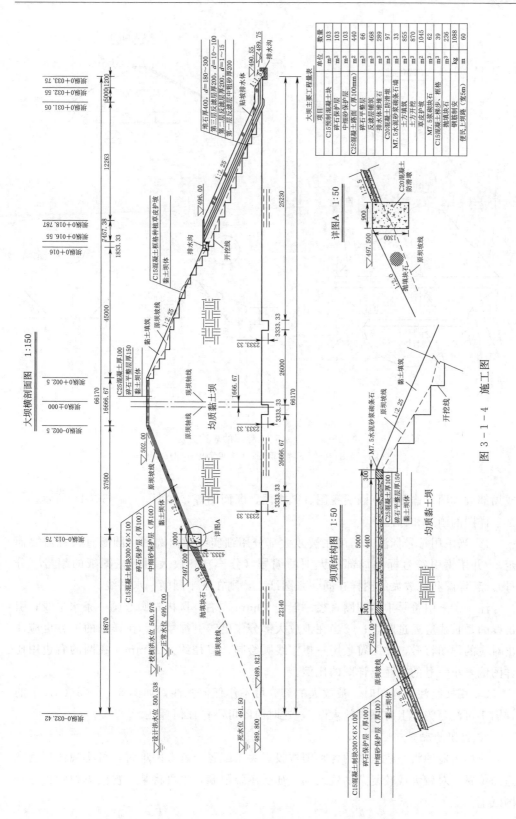

图 3 - 1 - 4　施工图

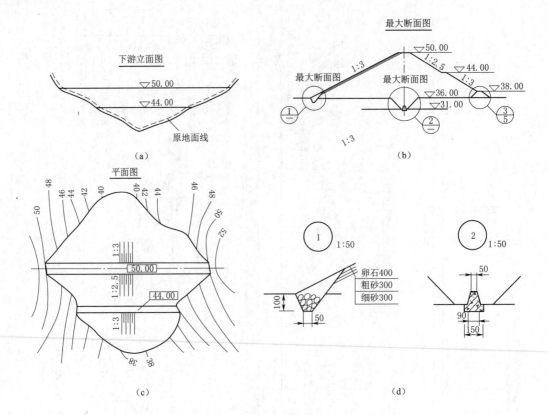

图 3-1-5 水利工程图的表达方法

(a) 平面图；(b) 下游立面图；(c) 断面图；(d) 详图

或局部放大图。详图可以画成视图、剖视图、断面图等，如图 3-1-5 (d) 所示。

详图的画法和标注：

1) 当采用符号标注时，可在被放大部分用细实线画出圆圈（圆圈直径视需要而定），并用索引符号标注局部放大图的编号（分子）和放大图所在图纸的编号（分母）。若详图和被放大的图样在同一张图纸上，则在下半圆画一水平线。

注：①索引符号中的圆圈直径一般为 10mm 左右，圆内过圆心画一条水平线；引出线的延长线应通过圆心；②当在被放大部分作出索引符号时，在详图的下方也应注出对应的详图符号，详图符号用一粗实线圆绘制，直径约为 14mm。在圆的右边用比详图编号小一号的字注出详图的比例。

2) 用文字注写详图时，被放大的部分可不作任何标注，如图 3-1-5 (d) 中的详图 1 可注写为"上游坝脚放大图"，这时原图可不作任何标注。

2. 视图的配置

应尽可能地将一建筑物的各视图按投影关系配置。若有困难时，可将视图配置在适当位置。对较大或较复杂的建筑物，如受图幅限制，也可将某一视图单独画在一张图纸上。

平面图是较为重要的视图，应布置在图纸的显著位置。一般按投影位置配置在正视图的下方，必要时也可以布置在正视图的上方。

水工图中，各视图应标注名称，一般注在图形的上方或下方的中部位置，习惯上在图名的下边画一条粗实线。

3.视图的标注

（1）水流方向的标注，如图 3-1-6 所示。

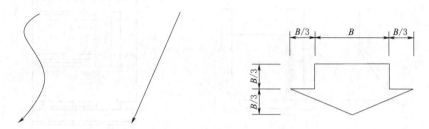

图 3-1-6　水流方向的标注

（2）地理方位的标注，如图 3-1-7 所示。

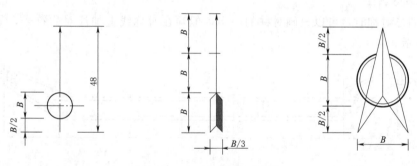

图 3-1-7　地理方位的标注

（3）视图名称和比例的标注，如图 3-1-8 所示。

<u>平面图1:100</u>　　或　　<u>平面图</u>
　　　　　　　　　　　　　1:100

图 3-1-8　视图名称和比例的标注

3.1.2.2　特殊表达方法

1.合成视图

对称或基本对称的建筑物，可将两个相反方向的视图（剖视图和断面图）各画对称的一半，并以对称线为界，合成一个图形，称为合成视图。两视图中间用点划线隔开，如图 3-1-9 所示。

2.拆卸画法

如图 3-1-10 所示，当所要表达的结构被其他部件或附属设备遮挡时，可假想将后者拆去，然后再绘制剖视图，这种画法称为拆卸画法。

3-1　水工
图的合成视图

3-2　拆卸
画法

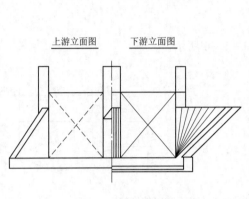

图 3-1-9 合成视图　　　　图 3-1-10 拆卸画法

3-3 省略画法

3. 省略画法

当图形对称时，可以只画对称的一半，但须在对称线上加注对称符号，如图 3-1-11 所示。

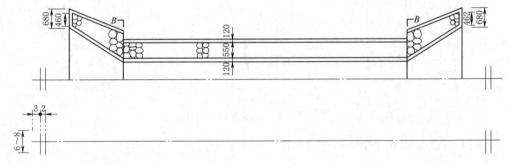

图 3-1-11 省略画法

3-4 不剖画法

4. 不剖画法

对于构件支撑板、薄壁和实心的轴、柱、梁、杆等，当剖切平面平行其轴线或中心线时，这些构件按不剖绘制，用粗实线将它与其相邻部分分开，如图 3-1-12 所示。

5. 缝线的画法

为了清晰表达建筑物中的各种缝线，无论缝的两边是否在同一平面内，这些缝隙都要用粗实线绘制，如图 3-1-12 所示。

6. 展开画法

如图 3-1-13 所示，假想将倾斜部分展开到与正立面平行后，再画出视图，这种视图称为展开视图。

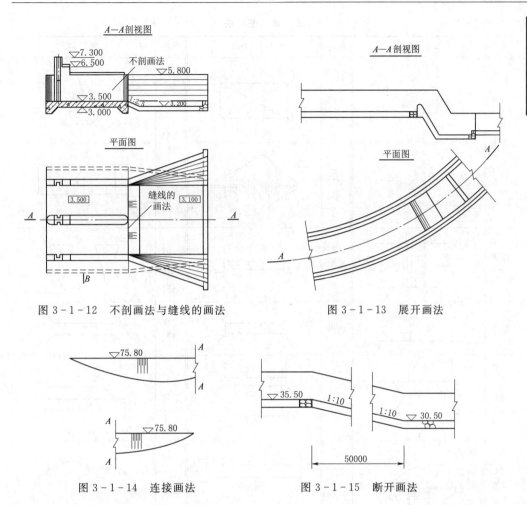

图 3-1-12 不剖画法与缝线的画法　　　　图 3-1-13 展开画法

图 3-1-14 连接画法　　　　　　图 3-1-15 断开画法

7. 连接画法

当建筑物比较长而又必须画出全长时，由于图纸幅面的限制，可采用连接表示法。将图形分成两段绘制，并用连接符号和标注相同字母的方法表示图形的连接关系，如图 3-1-14 所示。

8. 断开画法

较长的图形，沿长度方向的图形一致或按一定的规律变化时，可以断开绘制，如图 3-1-15 所示。

9. 示意画法

当图形较小致使某些细部结构无法在图中表示清楚，或一些成品的附属设备另有专门图纸表示时，可以在图中相应部位画出示意图，常用的一些示意图例见表 3-1-1。

10. 简化画法

对图中的一些细小结构，当其有规律分布时，可以采用简化绘制，即只须画出其中几个，其余的用中心线或轴线表示其位置，如图 3-1-16 中的消力池中的排水孔。

3-6 连接画法

3-7 断开画法

3-1 示意画法

123

表 3 - 1 - 1　　　　　　　　　　　示　意　画　法

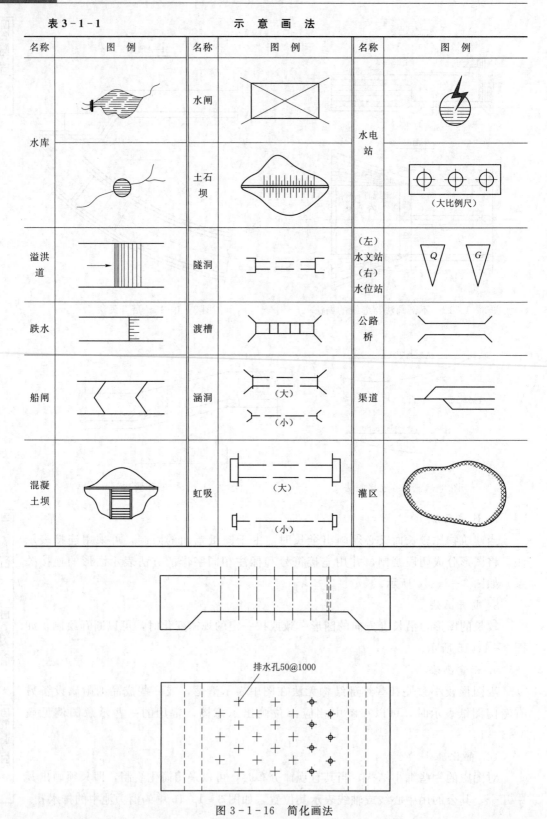

图 3 - 1 - 16　简化画法

3.1.3　水利工程图的尺寸标注

3.1.3.1　高度尺寸的标注

1. 高程的标注

高程的注法包括高程符号、标高数字、水位，如图 3-1-17 所示。

2. 高程的基准

高程的基准与测量的基准一致，采用青岛黄海海平面。

3.1.3.2　平面尺寸的标注

平面尺寸的标注包括标注长、宽尺寸，要注意选好长、宽尺寸基准。

1. 平面尺寸的标注

（1）对于长度和宽度差别不大的建筑物，选定水平方向的基准面后，按组合体、剖视图的规定标注长度和宽度尺寸。

（2）桩号的标注。对于坝、隧洞、渠道等较长的水工建筑物，沿轴线的长度尺寸一般采用"桩号"的注法，标注形式为 km+m，km 为公里数，m 为米数。

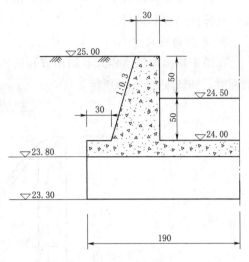

图 3-1-17　高程的标注

3-2　桩号的注法

如图 3-1-18 所示，起点桩号标注成 0+000，起点桩号之后，km、m 为正值，起点桩号之前，km、m 为负值。桩号数字一般沿垂直于轴线的方向注写，且标注在同一侧。当同一图中几种建筑物均采用"桩号"标注时，可在桩号数字之前加注文字以示区别，如洞 0+011.260，支洞 0+087.456 等。

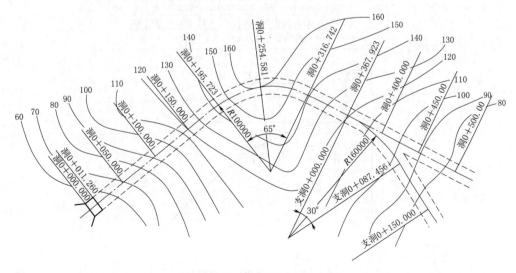

图 3-1-18　桩号的标注

2. 平面尺寸的基准

一般以建筑物的对称线、轴线为基准，不对称时，以水平方向重要的面为基准。

3.1.3.3　曲线尺寸的标注

1. 圆弧尺寸

连接圆弧需标出圆心、半径、圆心角、切点、端点的尺寸，对于圆心、切点、端点还应标注高程和桩号。

2. 非圆曲线尺寸

在图中给出曲线方程式，画出方程的坐标轴，并在附近列表给出曲线上一系列的坐标值，如图 3-1-19 所示。

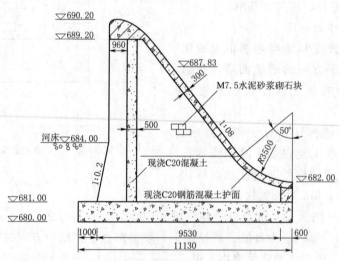

溢流坝剖面图 1:100

溢流坝剖面曲线外形坐标

X	0	200	400	600	800	1000	1200	1400	1600	1800	2000	R_1	R_2	R_3
Y	0	20	70	150	250	380	530	700	900	1110	1350	700	280	56
计算公式 $Y=0.7(X/1.4)^{1.85}$														

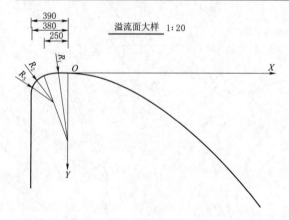

溢流面大样 1:20

图 3-1-19　曲线尺寸的标注

3.1.3.4　简化标注

1. 多层结构尺寸的标注

水工图中，多层结构的尺寸常用引出线引出标注。引出线必须垂直通过被引出的各层，文字说明和尺寸数字按结构的层次标注，如图 3-1-20 所示。

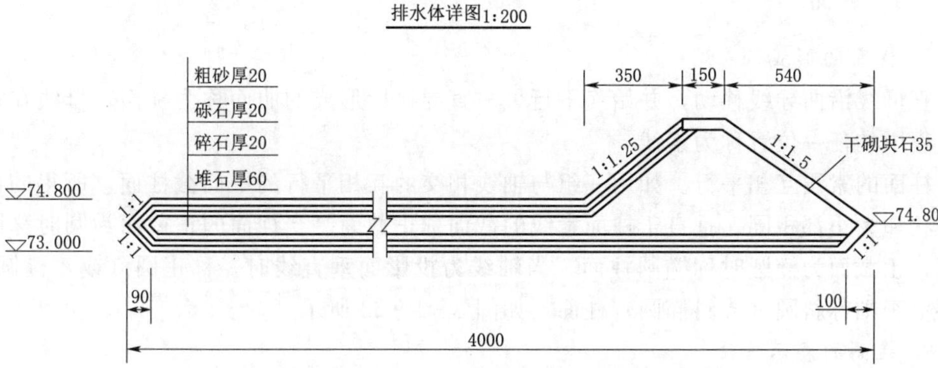

排水体详图1:200

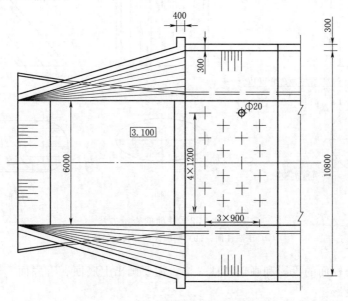

图 3-1-20　多层结构尺寸的标注

2. 尺寸均匀分布的相同构件或构造

相同构件或构造，其尺寸分布均匀的可只标注一个定形尺寸和它们之间的定位尺寸，如图 3-1-21 所示。

图 3-1-21　尺寸分布均匀的构件或构造的标注

3.1.4　水工建筑物中常见曲面的画法

为了改善水流条件、受力状况以及节约建筑材料，水工建筑物的某些表面往往做成有规则的曲面，如溢流坝面、闸墩的头部、水闸的两岸翼墙。这些曲面可以看成是直线或曲线在空间按一定规律运动所形成的轨迹。由直线运动而成的曲面叫直线面，如圆柱面、圆锥面；由曲线运动而成的曲面叫曲线面，如环面、球面。我们把运动的线称为母线，控制母线做有规律运动的线或面称为导线或导面。

下面介绍水利工程中一些常见曲面的形成和表示方法。

3-2 闸墩
柱面

3.1.4.1 柱面

1. 柱面的形成

直母线沿曲导线移动，并始终平行另一直导线所形成的曲面称为柱面。母线在运动过程中的任一位置称为素线。

柱面的素线互相平行。如用一组与轴线相交的互相平行的平面截柱面，所得的截面形状和大小都相同。垂直于柱面素线的截面称正截面。当柱面的正截面为圆时称圆柱面，正截面为椭圆时称椭圆柱面。当轴线为投影面垂直线时，称正圆（或正椭圆）柱面；否则称斜圆（或斜椭圆）柱面，如图 3-1-22 所示。

2. 柱面的表示方法

在水工图中，规定在可见柱面上用细实线绘制若干素线。正圆柱面的素线绘制方法如图 3-1-12 所示。在实际绘图时，不必采用等分圆弧然后按投影规律绘出素线的画法，可按越靠近轮廓素线越稠密，越靠近轴线越稀疏的原则目估绘制。

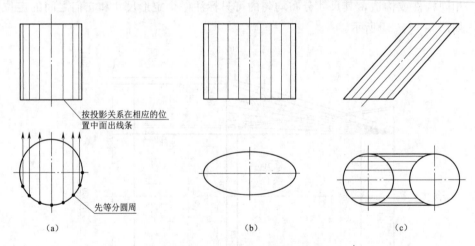

图 3-1-22 柱面的表示方法
(a) 正圆柱面；(b) 椭圆柱面；(c) 斜圆柱面

画斜椭圆柱面的投影和画正圆柱一样，需要画出上底面、下底面、柱面的轮廓素线及轴线的投影。

柱面在工程中的应用实例：闸墩左边头部就是半个斜椭圆柱面，右边头部就是正圆柱面。

3.1.4.2 锥面

1. 锥面的形成

直母线沿着曲导线运动，并始终通过一定点所形成的曲面叫锥面。定点与底圆圆心连线垂直于底圆面,所形成的曲面为正圆锥面;定点与底圆心连线倾斜于底圆面,所形成的曲面为斜椭圆锥面,如图 3-1-23 所示。

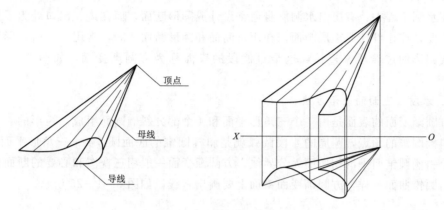

图 3-1-23 锥面的形成

2. 锥面的表示方法

为了便于看图,规定在水工图中,圆锥面上用细实线绘制若干示坡线或素线,其示坡线或素线一定要经过圆锥顶点的投影。

工程上常采用斜椭圆锥面,其圆心连线倾斜于底面。若用平行于斜椭圆锥底面的平面截切斜椭圆锥,截交线为圆;若用垂直于轴线的平面截切斜椭圆锥,截交线则为椭圆。画斜椭圆锥面的投影和画正圆锥一样,需要画出底面、锥尖、锥面的轮廓素线及轴线和圆中心线的投影,如图 3-1-24 所示。

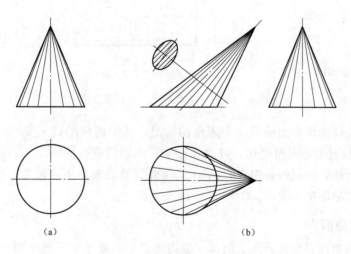

(a)   (b)

图 3-1-24 锥面的表示方法
(a) 正圆锥面;(b) 斜圆锥面

斜椭圆锥面在工程中的应用实例:图 3-1-24 表达的是港口防浪堤的堤头,它的端部是半个斜椭圆锥台。

3.1.4.3 方圆渐变面

1. 方圆渐变面的形成

在水利工程中，有压引水洞洞身通常设计成圆形断面，而在进、出口处为了安装闸门需要，往往设计成矩形断面，在矩形断面和圆形断面之间，常用一个由矩形逐渐变化成圆形的过渡段来连接，这个过渡段的表面称为方圆渐变面，如图 3-1-25 所示。

2. 方圆渐变面的表示方法

方圆渐变面的表面是由 4 个三角形平面和 4 个部分斜椭圆面组成。矩形的 4 个角就是斜椭圆锥的顶点，圆周的 4 段圆弧就是斜椭圆锥的底面圆，4 个三角形平面与 4 个部分斜椭圆锥面平滑相切而无分界线。方圆渐变面一般用三视图和必要的断面来表示。与圆锥曲面一样，方圆渐变面锥面上要画出素线，如图 3-1-25 所示。

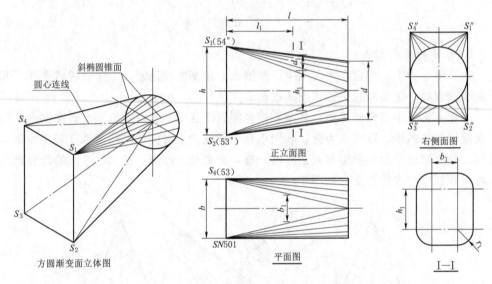

图 3-1-25 方圆渐变面的表示方法

方圆渐变面的横断面是带 4 个圆角的矩形，其中圆角半径 r_1 和直线段长度 b_1、h_1 都随剖切位置的不同而变化，可直接在主视图和俯视图的剖切位置量得各部分尺寸绘制其断面图，绘制断面图应根据 b_1、h_1 先定圆心画出 4 段圆弧，然后画出 4 条公切线，并在断面图上注明 b_1、h_1、r_1 的尺寸。

3.1.4.4 扭曲面

水工建筑物控制水流部分的断面一般为矩形，而灌溉渠道的断面一般都是梯形，为使水流平顺、减少水头损失，由矩形断面变为梯形断面之间常用一个扭面过渡段来连接，该过渡段的内外表面都是扭曲面，如图 3-1-26 所示。

1. 扭曲面的形成

扭曲面 $ABCD$ 可以看作是一条直母线 AB，沿着两条交叉直导线 AD（侧平线）和 BC（铅垂线）移动，并始终平行于一个导平面 H（水平面）所形成的曲面。扭曲

面 *ABCD* 也可以看作是一条直母线 *AD*，沿着两条交叉直导线 *AB*（水平线）和 *DC*（侧垂线）移动，并始终平行于一个导平面 *W*（侧平面），这样也可以形成与上述同样的曲面。在扭曲面形成过程中，母线运动时每一个空间位置称为扭曲面的素线。同一扭曲面有两种方式形成，也就有两组素线。素线Ⅰ—Ⅰ、Ⅱ—Ⅱ、…都是水平线，素线Ⅰ′—Ⅰ′、Ⅱ′—Ⅱ′、…都是侧平线，同一组素线之间是交叉直线关系，如图 3-1-27 所示。

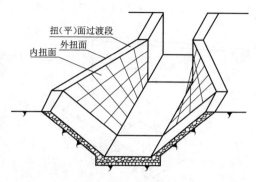

图 3-1-26　扭曲面

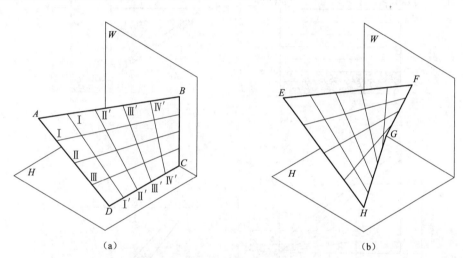

（a）　　　　　　　　　　　　　　　　（b）

图 3-1-27　扭曲面的形成

（a）内扭曲面的形成；（b）外扭曲面的形成

2. 扭曲面的表示方法

如图 3-1-27 所示，在水工图中，除画出扭面 4 条边线的投影以外，还应画出素线的投影。为了使所绘素线能体现扭面的性质，制图标准规定：主视图、俯视图上画水平素线，左视图上画侧平素线。

3. 扭曲面过渡段的画法

如图 3-1-28 所示，过渡段有扭曲面翼墙及底板构成。扭曲面翼墙由梯形端面 *BCHG*、平行四边形端面 *ADFE*、内扭曲面 *ABCD*、外扭曲面 *EFHG*、顶面 *ABGE*、底面 *CDFH* 6 个面组成，起控制作用的是翼墙两个端面的形状和位置。画图思路：扭曲面翼墙应先画扭曲面翼墙的两端面并注出其定形尺寸，再画内、外扭曲面，外扭曲面 *GH*、*FH* 两条直线在俯视图、左视图中画成虚线，看不见的素线一律不画。

A—A 断面图：剖切平面 *A—A* 是侧平面，它与两个扭曲面的侧平素线平行，因

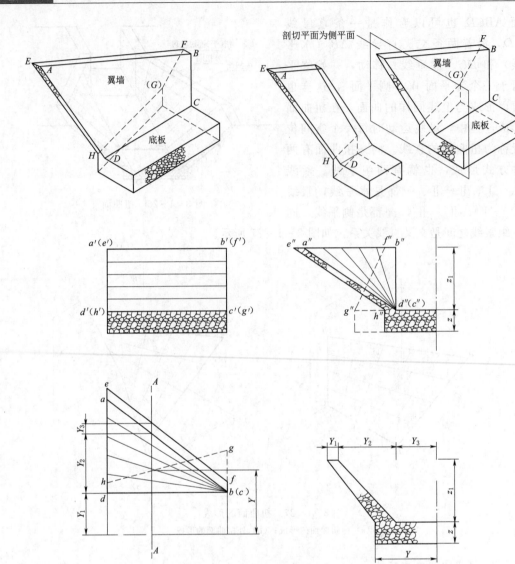

图 3-1-28 扭曲面过渡段的画法

此与两个扭曲面的交线都是直线，翼墙的断面形状是四边形。底板的断面形状为矩形。

3.1.5 水利工程图的识读与绘制

3.1.5.1 水工图的识读

1. 阅读水工图的目的和意义

水工图有较强的专业特点，通过阅读水工图，可对水利工程有一个总体了解，并同时熟识有关标准的内容，为后续课程的学习打下良好的基础。

同时也应注意到，为了培养和提高识读水工图的能力，必须掌握一定的专业知识。读识水工图的能力，应在专业课的学习和工程实践中继续巩固和提高。

2. 读图的方法和步骤

识读水工图的顺序一般是由枢纽布置图到建筑结构图，按先整体后局部，先看主要结构后看次要结构，先粗后细、逐步深入的方法进行。具体步骤如下。

（1）概括了解。

了解建筑物的名称、组成及作用。识读任何工程图样时都要从标题栏开始，从标题栏和图样上的有关说明中了解建筑物的名称、作用、比例、尺寸单位等内容。

3－2　水利工程图的识读

了解视图表达方法。分析各视图的视向，弄清视图中的基本表达方法和特殊表达方法，找出剖视图和断面图的剖切位置及表达细部结构详图的对应位置，明确各视图所表达的内容，建立起图与图及物与图的对应关系。

（2）形体分析。

根据建筑物组成部分的特点和作用，将建筑物分成几个主要组成部分，可以沿水流方向将建筑物分为几段，也可沿高程方向将建筑物分为几层，还可以按地理位置或结构来划分。然后运用形体分析的方法，以特征明显的1、2个重要视图为主结合其他视图，采用对线条、找投影、想形体的方法，想出各组成部分的空间形状，对较难想象的局部，可运用线面分析法识读。在分析过程中，结合有关尺寸和符号，读懂图上每条图线、每个符号、每个线框的意义和作用，弄清楚建筑物各部分的大小、材料、细部构造、位置和作用。

（3）综合想象整体。

在形体分析的基础上，对照各组成部分的相互位置关系，综合想象出建筑物的整体形状。

整个读图过程应采用上述方法步骤，循序渐进，几次反复，逐步读懂全套图纸，从而达到完整、正确理解工程设计意图的目的。

3. 识读水闸设计图实例

【例3－1－1】　识读图3－1－29所示水闸设计图。

（1）概括了解。水闸是防洪、排涝、灌溉等方面应用很广的一种水工建筑物。通过闸门的启闭，可使水闸具有泄水和挡水的双重作用。改变闸门的开启高度，可以起到控制水位和调节流量的作用。

水闸由三部分组成，上游段的作用是引导水流平顺地进入闸室，并保护上游河岸及河床不受冲刷，一般包括上游齿墙、铺盖、上游翼墙及两岸护坡等。闸室段起控制水流的作用。它包括闸门、闸墩、闸底板以及在闸墩上设置的交通桥、工作桥和闸门启闭设备等。下游段的作用是均匀地扩散水流，消除水流能量，防止冲刷河岸及河床，包括消力池、海漫、下游防冲槽、下游翼墙及两岸护坡等。

（2）深入阅读。本图采用了三个基本视图（纵剖视图，平面图，上、下游立面图）及五个断面图。

平面图：表达了水闸各组成部分的平面布置、形状、材料和大小。水闸左右对称，采用简化画法，图中只画出了一半。

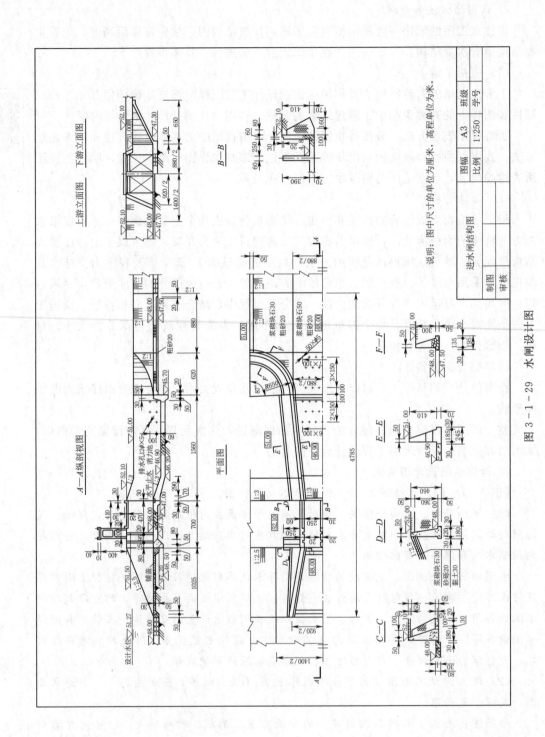

图 3－1－29　水闸设计图

纵剖视图：通过建筑物纵向轴线的铅垂面剖切得到的剖视图。它表达了水闸高度与长度方向的结构形状、大小、材料、相互位置以及建筑物与地面的联系等。

上、下游立面图：表达了水闸上游面和下游面的结构布置。由于视图对称，故采用各画一半的合成视图表达。

五个断面图用以表示上、下游翼墙的断面形状、材料与尺寸大小。

图中闸门启闭设备采用了拆卸画法，底板排水孔采用了简化画法，消力池反滤层为多层结构，标注方法见剖视图。

（3）综合整体。经过对图纸的仔细阅读和分析，根据各部分的相对位置关系进行组合，最终想象出水闸的整体结构形状。

3.1.5.2 水工图的绘图步骤

绘制水工图一般遵循以下步骤：

（1）熟悉资料，分析确定表达方案。

（2）选择适当的比例和图幅。应力求在表达清楚的前提下选用较小的比例，枢纽平面设置图的比例一般取决于地形图的比例，按比例选定适当的图幅。

（3）合理布置视图。按所选取的比例估计各视图所占范围进行合理布置，画出各视图的作图基准线。视图应尽量按投影关系配置，有联系的视图应尽量布置在同一张图纸内。

（4）画各视图底稿。画图时，应先画大的轮廓，后画细部；先画主要部分，后画次要部分。

（5）画断面材料符号。

（6）标注尺寸和注写文字说明。

（7）检查、校对、加深。

3.1.6 钢筋混凝土结构图

3.1.6.1 钢筋的基本知识

1. 钢筋混凝土结构的基本知识

在《水工混凝土结构设计规范》（SL 191—2008）中，对钢筋按其产品强度的等级不同，分别给予不同代号，以便标注及识别。各级钢筋均有规定的符号，见表3-1-2。

3-3 钢筋图的基本知识

表 3-1-2　　　　　钢 筋 种 类 和 符 号

种类		符号
热轧钢筋	HPB235　光圆钢筋	Φ
	HRB335　热轧带肋	Φ
	HRB400　热轧带肋	Φ
	RRB400　余热处理钢筋	Φ^R

2. 钢筋的种类及作用

按钢筋在构件中所起的作用不同，钢筋可分为受力筋、箍筋、架立筋、分布钢筋、其他钢筋，如图 3-1-30 所示。

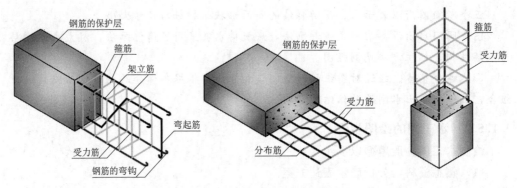

图 3-1-30　钢筋的分类

（1）受力筋。也称纵筋、主筋，可承受拉力、压力或扭力，承受拉力的纵筋称为受拉筋，承受压力的纵筋称为受压筋，承受扭力的钢筋称为抗扭纵筋。

（2）箍筋。用以固定受力筋的位置并承受剪力或扭力的作用，多用于梁和柱内。

（3）架立筋。用以固定箍筋的位置，并与受力筋、箍筋一起构成钢筋骨架，一般用于钢筋混凝土梁中。

（4）分布钢筋。简称分布筋，用于各种板内。分布筋与板的受力钢筋垂直设置，其作用是将承受的荷载均匀地传递给受力筋，并固定受力筋的位置以及抵抗热胀冷缩所引起的温度变形。

（5）其他钢筋。除以上常用的四种类型的钢筋外，因构造要求或者施工安装需要而配制的构造钢筋。如腰筋，用于高断面的梁中；预埋锚固筋，用于钢筋混凝土柱中，与墙砌在一起，起拉结作用，又叫拉结筋；吊环，在吊装预制构件时使用。

3. 钢筋的保护层

为了防止钢筋锈蚀，并且加强混凝土与钢筋的黏结力，钢筋不应外露。钢筋外皮与构件表面之间留有一定厚度的混凝土，称为钢筋的保护层。

4. 钢筋的弯钩

为了防止钢筋在受力时滑动，对光圆钢筋端部应设置弯钩，以增强钢筋与混凝土的黏结力。端部的弯钩有直弯钩和半圆弯钩两种形式，常见弯钩的形式及画法如图 3-1-31 所示。图中双点划线表示弯钩伸直后的长度，弯钩的大小由钢筋直径确定，直弯钩需要增加长度为 $3.5d$，半圆弯钩需增加长度为 $6.25d$。直径为 20mm 的钢筋，其弯钩长度为 $6.25 \times 20 = 125(\text{mm})$，一般取 130mm。

3.1.6.2　钢筋图的表达方法

在混凝土中，按照结构受力要求，配置一定数量的钢筋以增强其抗拉、抗压能

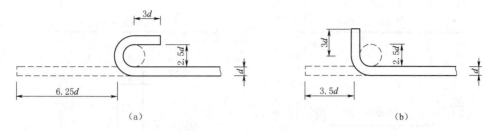

图 3-1-31　钢筋的弯钩

(a) 半圆弯钩；(b) 直弯钩

力，这种由钢筋和混凝土制成的构件称为钢筋混凝土结构。用来表示这类结构的外部形状和内部钢筋配置的图样，称为钢筋混凝土结构图，简称钢筋图。

下面介绍钢筋图的一般标注方法和内容。

1. 钢筋图的一般标注方法

(1) 线型规定。绘制钢筋图时，假设混凝土为透明体，为了突出钢筋的表达，制图标准规定，图内不画混凝土断面材料符号，钢筋用粗实线，钢筋的截面用小黑点，构件的轮廓用细实线。

(2) 钢筋编号。为了区分不同类型和不同直径的钢筋，钢筋必须编号，每类钢筋（型号、规格、长度相同的钢筋）无论根数多少只编一个号。编号顺序应有规律，一般为先受力筋后分布筋，且垂直方向自下至上，水平方向自左至右。编号字体规定用阿拉伯数字，编号写在直径 6mm 的小圆内，用指示线引到相应的钢筋上，圆圈和引出线均为细实线。

(3) 尺寸标注。钢筋的尺寸标注应包括钢筋的编号、数量、直径、间距代号、间距及所在位置，通常应沿钢筋的长度标注，或标注在有关钢筋的引出线上。图 3-1-32 中，n 为钢筋根数，Φ 为钢筋直径及种类的符号，d 为钢筋直径值，@为钢筋等间距的代号，s 为钢筋间距值。如③12Φ6@200，其中钢筋尺寸标注形式③表示钢筋的编号为 3，钢筋根数为 12 根，钢筋直径为 6mm，

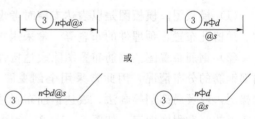

图 3-1-32　钢筋尺寸标注形式

@为钢筋等间距代号，钢筋间距为 200mm，又可表示为编号为 3 的 12 根直径为 6mm的钢筋按间距 200mm 均匀分布。单根钢筋不标注钢筋间距，其尺寸标注形式如图 3-1-33 所示，图中 l 为单根钢筋的总长。在钢筋图中应标注构件的主要尺寸。

钢筋成型图中，钢箍尺寸一般指内皮尺寸，如图 3-1-34 (a) 所示；弯起钢筋的弯起高度一般指外皮尺寸，如图 3-1-34 (b) 所示。

2. 钢筋图的内容

钢筋混凝土结构图是加工钢筋和钢筋混凝土施工的依据。其图样包括模板图、钢筋布置图、钢筋成型图和钢筋明细表等。

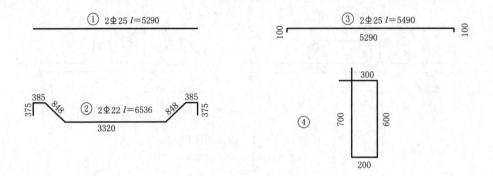

图 3-1-33　单根钢筋的尺寸标注

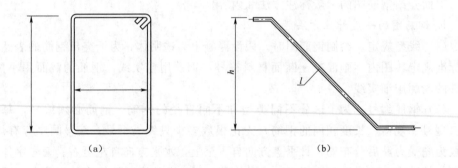

图 3-1-34　钢筋和弯起钢筋的尺寸标注
(a) 钢箍尺寸标注；(b) 弯起钢筋尺寸标注

　　(1) 模板图。模板图是以表达支模时考虑到的内容，一般表达构件大小、定位尺寸、预留孔布置、预埋件的布置等。常采用立面图和平面图等画法。

　　(2) 钢筋布置图。钢筋布置图除表达构件的形状、尺寸大小外，主要是表明构件内部钢筋的分布情况，因此常采用全剖视图（也称立面图），必要时也可采用半剖、阶梯剖，或者局部剖等画法。表达钢筋布置情况需要画哪几个视图，应根据构件及钢筋布置的复杂程度而定，如图 3-1-35 所示钢筋混凝土梁的钢筋布置，只画出立面图和断面图即可表达清楚。

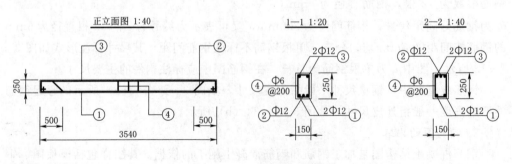

图 3-1-35　钢筋布置图

（3）钢筋成型图。钢筋成型图是用来表达构件中每种钢筋加工成型的形状和尺寸的图形。图上直接标注钢筋各部分的实际尺寸，并注明钢筋的编号、根数、直径以及单根钢筋的断料长度，是钢筋断料和加工的依据，如图 3-1-36 所示。由于钢筋弯钩的长度有标准尺寸，因此图中不再注出。

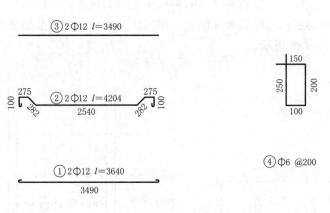

图 3-1-36　钢筋成型图

（4）钢筋明细表。钢筋明细表就是将构件中每一种钢筋的编号、型号、规格、直径、根数、长度及重量等内容列成表格的形式，可用做备料、加工以及作为材料预算的依据。钢筋明细表见表 3-1-3。

表 3-1-3　　　　　　　　　钢 筋 明 细 表

钢筋编号	直径/mm	简 图	长度/mm	根数	总长/m	总重/kg	备注
1	Φ12		3640	2	7.280	7.47	
2	Φ12		4204	1	4.204	4.45	
3	Φ12		3490	2	6.980	7.39	
4	Φ6		700	18	12.600	3.33	

3. 钢筋图的简化画法

钢筋图是水工建筑设计图纸中的重要组成部分。为了提高绘图效率和图面质量，使图样简明易懂，根据《水利水电工程制图标准　水工建筑图》（SL 73.2—2013）规定，将钢筋图常用的简化画法介绍如下。

（1）型号、直径、长度和间隔距离完全相同的钢筋，可以只画出第一根和最后一根的全长，用标注的方法表示其根数、直径和间隔距离，如图 3-1-37 所示。

（2）型号、直径、长度相同而间隔距离不相同的钢筋，可以只画出第一根和最后一根的全长，中间用粗短线表示其位置，用标注的方法表明钢筋的根数、直径和间隔距离，如图 3-1-38 所示。

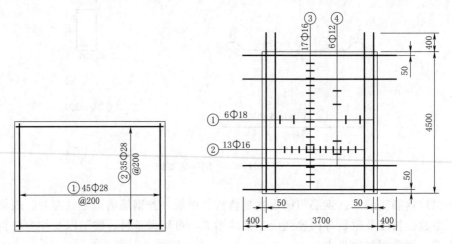

图 3-1-37　相同钢筋的简化画法　　　　图 3-1-38　不同间距的简化画法

（3）当若干构件的断面形状、尺寸大小和钢筋布置均相同，仅钢筋编号不同时，可采用下图的画法，如图 3-1-39 所示。

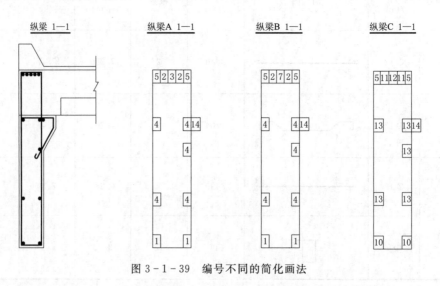

图 3-1-39　编号不同的简化画法

3.1.6.3 钢筋图的识读

1. 钢筋图的识读方法与步骤

阅读钢筋图的方法步骤为：首先阅读标题栏，了解构件的名称、作用；其次要了解构件的外形尺寸及预埋件、预留孔的大小与位置；最后必须根据钢筋图的图示特点和尺寸注法的规定，着重看懂构件中每一类型钢筋的位置、规格、直径、长度、数量、间距以及整个钢筋骨架的构造情况。

2. 钢筋图的识读举例

3—4 钢筋
混凝土结构
图的识读

【例 3-1-2】 阅读如图 3-1-40 和图 3-1-41 所示工作桥梁和立柱钢筋图。

(1) 概括了解。首先看标题栏，了解构件名称，看图了解该图所采用的表达方法。图 3-1-40 和图 3-1-41 表达的是某水利工程工作桥梁、立柱的钢筋图，该钢筋图由工作桥的纵梁平面图、纵梁钢筋图、立柱与横梁钢筋图、三个断面图、钢筋成型图和钢筋明细表等表达工作桥的钢筋分布情况。

(2) 分析视图。由工作桥纵梁平面图配合纵梁钢筋图，可知工作桥纵梁长 580cm、高 60cm、宽 35cm，在纵梁两端 15cm 处预留了 30cm×25cm 的立柱预留孔。纵梁钢筋图采用立面图配合 1—1 断面图和钢筋成型图表达纵梁钢筋布置情况。由立柱与横梁钢筋图配合 2—2、3—3 断面图和钢筋成型图表达立柱和横梁钢筋分布情况。

(3) 深入阅读。要弄清构件中各编号钢筋的位置、规格、形状、数量。按照钢筋编号，与立面图和断面图对照着读，从 1—1 断面图中可知，在梁的下部，编号为 1、2、3 的钢筋为受力筋，编号为 1 的钢筋是两根直径为 25mm 的 HPB335 钢筋，放在两下角部；编号为 2 的钢筋是直径为 19mm 的 HPB335 钢筋，从立面图上可以看出 2 号钢筋是一根弯起钢筋；同样，3 号钢筋也是直径为 19mm 的 HPB335 钢筋，也是一根弯起钢筋，只是钢筋弯起的位置不同；4 号钢筋是两根架立钢筋，是直径为 12mm 的 HPB235 钢筋，位置在顶部两角部；5 号钢筋是直径为 6mm、间距为 300mm 的钢箍，每根梁上布置了 21 根钢箍；6 号钢筋外露在梁上，是与桥面板连接的锚固筋，每根梁有 3 根 HPB235 钢筋，直径为 9mm。

识读立柱与横梁钢筋图和 2—2 断面图、3—3 断面图可知，立柱断面外形尺寸长 40cm、宽为 35cm、高为 510cm，其上端有 40cm×30cm 的横梁。立柱有 2 个（共 2 排），每个上有 4 根编号为 7 号的 HPB335 钢筋，直径为 16mm，放在角部；8 号钢筋是箍筋，直径为 6mm 的 HPB235 钢筋，每个立柱上布置有 14 个；9 号钢筋是上端横梁的受力筋，有 4 根，直径为 12mm 的 HPB235 钢筋，放在角部；10 号钢筋是横梁上的钢箍，两根横梁每根有 5 个钢箍。

对照钢筋明细表和钢筋成型图，检查阅读结果，将各种类型钢筋的布置情况及相对位置弄清楚后，即可综合起来读懂整个钢筋骨架的构造。

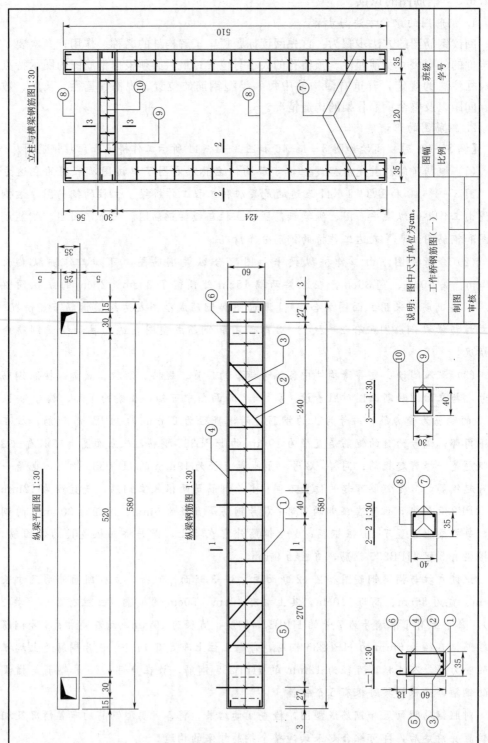

图 3-1-40　工作桥梁、立柱钢筋图（一）

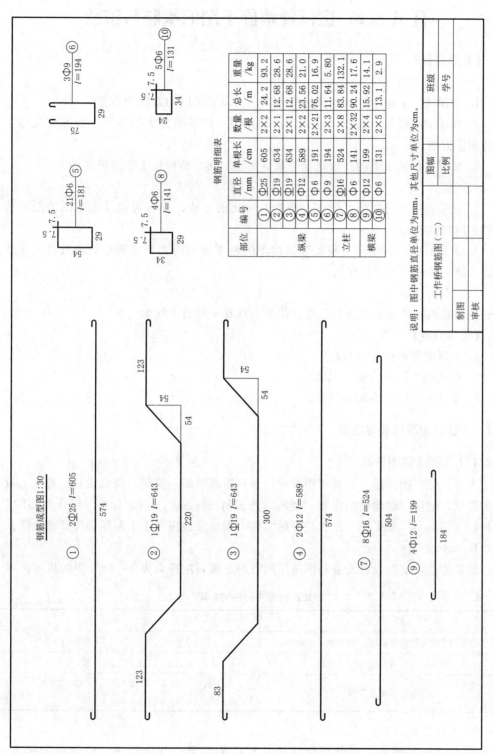

钢筋明细表

部位	编号	直径/mm	单根长/cm	数量/根	总长/m	重量/kg
纵梁	①	Φ25	605	2×2	24.2	93.2
	②	Φ19	634	2×1	12.68	28.6
	③	Φ19	634	2×1	12.68	28.6
	④	Φ12	589	2×2	23.56	21.0
	⑤	Φ6	191	2×21	76.02	16.9
	⑥	Φ9	194	2×3	11.64	5.80
立柱	⑦	Φ16	524	2×8	83.84	132.1
	⑧	Φ6	141	2×32	90.24	17.6
横梁	⑨	Φ12	199	2×4	15.92	14.1
	⑩	Φ6	131	2×5	13.1	2.9

说明：图中钢筋直径单位为mm，其他尺寸单位为cm。

工作桥钢筋图（二）

图幅		比例		班级		学号	
制图							
审核							

图 3 - 1 - 41　工作桥梁、立柱钢筋图（二）

任务 3.2　房屋建筑施工图的绘制与识读

【教学目标】

一、知识目标

1. 掌握国家制定的建筑制图标准和规定，以及绘图的方法和步骤。

2. 掌握绘制建筑平面图、立面图、剖面图、详图的方法与步骤，熟悉建筑施工图的识读方法。

3. 掌握结构施工图的一般规定与基本画法，熟悉结构施工图的识读方法。

二、能力目标

课前预习 3.2

1. 在实践中通过观察、尝试、分析、类比的方法，具有对建筑施工图的图示能力和空间想象能力。

2. 学生具有绘制建筑工程图和结构图的基本知识能力和技能；初步具备识读建筑施工图和结构施工图的能力。

三、素质目标

通过建筑施工图的绘制与识读，使学生具有一定的工程素养。

【教学内容】

1. 建筑制图的标准与技能。

2. 建筑施工图的绘制与识读。

3. 结构施工图的绘制与识读。

3.2.1　建筑制图标准与技能

3.2.1.1　建筑制图标准

为了保证制图质量，提高制图效率，做到图面清晰，简明，符合设计、施工、存档的要求，适应工程建设的需要，制定《建筑制图标准》为国家标准，编号为 GB/T 50104—2010，自 2011 年 3 月 1 日开始实施，本标准适用于手工制图和计算机绘图。

1. 比例

建筑专业，室内设计专业制图选用的各种比例，应符合表 3－2－1 中的规定。

表 3－2－1　　　　　　　　建筑制图中比例的规定

图　名	比　例
建筑物或构筑物的平面图，立面图，剖面图	1：50、1：100、1：150、1：200、1：300
建筑物或构筑物的局部放大图	1：10、1：20、1：25、1：30、1：50
配件及构造详图	1：1、1：2、1：5、1：10、1：15、1：20、1：25、1：30、1：50

2. 常用图例

表 3－2－2 摘录了部分建筑构造及配件的图例，其余详见《建筑制图标准》（GB/T 50104—2010）。

表 3 - 2 - 2 　　　　　　　　　　　常 用 建 筑 配 件 图 例

序号	名称	图　　例	备　　注
1	墙体	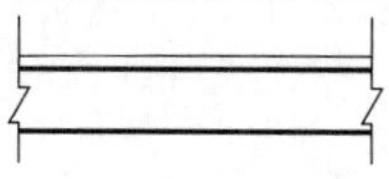 (1) 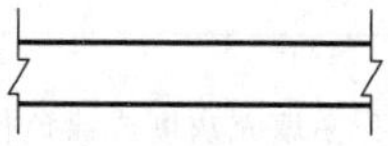 (2)	1. 图（1）为外墙，图（2）为内墙 2. 外墙细线表示有保温层或有幕墙 3. 应加注文字或涂色或图案填充表示各种材料的墙体 4. 在各层平面图中防火墙宜着重以特殊图案填充表示
2	隔断		1. 加注文字或涂色或图案填充表示各种材料的轻质隔断 2. 适用于到顶与不到顶隔断
3	玻璃幕墙	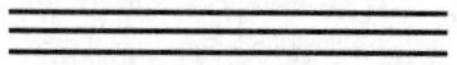	幕墙龙骨是否表示由项目设计决定
4	栏杆		—
5	楼梯	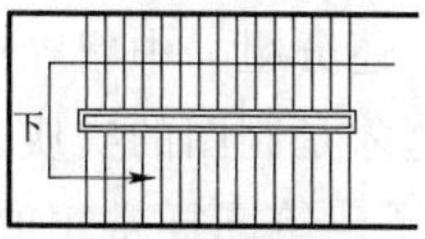 (1) 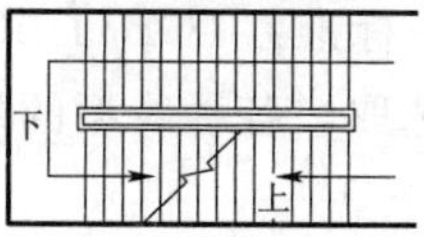 (2) 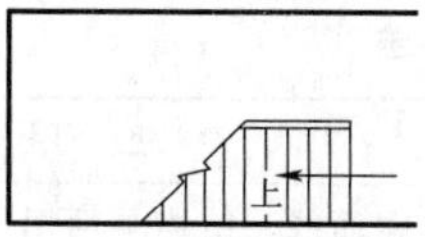 (3)	1. 图（1）为顶层楼梯平面，图（2）为中间层楼梯平面，图（3）为底层楼梯平面 2. 需设置靠墙扶手或中间扶手时，应在图中表示
6	坡道	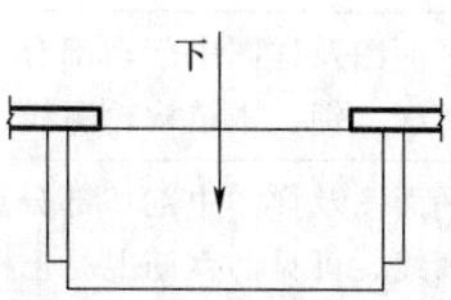	图为有挡墙的门口坡道
7	台阶	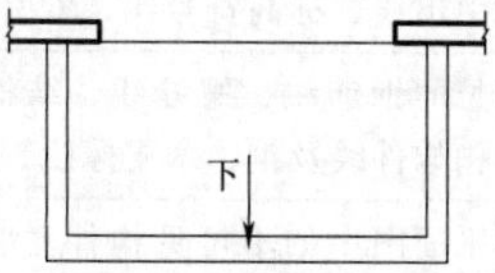	—
8	检查口	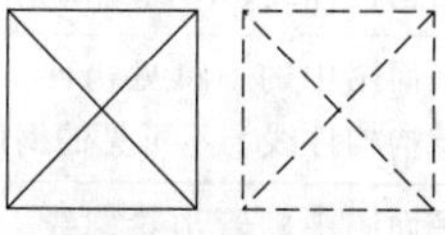	左图为可见检查口，右图为不可见检查口
9	孔洞	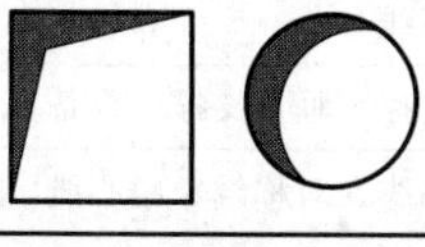	阴影部分也填充灰度或涂色代替

续表

序号	名称	图　例	备　注
10	坑槽		—
11	烟道		1. 阴影部分亦填充灰度或涂色代替 2. 烟道、风道与墙体为相同材料，其相接处墙身线应连通 3. 烟道、风道根据需要增加不同材料的内衬

3. 图线

在建筑工程图中，为了表达工程图样中的不同内容，并使图样主次分明，绘图时必须选用不同粗细、线型、线宽的图线来表示设计内容。线型有实线、虚线、单点长划线、双点长划线、折断线和波浪线。不同线型中还分粗、中粗、中、细其中任意几种。确定了线型，还要了解该线型表示的内容，这才是制图的实质。

3-5　建筑常见图例

《建筑制图标准》（GB/T 50104—2010）规定了建筑图样常用的 14 种线型。图线的宽度 b，按照现行国家标准《房屋建筑制图统一标准》（GB/T 50001—2017）的有关规定选用，并且应根据图样的复杂程度和比例选取，各种线型的规定及其一般用途见表 3-2-3。

表 3-2-3　　　　　　　　　　图线的线型及其用途

名　称		线　性	线宽	一　般　用　途
实线	粗		b	螺栓、钢筋线、结构平面图中的单线结构构件线，钢木支撑及系杆线，图名下横线、剖切线
	中粗		$0.7b$	结构平面图及详图中剖切部分或可见的墙身轮廓线、基础轮廓线、钢、木结构轮廓线、钢筋线
	中		$0.5b$	结构平面图及详图中剖切部分或可见的墙身轮廓线、基础轮廓线、可见的钢筋混凝土构件轮廓线、钢筋线
	细		$0.25b$	标注引出线、标高符号线、索引符号线、尺寸线
虚线	粗		b	不可见的钢筋线、螺栓线、结构平面图中不可见的单线结构构件线及钢、木支撑线
	中粗		$0.7b$	结构平面图中的不可见构件、墙身轮廓线及不可见钢、木结构构件线、不可见的钢筋线
	中		$0.5b$	结构平面图中的不可见构件、墙身轮廓线及不可见钢、木结构构件线、不可见的钢筋线
	细		$0.25b$	基础平面图中的管沟轮廓线、不可见的钢筋混凝土构件轮廓线
单点长划线	粗		b	柱间支撑、垂直支撑、设备基础轴线图中的中心线
	细		$0.25b$	定位轴线、对称线、中心线、重心线

名　称		线　性	线宽	一　般　用　途
双点 长划线	粗	—　··—　··—	b	预应力钢筋线
	细	—　··—　··—	$0.25b$	原有结构轮廓线
折断线		———∿———	$0.25b$	断开界线
波浪线		∿∿∿∿	$0.25b$	断开界线

3.2.1.2　建筑制图基本技能

1. 绘图的一般方法与步骤

为了提高绘图效率，保证绘图质量，除应正确使用绘图工具、仪器，熟练掌握几何作图的方法和熟悉国家建筑制图有关标准外，还需要按照一定的程序、步骤正确地进行绘图。

（1）准备工作。

1）准备好必需的绘图仪器、工具、用品，对所绘图样进行阅读了解。

2）图纸放置在光线射入的左前方，将工具放置在便利的地方，以便绘图顺利。

3）图纸固定一般是在绘图板的左下方，按照对角线方式依次固定，保持图纸的平整。同时要保证图版底边和图纸最下方距离大于丁字尺宽度。

（2）画底稿。

根据制图标准的要求，用 2H 或 3H 铅笔首先把图框线及标题栏的位置画好。然后依据所画图形的大小及复杂程度选择好比例，安排各个图形的位置。接着先画出图形的定位轴线或者对称中心线，再画主要轮廓线、尺寸线以及尺寸界线等。最后检查并修正底稿，改正错误，补全遗漏，擦去多余线条。

（3）加深定稿。

画完所有内容，依据图形性质加深图线。同类图线要保持粗细，深浅一致。最后注写尺寸数字、说明、填写标题栏、加深图框线。

2. 图样画法

（1）平面图。

1）平面图的方向宜与总图方向一致。平面图的长边宜与横式幅面图纸的长边一致。

2）在同一张图纸上绘制多于一层的平面图时，各层平面图宜按层数由低向高的顺序从左至右或从下至上布置。

3）除顶棚平面图外，各种平面图应按正投影法绘制。

4）建筑物平面图应在建筑物的门窗洞口处水平剖切俯视，而屋顶平面图应在屋面以上俯视。图内应包括剖切面及投影方向可见的各类建筑构造以及必要的尺寸、标高等。如需表示门窗、洞口、通气孔、槽、地沟及起重机等不可见部分，则应以虚线绘制。

5）平面较大的建筑物，可分区绘制平面图，但每张平面图均应绘制组合示意图。

各区应分别用大写拉丁字母编号。在组合示意图中要提示的分区，应采用阴影线或填充的方式表示。

6）指北针应绘制在建筑物±0.000标高的平面图上，并放在明显位置，所指的方向应与总图一致。

（2）立面图。

1）各种立面图应按正投影法绘制。

2）建筑立面图应包括投影方向可见的建筑外轮廓线和墙面线脚、构配件、墙面做法及必要的尺寸和标高等。

3）较简单的对称式建筑物或对称的构配件等，在不影响构造处理和施工的情况下，立面图可绘制一半，并在对称轴线处画对称符号。

4）在建筑物立面图上，相同的门窗、阳台、外檐装修、构造做法等可在局部重点表示，绘出其完整图形，其余部分只画轮廓线。

5）在建筑物立面图上，外墙表面分格线应表示清楚。应用文字说明各部位所用面材及色彩。

6）有定位轴线的建筑物，宜根据两端定位轴线号编注立面图名称。无定位轴线的建筑物可按平面图各面的朝向确定名称。

（3）剖面图。

1）剖面图的剖切部位，应根据图纸的用途或设计深度，在平面图上选择能反映全貌、构造特征以及有代表性的部位剖切。

2）各种剖面图应按正投影法绘制。

3）建筑剖面图内应包括剖切面和投影方向可见的建筑构造、构配件以及必要的尺寸、标高等。

4）剖切符号可用阿拉伯数字、罗马数字或拉丁字母编号。

5）相邻的剖面图或立面图，宜绘制在同一水平线上，图内相互有关的尺寸及标高，宜标注在同一竖线上。

（4）不同比例的平面图、剖面图，其抹灰层、楼地面、材料图例的省略画法。

1）比例大于1：50的平面图、剖面图，应画出抹灰层与楼地面、屋面的面层线，并宜画出材料图例。

2）比例等于1：50的平面图、剖面图，宜画出楼地面、屋面的面层线，抹灰层的面层线应根据需要而定。

3）比例小于1：50的平面图、剖面图，可不画出抹灰层，但宜画出楼地面、屋面的面层线。

4）比例为1：100～1：200的平面图、剖面图，可画简化的材料图例（如砌体墙涂红、钢筋混凝土涂黑等），但宜画出楼地面、屋面的面层线。

5）比例小于1：200的平面图、剖面图，可不画材料图例。剖面图的楼地面、屋面的面层线可不画出。

（5）尺寸标注。

1）尺寸分为总尺寸、定位尺寸、细部尺寸三种。绘图时，应根据设计意图和图纸用途确定所需注写的尺寸。

2）建筑物平面、立面、剖面图，宜标注室内外地坪、楼地面、地下层地面、阳台、平台、檐口、屋脊、女儿墙、雨棚、门、窗、台阶等处的标高。平屋面等不易标明建筑标高的部位可标注结构标高，并予以说明结构找坡的平屋面，屋面标高可标注在结构板面最低点，并注明找坡坡度。有屋架的屋面，应标注屋架下弦搁置点或柱顶标高。有起重机的厂房剖面图应标注轨顶标高、屋架下弦杆件下边缘或屋面梁底、板底标高。

3）楼地面、地下层地面、阳台、平台、檐口、屋脊、女儿墙、台阶等处的高度尺寸及标高，宜按下列规定注写：①平面图及其详图注写完成面标高。②立面图、剖面图及其详图注写完成面标高及高度方向的尺寸。③其余部分注写毛面尺寸及标高。④标注建筑平面图各部位的定位尺寸时，注写与其最邻近的轴线间的尺寸；标注建筑剖面各部位的定位尺寸时，注写其所在层次内的尺寸。

3.2.2 建筑施工图的绘制与识读

3.2.2.1 房屋建筑的类型

建筑是指建筑物，一般指提供人们进行生产、生活或其他活动的空间场所，如工业建筑、民用建筑等，以及构筑物（人们不直接在内进行生产和生活的活动场所，如水坝、水井、隧道等）的总称。建筑按其使用功能和性质的不同可分为三类：

（1）民用建筑，又分为居住建筑（如住宅、宿舍、公寓等）和公用建筑（如学校、商场、医院、体育馆等）。

（2）工业建筑，是指提供人们从事各类生产活动的用房（如机械制造厂的各种厂房、仓库等）。

（3）农业建筑，是指提供农业、牧业生产和加工用的建筑（如粮仓、饲养场、温室等）。

3.2.2.2 房屋建筑的组成

不同建筑的构造和功能都各有不同，但是构成建筑物的主要部分一般都有基础、墙、梁、楼板、柱子、屋顶、楼梯、门、窗等。此外还有阳台、雨篷、窗台、坡道、台阶、落水管、女儿墙、散水等其他建筑构配件，如图3-2-1所示。

（1）基础。

基础是建筑物最下部，埋在土中的构件。它承受着建筑物上部的全部荷载，并把它传递给紧挨着基础下面的土层，即地基。

（2）墙与柱。

墙与柱是房屋的垂直承重构件，它在承受自重的同时还受楼地面、屋顶或梁传来的荷载，并把这些荷载一并传给基础。墙体还起着分隔、围护、装饰的作用。外墙可抵御雨水、风雪、噪声的侵袭，内墙起着分隔房间的作用。

3-8 房屋组成

（3）楼面与地面。

楼面与地面是建筑空间的水平承重和分隔构件。它们主要承受人、家具、设备等

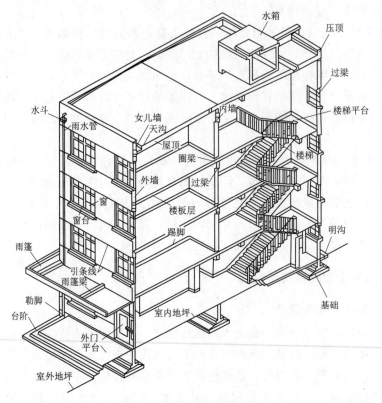

图 3-2-1 房屋建筑的基本组成

荷载。同时对墙体和柱子有水平支撑作用，减小风或地震等自然因素产生的水平荷载对建筑物的影响。楼面是指二层或二层以上的楼板或楼盖，地面又称为地坪，是指第一层使用的水平部分。

（4）楼梯和坡道。

楼梯和坡道是解决建筑物中的垂直交通设施，满足人们上下楼层和紧急疏散之用。

3.2.2.3 房屋建筑施工图的产生及设计程序

按正投影原理及建筑制图的有关规定，详细准确地画出一幢房屋的全貌及各细部的图样称为房屋建筑工程图。它是指导房屋施工、设备安装、编制预决算的依据。建造房屋的全过程，指工程项目从策划、选择、评估、决策、设计、施工到竣工验收、投入生产及交付使用的整个过程。

房屋的建造一般需经过设计和施工两个过程。设计又分为两个阶段，即初步设计阶段和施工图设计阶段。

1. 初步设计阶段

主要任务：根据建设单位提出的设计任务和要求，进行调查研究、搜集资料，提出设计方案。

内容包括：简略的总平面布置图及房屋的平、立、剖面图；设计方案的技术经济指标；设计概算和设计说明等。

2. 施工图设计阶段

主要任务：满足工程施工各项具体技术要求，提供一切准确可靠的施工依据。

内容包括：指导工程施工的所有专业施工图、详图、说明书、计算书及整个工程的施工预算书等。

对于大型的、技术复杂的工程项目也有采用三个设计阶段的。即在初步设计基础上，增加一个技术设计阶段。

3.2.2.4　建筑施工图的组成及编排顺序

1. 分类

房屋建筑施工图是直接用来指导施工建造的图样。要求表达详尽、尺寸齐全、符合国家建筑制图标准。一套完整的房屋施工图应包括：首页图、建筑施工图（含总平面图）、结构施工图和设备施工图。

（1）首页图。

首页图应包括：图纸目录、建筑设计说明。建筑设计说明中一般有工程设计依据、设计标准、项目概况、材料及装修做法、门窗表、施工要求等。

（2）建筑施工图（简称建施图）。

建筑施工图主要表示建筑物的内部布置、外部形状及构造、装修、施工要求等，基本图纸有总平面图、平面图、立面图、剖面图、构造详图（如墙身详图、楼梯详图）等。

（3）结构施工图（简称结施图）。

结构施工图主要表示建筑承重结构的布置、构件的类型、大小及内部构造的做法等。基本图纸有基础平面图、楼层结构平面图、屋面结构平面图及各个构件详图（如基础，梁、板、柱、楼梯的详图）等。

（4）设备施工图（简称设施图）。

设备施工图主要表示给水、排水、采暖、通风、电气等管线的布置、构造、安装要求等。

由此可见，各工种的施工图又分为基本图和详图两部分。基本图表明全局性的内容，详图则表示某些构配件和局部节点构造的详细情况。

2. 编排顺序

整套房屋建筑施工图的编排顺序是：首页图（包括封面、图纸目录、建筑设计说明、各类汇总表等）、建筑施工图、结构施工图、设备施工图。

各专业施工图的编排顺序是：基本图在前、详图在后；总体图在前、局部图在后；主要部分在前、次要部分在后；先施工的图在前、后施工的图在后等。

3. 建筑施工图的图示特点和有关规定

（1）图示特点。

绘制和识读房屋建筑施工图，不仅要符合正投影原理，还应遵守有关标准建筑专业制图的现行标准，《房屋建筑制图统一标准》（GB/T 50001—2010），《总制图标准》（GB/T 50103—2010）和《建筑制图标准》（GB/T 50104—2010）等。

1）按正投影原理绘制。房屋建筑施工图一般按三面正投影图的形成原理绘制。

2）绘制房屋施工图采用的比例。建筑施工图一般采用缩小比例绘制，同一图纸上的图形最好采用相同的比例。

3）广泛采用详图和标准图集。为了反映建筑物构配件、细部构造做法，在施工图中常采用标准图集和配置详图。

（2）房屋建筑工程图的有关规定。

1）绘制图线、比例、构造及配件图例符合国家制图标准。

2）标高符号。①在表示建筑物某一部位的高度时，要用标高符号。标高符号用细实线的等腰直角三角形表示，总平面图上的室外标高符号宜用涂黑的等腰三角形表示，如图 3-2-2（a）所示。②标高数值以 m 为单位，一般注写至小数点后三位（总平面图为两位）。以底层室内地面定为相对标高的零点（总平面图中以黄海平均海平面为零点的绝对标高）。零点处的标高应注写成"±0.000"，零点以上不注"＋"号，零点以下注写"－"号。如图 3-2-2（b）所示，标高符号的尖端应指至被注的高度，尖端可向下，也可向上。③个体建筑物图样上的标高符号，以细实线绘制，通常用图 3-2-2（c）左图所示的形式；如标注位置不够，可按图 3-2-2（c）右图所示的形式绘制。图中的 l 是注写标高数字的长度，高度 h 则视需要而定。④在图样的同一位置需表示几个不同标高时，标高数字可按图 3-2-2（d）的形式注写。

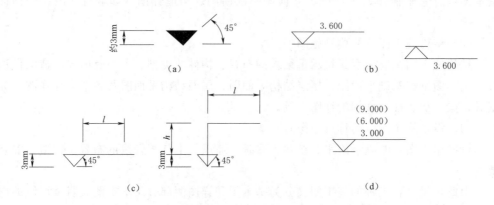

图 3-2-2 标高符号

（a）点平面图中室外地坪标高；（b）标高指向；（c）标高符号；（d）同一位置写多个标高数字

房屋的建筑标高和结构标高的区别，如图 3-2-3 所示。建筑标高是指：构件、包括粉饰在内的、装修完成后的标高；结构标高则不包括构件表面的粉饰层厚度，是构件的毛面标高。

3.2.2.5 房屋建筑工程图的识读方法和步骤

1. 首页图的识读

首页图应包括：图纸目录、建筑设计说明。通过识读首页图，了解该套图纸的分类，各类图纸分别有几张，每张图纸的图号、图名、图幅大小。如采用标准图，应写

出所使用标准图的名称、所在的标准图集和
图号或页次。编制图纸目录的目的是便于查
找图纸。

　　通过阅读设计总说明，了解相关工程概
况、建筑结构类型、主要结构的施工要求；
了解图纸上未能详细注写的用料、做法或需
统一说明的问题；了解构件使用或套用标准
图的图集代号、门窗表等内容。

　　2. 建筑总平面图的识读

　　(1) 建筑总平面图的形成及用途。

　　用水平投影的方法以及相应图例画出新
建建筑物在基地范围内的总体布置图，称为

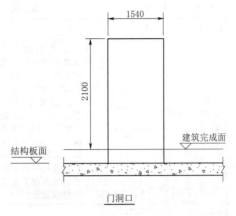

图 3 - 2 - 3　建筑标高与结构标高

建筑总平面图。建筑总平面图表明新建房屋所在地的总体布置；反映新建、拟建、原
有和拟拆除的建筑物、构筑物等的位置和朝向；室外道路、绿化等布置及地形，地貌
标高及其与原有环境的关系等。是新建房屋及其他设施的施工定位、土方施工，以及
设计水、电、暖、煤气等管线总平面图的依据。

　　(2) 建筑总平面图的图示内容。

　　建筑总平面图的图示内容主要包括如下几点：

　　1) 新建区的总体布局。如用地范围、原有建筑物、构筑物的位置道路等。

　　2) 新建房屋的平面布置。确定新建筑物的位置，通常用原有建筑物道路等来定
位。拟建房屋，用粗实线表示，并在线框内，用数字或点数表示建筑层数。

　　3) 新建房屋的室内外标高。

　　4) 指北针和风向频率玫瑰图。指北针表示房屋的朝向。指北针用细实线圆绘制，
直径为 24mm。指针尖为正北方向，指针尾部宽
度为直径的 1/8，约 3mm，在指针尖端处，国内
工程注 "北" 字，涉外工程注 "N" 字，如图 3 -
2 - 4 (a) 所示。风向频率玫瑰图，可确定本地区
常年风向频率和风速。风向频率玫瑰图一般画出
16 个方向的长短线来表示该地区常年的风向频
率，有箭头的方向为北向，实线表示全年风向频
率，虚线表示夏季 6 月、7 月、8 月三个月统计的
夏季风向频率，如图 3 - 2 - 4 (b) 所示。

　　5) 附近的地形地物。如等高线、道路、水
沟、河流、池塘、土坡等。

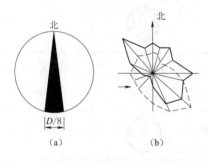

图 3 - 2 - 4　指北针图和风向频率玫瑰图
(a) 指北针；(b) 风向频率玫瑰

　　6) 绿化规划、管道布置。

　　7) 建筑总平面图因包括的场地面积较大，所以绘制时都用较小比例。如1：500、
1：1000、1：2000 等。总平面图上的尺寸以 m 为单位，图中使用图例表示新建、拟
建、原有和拟拆除的建筑物、构筑物等，建筑总平面图的常见图例见表3 - 2 - 4。

表 3-2-4　　　　　　　　　　常 见 建 筑 图 例

名称	图 例	备 注	名称	图 例	备 注
新建建筑物	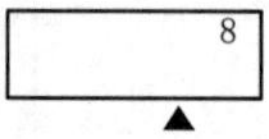 8 ▲	1. 需要时，可用▲表示出入口，可在图形内右上角用点数或数字表示层数 2. 建筑物外形（一般以±0.00高度处的外墙定位轴线或外墙面为准）用粗实线表示。需要时，地面以上建筑用中粗实线表示，地面以下建筑用细虚线表示	原有建筑物		用细实线表示
			计划扩建的预留地或建筑物		用中虚线表示
			拆除的建筑物		用细实线表示
敞棚或敞廊			铺砌场地		
围墙及大门	 	上图为实体性质的围墙，下图为通透性质的围墙，若仅表示围墙时不画大门	原有道路		
			计划扩建的道路		
露天桥式起重机	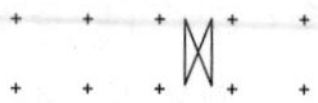	"+"为柱子位置	人行道		
坐标	X105.00 Y425.00 A105.00 B425.00	上图表示测量坐标，下图表示建筑坐标	桥梁（公路桥）		用于旱桥时应注明
			常绿针叶树		
填挖边坡	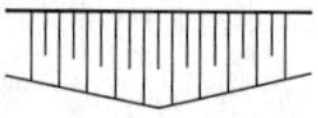	边坡较长时，可在一端或两端局部表示 下边线为虚线时，表示填方	常绿阔叶乔木		
护坡					
雨水口与消火栓井	 	上图表示雨水口，下图表示消火栓井	常绿阔叶灌木		
室内标高	151.00(±0.00)		落叶阔叶灌木		
室外标高	•143.00 ▼143.00	室外标高也可采用等高线表示	草坪		
新建的道路	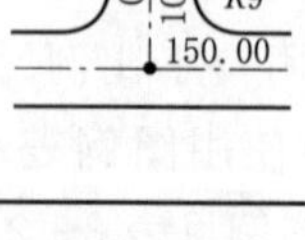 0.6 R9 101.00 150.00	"R9"表示道路转弯半径为 9m，"150.00"为路面中心的控制点标高，"0.6"表示 0.6%的纵向坡度，"101.00"表示变坡点间距离	花坛	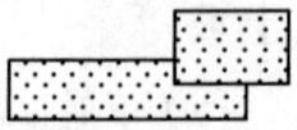	
			绿篱	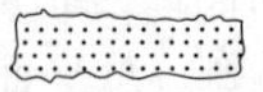	

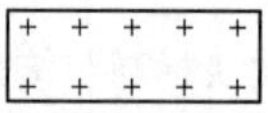

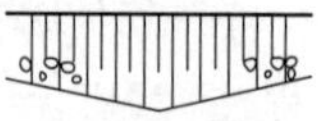

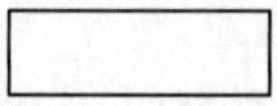

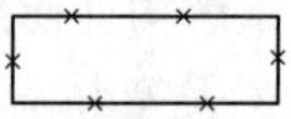

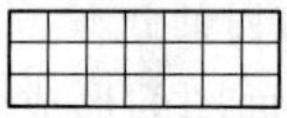

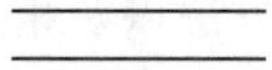

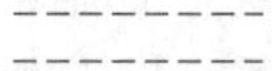

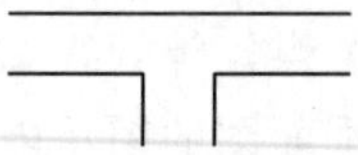

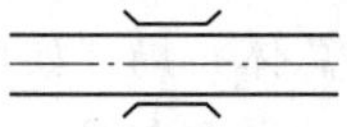

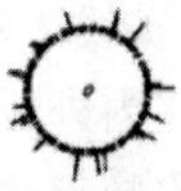

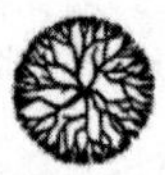

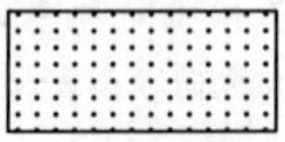

（3）建筑总平面图的识读。

阅读总平面图时一般应按照如下步骤进行：

1）读图名，看比例，明位置，辨朝向。

2）读图例，识环境，了解新建建筑物的层数、周围原有建筑物、道路、绿化等情况。

3-6 建筑总平面图的识读

3）读标高与尺寸，了解建筑物的建筑面积和使用面积、室内和室外标高、与周围建筑物的距离等。

具体实例如图 3-2-5 所示，该图为某小区住宅楼的总平面图。从图中可知，新建住宅楼有四幢，位于小区的东南角；原有建筑物两幢，位于西北角；拆除的建筑物一幢，在东北角。主出入口在东面，右上角指北针显示该建筑坐北朝南。新建建筑物右上角 3 个黑点表示该建筑为三层，建筑的总长度为 34.6m、总宽度为 19.6m。第一幢楼的室外地坪标高 52.3m、室内地坪标高 58.3m，为绝对标高，室内外高度差 600mm。

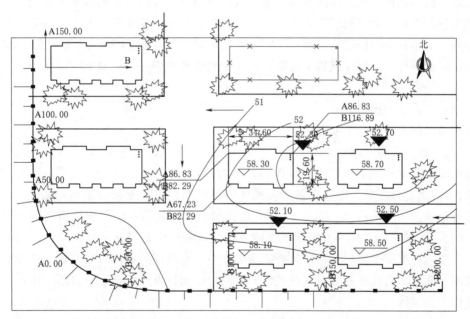

图 3-2-5　某小区住宅楼的总平面图

3. 建筑平面图的识读

（1）建筑平面图的形成。

建筑平面图是假想用一个水平剖切平面在建筑物门窗洞口处将房屋剖切后，移去剖切平面以上的部分，将剩余部分用正投影法向水平投影面作正投影得到的投影图，如图 3-2-6 所示。这个假想的剖切面剖切的是哪一层，就称之为哪一层的平面图。

3-7 建筑平面图的识读

建筑平面图能够表达建筑物各层水平方向上的平面形状；房间的布置情况；墙、柱的位置、尺寸和材料；门窗的类型和位置等。建筑平面图是建筑施工图的主要施工图之一，是施工过程中放线、砌墙、安装门窗、编制概预算及施工备料的主要依据。

3-9 建筑平面图的形成

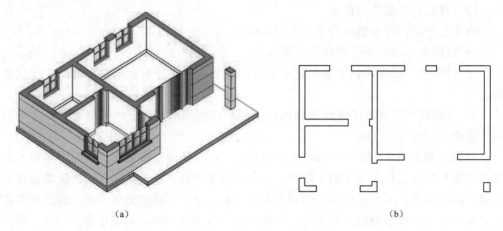

（a）　　　　　　　　　　　　　　　　　　（b）

图 3 - 2 - 6　　建筑平面图的形成

若一幢多层或高层房屋的各层平面布置都不相同，应画出各层的建筑平面图，并注明相应的图名。如"底层平面图""二层平面图"等。若有两层或更多层的平面布置相同，对于相同的楼层可以画一个"标准层平面图"，称为某两层或某几层平面图。除楼层平面图外，还应画屋顶平面图，屋顶平面图是屋面在水平面上的投影，不需要剖切。

（2）平面图的图示内容。

平面图的主要内容主要包括：

1）图名、比例、朝向。图名即图纸的名称，一般在建筑施工图的封面、标题栏、工程概况中显示。如某项目图纸封面写着："锦绣花园"施工图，这张图的图名就可以叫："锦绣花园"施工图。建筑平面图比例可按照建筑的复杂程度依据表 3 - 2 - 1 中数据选取。一般采用 1：100、1：200 的比例绘制，局部平面图根据需要，可采用 1：100、1：50、1：20、1：10 等比例绘制。建筑物朝向是指建筑物主要出入口的朝向，主要入口朝哪个方向就称建筑物朝哪个方向，建筑物的朝向由指北针或风向频率玫瑰图来确定。指北针一般只画在底层平面图中，指针方向应与总平面图中风玫瑰的指北针方向一致。

2）定位轴线及编号。在建筑平面图中应画出定位轴线，用它们来确定房屋各承重构件的位置。定位轴线用细点画线绘制，其编号注在轴线端部用细实线绘制的圆内，圆的直径为 8～10mm，圆心在定位轴线的延长线或延长线的折线上。平面图上定位轴线的编号，宜标注在图样的下方与左侧，横向编号用阿拉伯数字，从左至右顺序编写，竖向编号用大写拉丁字母，但不用 I、O、Z 三个字母，以免与阿拉伯数字 0、1、2 混淆，要按照从下至上顺序编写。一般承重墙、柱及外墙编为主轴线，非承重墙、隔墙等编为附加轴线（又称分轴线）。分数形式表示附加轴线编号，分子为附加轴线编号，分母为前一轴线编号，1 或 A 轴前的附加轴线分母为 01 或 0A。

3）墙体、柱。在平面图中，墙、柱是被剖切到的部分。墙、柱在平面图中用定位轴线来确定其平面位置，在各层平面图中定位轴线是对应的。当比例采用 1：

100~1∶200 时，在平面图中剖切到的墙体通常不画材料图例，柱子用涂黑来表示。而按《建筑制图标准》的规定，简化的材料图例（砖墙涂红，钢筋混凝土涂黑），不画抹灰层；比例大于 1∶50 的平面图，应画出抹灰层的面层线，并画出材料图例；比例等于 1∶50 的平面图，抹灰层的面层线应根据需要而定；比例小于 1∶50 的平面图，可以不画抹灰层，但宜画出楼地面、屋面的面层线。

4）建筑物的平面布置情况。墙和门窗将每层房屋分隔成若干房间，每个房间都应注明名称、用途、平面位置及具体尺寸。横向定位轴线之间的距离称为房间的开间，纵向定位轴线之间的距离称为房间的进深。

5）门窗。在平面图中门窗用图例表示，并明确注明它们的代号和型号。门用代号"M"表示，窗用代号"C"表示，编号相同的门窗做法和尺寸都相同。在平面图中门窗只能表示出宽度，高度尺寸要到剖面图、立面图或门窗表中查找。平面图中还会出现如"M1021"，这表示门的宽度为 1m，高度为 2.1m。窗的标注同门一致。

6）楼梯。在平面图中，楼梯只能表示出上下方向、楼梯级数、踏步宽度。其他详细的尺寸和做法在楼梯详图中表示，同时还能表示楼梯处的平面位置、开间、进深等尺寸。

7）标高。在底层平面图中通常表示出室内外地面的相对标高。在标准层平面图中，不在同一高度上的房间都要标出其相对标高。首层地面标高一般为±0.000，有坡度要求的房间应注明地面坡度。

8）附属设施。在平面图中还有阳台、雨篷、雨水管、散水、明沟、台阶、斜坡、花池等附属设施的位置及尺寸，具体做法则要结合建筑设计说明，查找相应详图或建筑标准图集。

9）尺寸标注。平面图中的外墙尺寸一般有三道。最内层是指细部尺寸，表示门、窗的大小和位置尺寸；中间层为定位轴线的间距尺寸，它是承重构件的定位尺寸，也是房间的开间和进深尺寸；最外层为总尺寸，表示房屋的总长度和总宽度。

10）索引符号，剖切符号等相应符号。剖切符号应画在底层平面图中。剖切符号及其编号，仍应遵照规定画出，平面图上剖切符号的剖视方向通常宜向左或向上，若剖面图与被剖切图样不在同一张图纸内，可在剖切位置线的另一侧注明其所在的图纸号，也可在图纸上集中说明。对图中需要另画详图表达的局部构造或构件，则应在图中的相应部位以索引符号索引，索引符号用来索引详图。而索引出的详图，应画出详图符号来表示详图的位置和编号，并用索引符号和详图符号相互之间的对应关系，建立详图与被索引图样之间的联系，以便相互对照查阅。

11）屋顶平面图应表明排水情况（如排水分区，天沟、屋面坡度，下水口位置等）和突出屋面的电梯机房，水箱间，天窗、管道、烟囱、检查口、屋面变形缝等的位置。

（3）平面图的识读。

【例 3-2-1】 识读某单位办公综合大楼平面图，详见配套资源附录图中的附图 1。

①从图3-2-7的图名可了解到该图是底层平面图，比例是1:100。指北针表明了房屋的朝向，说明房屋坐北朝南。入口有两处，分别位于建筑的南北两侧。房屋总长72.6m，总宽27m。

②从轴线网和墙体可看出，该办公综合大楼平面图呈长方形，横向轴线为1—12，竖向轴线为A—G；走廊宽3m，东西走向，将该建筑平分为南北两部分；南面有办公区10间，北面有1间东大厅、1间西大厅办公区、1间共享大厅、1个值班室、1个接待处。北侧办公区的开间为4m，进深为6.6m；1号楼梯和3号楼梯处室内标高为-0.600m、其余室内地面标高是±0.000m、室外标高-0.900m。

③共有3处楼梯在办公楼的北侧，内侧是坡道入口，东北角是公用男女卫生间。

④从最内层尺寸可了解门、窗洞口尺寸、墙的厚度、柱的大小和位置等。如外墙厚300mm，内墙厚120mm；窗C-1的宽度为2380mm，窗边距离轴线810mm；最西北角房间中门M1021的尺寸是：宽度为1000mm、高度为2100mm，门边距离左侧轴线500mm，距右侧轴线距离2500mm。

⑤在平面图中还可了解到弱电室、消防控制室、卫生设备的位置。同时了解室外台阶、栏杆、坡道、散水的大小和位置，其中散水宽度900mm，具体做法详见图中所示的标准图集。另外还画出了剖切符号1—1、2—2、3—3，以便与剖面图对照查阅。

（4）平面图的绘制。

建筑平面图可以按照以下步骤进行绘制。

1) 选定比例和图幅。首先，根据房屋的大小按国标规定选择一个合适的比例，通常用1:100，进而确定图幅的大小。选定图幅时应考虑标注尺寸，符号和有关说明的位置。

2) 绘制轴线。均匀布置图面，根据房屋开间和进深尺寸，用点划线绘制定位轴线。

3) 绘制墙体线。根据墙厚尺寸绘制墙体，可以暂不考虑门窗和洞口，画出全部墙线草图。草图线要画得细而轻，以便修改。

4) 绘制门窗。根据门窗的大小及位置，确定门窗洞口，按规定绘制门窗的图例。

5) 其他。包括室内家具、壁柜、卫生隔断、室外阳台、台阶、散水等。

6) 加深墙体线。

7) 标注。标注尺寸、房间名称、门窗名称及其他符号，完成全图。

特别提示：布置图面时，应考虑图框、标题栏、图名、轴线编号标往尺寸及其他文字说明等。

4. 建筑立面图的识读

（1）立面图的形成。

立面图是房屋在与外墙面平行的投影面上的投影，如图3-2-7所示。

建筑立面图主要用来表示建筑物的外部形状、主要部位高程及立面装修要求等。在施工过程中，它是外墙面装修、工程概预算、备料等的依据。

（2）立面图的图示内容。

3-8 建筑立面图的识读

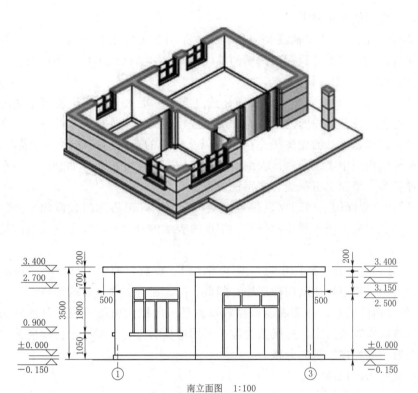

图 3－2－7 建筑立面图的形成

1）比例。建筑立面图的比例与建筑平面图一致，常用 1：50、1：100、1：200 的比例绘制。

2）定位轴线。为便于与平面图对照，在立面图中，一般只绘制两端的轴线及编号，以便与平面图对照、确定立面图的观看方向。

3）图例。由于建筑立面图的比例较小，因此门窗的形式、开启方向及墙面材料等均应按国标规定的图例画出。

4）图线。为使建筑立面图轮廓清晰、层次分明，通常用粗实线表示立面图的最外轮廓线。外形轮廓线以内的轮廓，如凸出墙面的雨篷、阳台、柱子、窗台、台阶、屋檐的下檐线以及窗洞、门洞等用中粗线画出。地平线用标准粗度的 1.2～1.4 倍的加粗线画出，并且两端都要伸出外墙轮廓线之外 15～20mm。其余如立面图中的腰线、粉刷线、分格线、落水管以及引出线等均采用细实线画出。

5）标高。标高是表示建筑的地面或某一部位的高度。除标高及建筑总平面图以 m 为单位外，其余一律以 mm 为单位。建筑立面图上一般应标出室外地坪、勒脚、窗台、窗沿、雨篷底、阳台底、檐口顶面等各部位的标高。一般标高注在图形外，并做到符号排列整齐、大小一致。若房屋左右对称时，一般注在左侧，不对称时，左右两侧均应标注。

6）详图索引符号。

（3）立面图的图示要求。

1）图名、比例、两端轴线及编号。在立面图下边应注出图名、比例，并画两端轴线及编号。立面图上可只标出两端的轴线及其编号（注意编号与平面图上是相对应的），用以确定立面图的朝向。

2）图线。为了使立面图外形清晰、重点突出、层次分明，往往用不同的线型表示各部分的轮廓线。立面图的最外轮廓线画成粗实线，室外地坪线画成 1.4 倍的粗实线；建筑立面凹凸之处的轮廓线、门窗洞以及较大的建筑构配件的轮廓线，如雨篷、阳台、楼梯等均用中实线绘制；较细小的建筑构配件或装饰线，如勒脚、窗台、门窗扇、各种装饰、墙面上引条线、文字说明指引。

3）图例。立面图上的门窗也按规定的图例绘制，但不注门、窗代号。门窗中的斜线表示开启方向，细实线表示外开，细虚线表示内开，开启线交点表示门窗转轴的位置。

4）尺寸标注。在立面图中，一般不标注门、窗洞口的大小尺寸及房屋的总长和总高尺寸。但一般应标注室内外地坪、阳台、门、窗等主要部位的标高。

5）外墙面的装修。外墙面装修材料及颜色一般用索引符号表示具体做法。外墙面的分格线以横线条为主，竖线条为辅；利用通长的窗台、窗檐进行横向分格，利用入口处两边的墙垛进行竖向分格。

（4）立面图的识读。

阅读立面图时要结合平面图，建立整个建筑物的立体形状。在阅读立面图时一般按照如下步骤进行，以一个工程案例为例。

【例 3-2-2】　识读某单位办公综合大楼立面图，详见配套资源附录图中的附图 2。

①看图名，确定立面图表示的是建筑物的哪个立面。

从图名和轴线的编号可知该图 3-2-11 是房屋的南立面图（①～⑫轴立面图），比例与平面图一致，即 1:100。

②了解建筑物竖向的外部形状、门窗大小和数量以及房屋层数等。

外轮廓线之内的图形主要是门窗、阳台的构造图例。立面图的外轮廓线所包围的范围显示出这幢房屋的总高为 18.3m。从门窗的分布可以知道这幢办公楼共四层，层高第一层 4.2m，其他二层 3.9m，第四层层高 3.78m，立面图左右对称。

③读标高及尺寸标注，确定建筑物门窗、雨篷、阳台、台阶等部位的空间形状与具体位置。

室外地坪-0.900m，比室内±0.000 低 900mm。一层窗间墙高度 1000mm，其余三层窗间墙高度 1820mm。入口在南侧中心位置，设有三面踏步式坡道。

④从图中的文字说明可了解外墙面及屋顶的装修做法。

勒脚采用干挂毛面花岗石，做法详见 05J6-6，外墙做法采用干挂芝麻白花岗岩，内设龙骨，详见 05J1-51-外墙25。屋顶立面造型采用干挂麻灰色大理石线脚进行二次设计。一层窗户上方还设有两条腰线，最高处线脚标高为 4.080m，具体做法见墙体大样图。

（5）立面图的绘制。

立面图采用与平面图相同的图幅和比例。

1）选比例和图幅，进行图面布置。画图框、标题栏，比例、图幅一般同平面图一致。

2）画主要轮廓线。如外地坪线、层高线、外墙（柱）轮廓线和屋顶或檐口线，并画出首尾轴线。

3）画出细部轮廓线。如绘制檐口、门窗洞、窗台、雨篷、阳台、雨水管、台阶等。

4）检查、整理、按线型要求加深图线。

5）标注标高、尺寸、索引符号和注明各部位的装修做法。

6）校核，修正。

5. 剖面图识读

（1）建筑剖面图的形成及用途。

假想用一个或多个垂直于横墙或纵墙轴线的铅垂剖切平面将房屋剖开，移去剖切平面和靠近观察者的部分，将剩余部分按正投影原理向与其平行的投影面作投影，得到的投影图称为建筑剖面图，简称剖面图。

建筑剖面图主要用来表达房屋内部垂直方向的高度、楼层分层情况及简要的结构形式和构造方式，是施工、概预算及备料的重要依据。它与建筑平面图、立面图相配合，是建筑施工中不可缺少的重要图样之一。

（2）建筑剖面图的图示内容。

1）比例与图例。建筑剖面图常用的比例为 1∶50、1∶100、1∶200 等，应尽量与建筑平面图、立面图的比例一致。由于绘制的比例较小，剖面图中的门、窗等构件也采用国标规定的图例来表示。

2）定位轴线。与建筑立面图一样，只画出两端的定位轴线及编号，以便与平面图对照，需要时也可以注出中间轴线。

3）图线。凡是被剖切到的房屋的一些承重构件，如楼板、圈梁、过梁、楼梯、墙等构件的断面轮廓线用粗实线表示，而没有被剖切到的其他构件的轮廓线，则常用中实线或细实线表示。粉刷层在 1∶100 的平面图中不必画出，当比例为 1∶50 或更大时，则要用细实线画出。

4）尺寸标注。剖面图中竖直方向的尺寸标注也分为三道：最里边一道标注门窗洞口高度、窗台高度、门窗洞口顶到楼面（屋面）的高度；中间一道标注层高尺寸；最外一道标注从室外地坪到外墙顶部的总高度。在剖面图中的水平方向上需要标注剖切到的墙、柱轴线间的尺寸。

5）详图索引符号与某些用料、做法的文字注释等。

（3）建筑剖面图的图示要求。

1）剖面图一般表示房屋在高度方向的结构形式。如墙身与室外地面散水、室内外地面、防潮层、各楼层楼面、梁等构件的关系。墙身上的门、窗洞口的位置，屋顶的形式；室内的门、窗洞口、楼梯、踢脚、墙裙等可见部分均要表示出来。

2）标高和尺寸标注。标注出各部位完成面的标高。如室外地坪标高、各层楼地面标高、楼梯平台、各层的窗台、窗顶、屋面、阁楼、烟囱及水箱间等标高。标注高度方向的尺寸。外部尺寸主要是外墙上部门、窗的定位尺寸。内部尺寸主要是室内门、窗、墙裙等高度尺寸。多层构造说明。窗洞口如果需要直接在剖面图表示地面、楼面、屋面等的构造做法，一般可以用多层构造共用引出线，引出线应通过被引出的各层，文字说明宜注写在横线的端部或写在横线的上方。说明的顺序由上至下，并应与被说明的层次相一致。索引符号及文字说明。剖面图由于比例小，关键部分的构造关系的具体做法，应以较大比例绘制成详图形式。要用索引符号表明详图的编号和所在图纸号，同时添加必要的文字说明。

（4）建筑剖面图识图示例。阅读剖面图时要结合立面图，在阅读剖面图时一般按照如下步骤进行。

【例 3-2-3】　识读图 3-2-8 某单位办公综合大楼剖面图。

图中 3—3 剖面图是按配套资源附录图中的附图 1 一层平面图中 3—3 剖切位置绘制的，该图为全剖面图。其剖切位置通过门厅、台阶、门窗洞口，剖切后向左进行投影所得的横向剖面图，基本能反映建筑物内部全貌的构造特征。画出了室外地面的地平线（包括台阶、平台等）、室内地面的面层线；二、三、四层楼面的楼板和面层。底层的架空板和各层楼板，都是现浇钢筋混凝土板，用涂黑表示。

3—3 剖面图的比例是 1∶100，和平面图比例一样。室内外地坪线画加粗线。剖切到的墙体用粗实线表示，不画图例，最外侧表示用饰面石材干挂形成。剖切到的楼地面、屋面、梁、女儿墙等均涂黑，表示其材料为钢筋混凝土。

从标高尺寸可知，该办公楼室内外地坪相差 900mm，室外台阶高度 900mm。第一层层高 4.2m、其余二层 3.9m、第四层层高 3.78m、房屋总高度 18.3m。一层窗高 2380mm，二～四层窗高 2080mm，女儿墙高度 2520mm，室内栏杆做法详见 05J7-1-73。

（5）建筑剖面图的绘制步骤。

1）按比例画出基准线。内容包括室内外地坪线、楼层分格线、墙体轴线。

2）确定墙厚、楼层厚度、地面厚度及门窗的位置。

3）画出可见构配件的轮廓线及相应的图例。

4）按要求加深图线。

5）按规定标注尺寸、标高、屋面坡度、散水坡度、定位轴线编号、索引符号及必要的文字说明。

6）复核。

6. 建筑详图的识读

在建筑施工图中，对房屋一些细部（也称为节点）的详细构造，如形状、层次、尺寸、材料和做法等，由于建筑平面、立面、剖面图通常采用 1∶100、1∶200 等较小的比例绘制，无法完全表达清楚。因此，除了可以按表 3-2-1 采用较大比例 1∶10、1∶20 或 1∶50 绘制房屋某一部分的局部放大图外，在施工图设计过程中，常常按实际需要，在建筑平面、立面、剖面图中需要另绘图样来表达清楚建筑构造和构配件的部位，引出索引符号，在表 3-2-1 中选出的适当比例，在索引符号所指出的图纸上，画出建筑详图。建筑详图简称详图，也可称为大样图或节点图。

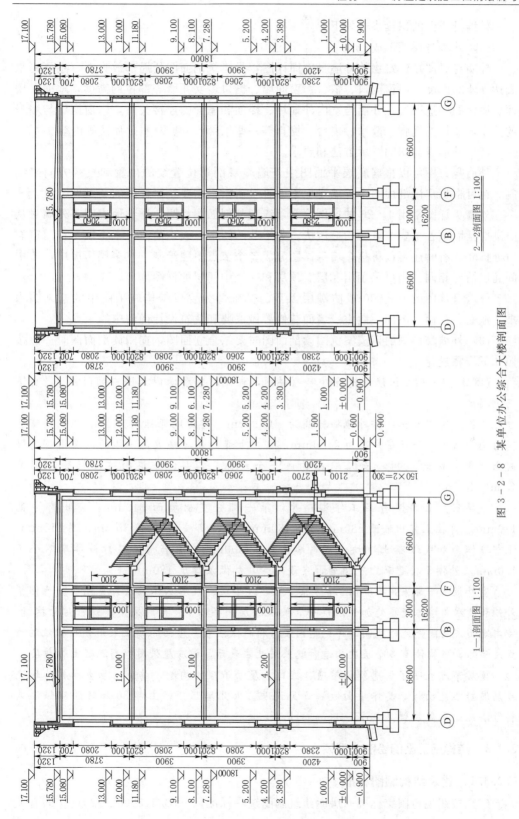

2—2剖面图 1:100

1—1剖面图 1:100

图 3 - 2 - 8　某单位办公综合大楼剖面图

外墙身详图的识读步骤如下：

（1）外墙身详图形成。

外墙身详图是建筑物的外墙身剖面详图，是建筑剖面图的局部放大图，主要用来表达外墙的厚度，门窗洞口、窗台、窗间墙、檐口、女儿墙等部位的高度，地面、楼面、屋面的构造做法，外墙与室内外地坪、楼面和屋面的连接关系，门窗洞口与墙身的关系，墙体的勒脚、散水、窗台、檐口等一些细部尺寸、材料、做法等内容。

（2）外墙身详图的图示方法和要求。

外墙身详图可以根据底层平面图中外墙墙身剖切位置线的位置和投影方向来绘制，也可根据房屋剖面图中外墙身上索引符号所指示需要绘制详图的节点来绘制。

外墙身详图常用1∶20的比例绘制，线型与剖面图相同，详细地表明了外墙身从防潮层至墙顶各主要节点的构造做法。为了节约图纸、表达简洁，常将墙身在门窗洞口处折断。有时还可以将整个墙身详图分成各个节点单独绘制。在多层房屋中，若中间几层情况相同，则可只画出底层、顶层和一个中间层的详图。

外墙身详图的±0.000或防潮层以下的基础部分要以结构施工图中的基础图为准。地面、楼面、屋面、散水、墙面装修等做法要和建筑设计说明中的一致。

（3）外墙身详图的识读案例阅读剖面图时要结合立面图，在阅读剖面图时一般按照如下步骤进行。

【例3-2-4】 识读某建筑外墙身详图，详见配套资源附录图中的附图3，自下而上阅读。

从图中可以看出：室外地坪标高为-0.900m，室内地坪标高为±0.000m；窗台高为1000mm，一层窗户高为2380mm，窗户上部的梁与楼板是一体的，采用钢筋混凝土材料，同时屋顶与女儿墙也构成一个整体，二层、三层的楼面标高分别为4.2m、8.1m。

一层窗户上部做有半工字型造型，第一部分突出墙面340mm，突出部分高170mm；再往上突出墙面280mm，高430mm；最上部突出墙面430mm，高150mm。上部墙体由加气混凝土砌块砌成，墙体厚度300mm；填岩棉保温材料厚度不小于100mm，外侧干挂芝麻白花岗岩，内设龙骨，加做法厚度180mm。

室外散水下部采用300mm厚防冻中粗砂做垫层、散水具体做法详见图集。地圈梁外侧和散水与墙体交界处加保温层一直伸入冻层一半以下，同时采用建筑密封膏抹缝。室内地面采用陶瓷地砖地面，详见室内装修材料做法表。屋面的做法采用分层标注的形式表示的，当构件有多个层次构造时就采用此法表示。该房屋采用钢筋混凝土防潮层。

顶层节点表明了该建筑的屋顶、檐口、屋面吊顶的构造，该屋顶承重结构为现浇钢筋混凝土屋面板，具体屋面做法详见说明。女儿墙压顶，上部30厚硅酸铝保温浆料做法。泛水做法详见05J5-1-4-H。

3.2.3 结构施工图的绘制与识读

3.2.3.1 建筑结构制图标准

（1）按照现行国家标准《房屋建筑制图统一标准》（GB/T 50001—2017）的有关

规定，制图标准详见表 3-2-5～表 3-2-7。

表 3-2-5   建筑结构制图标准——混凝土结构普通钢筋

序号	名　　称	图　　例	说　　明
1	钢筋横断面	●	—
2	无弯钩的钢筋端部	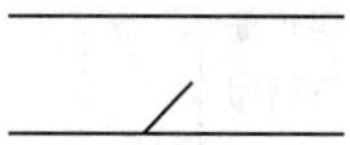	下图表示长钢筋投影重叠时，短钢筋的端部用45°斜线表示
3	带半圆形弯钩的钢筋端部		—
4	带直钩的钢筋端部		—
5	带丝扣的钢筋端部		—
6	无弯钩的钢筋搭接		—
7	带半圆弯钩的钢筋搭接		—
8	带直钩的钢筋搭接		—
9	花篮螺丝钢筋接头	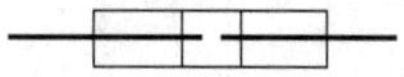	—
10	机械连接的钢筋接头	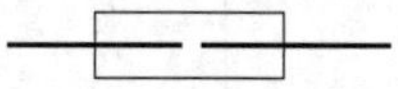	用文字说明机械连接的方式（如冷挤压或直螺纹等）

表 3-2-6   钢　筋　网　片

序号	名　　称	图　　例
1	片钢筋网平面图	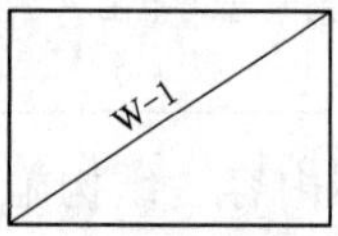 W-1
2	行相同的钢筋网平面图	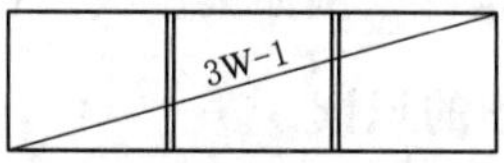 3W-1

表 3 - 2 - 7   钢　筋　画　法

序号	说　明	图　例
1	在结构楼板中配置双层钢筋时，底层钢筋的弯钩应向上或向左，顶层钢筋的弯钩则向下或向右	（底层） （顶层）
2	钢筋混凝土墙体配双层钢筋时，在配筋立面图中，远面钢筋的弯钩应向上或向左而近面钢筋的弯钩向下或向右（JM 近面，YM 远面）	
3	若在断面图中不能表达清楚的钢筋布置，应在断面图外增加钢筋大样图（如：钢筋混凝土墙，楼梯等）	
4	图中所表示的箍筋、环筋等若布置复杂时，可加画钢筋大样及说明	
5	每组相同的钢筋、箍筋或环筋，可用一根粗实线表示，同时用一两端带斜短划线的横穿细线，表示其钢筋及起止范围	

3-9 独立基础构造详图识读

　　（2）结构施工图内容。结构施工图通常应包括下列内容：结构设计总说明（对于较小的房屋通常不必单独编写），基础平面图及基础详图，楼层结构平面图，屋面结构平面图，结构构件（例如梁、板、柱、楼梯、屋架等）详图。

3.2.3.2　基础图的识读

　　基础是位于墙或柱下面的承重构件，它承受房屋的全部荷载，并传递给基础下面的地基。地基可以是天然的土壤，也可以是经过加固的土壤。

　　基础根据上部结构的形式和地基承载能力的不同，可分为条形基础、独立基础、井格基础、片筏基础、箱形基础、桩基础。下面将介绍基础平面图及基础详图的内容。

　　（1）基础平面图。

　　基础平面图是表示基础平面布置的图样。

　　基础平面图是假想用一个水平面在房屋的室内地面以下剖切后，移去上部房屋和基坑内的泥土所作的水平剖面图。这样，剖切到基础墙或地垄墙的墙身，并看到它们的大放脚以及基础宽度。但在表示基础平面图时，只画出基础墙和基础底面；梁和墙身的投影重合时，梁可用单线结构构件画出；而基础、大放脚等细部的可见轮廓线都省略不画，基础的细部形状和尺寸用基础详图表示。在基础平面图中，剖切到的基础墙画中实线，基础底面画细实线，可见的梁画粗实线（单线），不可见的梁画粗虚线（单线）；如果剖切到钢筋混凝土柱，则用涂黑表示。基础平面图的比例一般采用1：100 或 1：50、1：150、1：200。

　　（2）基础图的识读案例。

　　图 3-2-9 为独立基础平面图；图 3-2-10 为基础大样图。

　　从图中可知该基础为阶梯形独立基础，基础垫层厚度 100mm，基础顶标高－2.000m，基础底标高－2.700m，第一步台阶高 300mm，第二步台阶高 400mm。

　　基础底板 X 向配筋为：直径为 16mm，间距为 200mm 的 HPB400 级钢筋。Y 向钢筋配筋为：直径为 16mm，间距为 200mm 的 HPB400 级钢筋。第一步台阶尺寸为 3300mm×300mm，第二步台阶尺寸为 1900mm×1900mm。

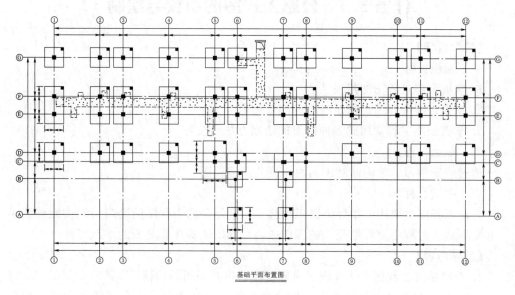

基础平面布置图

图 3-2-9　基础平面图

课后巩固
练习 3.2

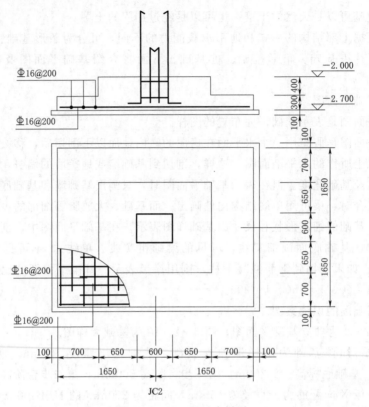

图 3 - 2 - 10　基础大样图

任务 3.3　公路工程图的识读与绘制

【教学目标】

一、知识目标

1. 掌握公路工程图的组成。

2. 掌握公路工程图的图示特点和主要内容。

3. 掌握公路工程常用的各种图形的绘制方法和技巧。

二、能力目标

通过本章学习、学生能够正确地识读公路工程图。

三、素质目标

课前预习 3.3

公路工程图主要用于指导公路工程施工，学习公路工程图的绘制与识读能够让学生在实际施工过程中更好地完成施工任务，培养团队协作和刻苦的学习精神。

【教学内容】

1. 公路路线工程图中平面图、纵断面图、横断面图的识读。

2. 桥梁工程图中桥位平面图、桥位地质断面图和桥梁总体布置图的识读，桥梁各部构造图的绘制与识读。

3. 涵洞工程图的绘制与识读。

公路是建筑在地面上的一种主要承受汽车荷载反复作用的带状工程结构物。公路的基本组成包括路基、路面、桥梁、涵洞、隧道、防护工程以及排水设备等构造物。公路工程图是建造公路的技术依据，是用来说明公路路线的走向、线形设计、沿线的地形地物、路线的高程和坡度、路基状况、路面结构，以及线路交叉、立交的构筑物（如桥梁、涵洞、挡土墙、公路、铁路等）位置内容的图样。

3.3.1　公路路线工程图的识读

公路路线是指公路沿长度方向的行车道中心线。由于实际地形、地貌、地物以及地质条件的限制，公路路线的线型在平面上是由直线和曲线段组成的，在纵面上是由平坡和上、下坡段及竖曲线组成的。因此，从整体上来看，公路路线是一条空间曲线。公路路线工程图主要是由路线平面图、路线纵断面图、路线横断面图组成。如图3-3-1所示，根据《公路技术标准》（JTG B01—2014）可分为：高速公路、一级公路、二级公路、三级公路、四级公路。

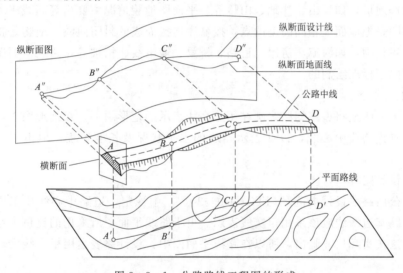

图 3-3-1　公路路线工程图的形成

3.3.1.1　公路平面总体设计图

公路平面总体设计图是确定公路路线走向和平面线形情况的施工图。平面图主要包括公路的中桩线路和边桩线路，以及反映沿线两侧一定范围内的地形、地物等情况，是从上而下投影所得到的水平投影图，平面线形主要元素有直线和平曲线（圆曲线和缓和曲线）。

由于道路很长，不可能将整个路线平面图画在同一张图纸内，通常需分段绘制，使用时再将各张图纸拼接起来，每张图纸的右上角应画有角标，角标内应注明该张图纸的序号和总张数。平面图中路线的分段宜在整数里程桩处断开。相邻图纸拼接时，应注意路线中心对齐、接图线重合，并以正北方向为准，如图3-3-2所示。

1. 地形部分

公路路线的地形部分识图主要包括方位、比例、地形、地物、地貌以及水准点。

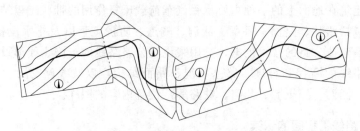

图 3 - 3 - 2 道路平面图相邻图纸拼接

为了表示路线所在地区的方位和路线的走向，也为了在拼接图纸时提供核对的依据，需要在路线平面图上画出指北针或坐标网。公路路线图纸比例：城镇区一般采用 1∶1000～1∶500，山岭重丘区一般采用 1∶2000～1∶1000，微丘和平原区一般采用 1∶5000～1∶2000。路线平面图中地形起伏的情况主要用地形图来表示。地形图是从上往下看的地貌（地形）及地物的样子。地貌是地面的各种起伏、曲折形态的总称，也可以称作地形，如高山、洼地、山岭等。平面图地貌情况主要用等高线来表示。等高线地形图是把地面上相同高度的点，按顺序连接而成的封闭曲线。地物是指地上的自然物和建筑物，如河流、房屋、道路、桥梁、输电线、植被等，路线平面图中的地物都是按国家标准绘制的。

2. 路线部分

路线平面图是将道路的路线画在用等高线表示的地形图上。在地形图上，用加粗的粗实线画出路线中心线，以此表示路线的水平状况及长度里程，但不表示路线的宽度。

（1）设计路线。

在《公路路线设计规范》（JTG D20—2017）中规定，道路中心线应采用细点画线表示，路基边缘线应该采用粗实线表示。由于路线平面图所采用的比例太小，线路的宽度无法按实际尺寸画出，所以在路线平面图中，设计路线是用粗实线沿着道路中心表示的。

（2）里程桩。

道路路线的总长度和各段之间的长度用里程桩号表示。里程桩号应从路线的起点至终点、由小到大依次编号，并规定在平面图中路线的前进方向是从左向右。里程桩分公里桩和百米桩两种。

（3）平曲线。

道路路线的平面线是由直线段和曲线段组成的，在路线的转折处应设平曲线。最常见的较简单的平曲线为圆曲线，其基本几何要素有 QZ（曲中点）、YH（圆缓点）、HY（缓圆点）、ZH（直缓点）、HZ（缓直点）、JD（交点）。曲线要素 R 为曲线半径，LS 为缓和曲线长度，T 为切线长度，L 为平曲线长度，E 为外距。

3. 路线平面图识读方法

公路工程图的识读主要需注意两个方面的内容（以工程图实例 3.3.1 为例）。

（1）地形部分。

1) 比例—地形复杂处用大比例，如：山区 1：5000，平原、丘陵处用小比例 1：2000，图 3-3-3 比例为 1：2000。

2) 坐标位置用坐标网和指北针表达。距离坐标原点北 3186600m，东 536400m（图 3-3-3）。

3) 根据等高线了解地形——平原、洼地、丘陵。

(2) 路线部分。

1) 公路的里程桩及公里桩。里程桩用 来表示，数字标在短线下方，数字向上，由左至右递增，沿路线前进方向标识。公里桩用 表示，代表路线整的公里标识。

图 3-3-3 坐标网

2) 曲线段的参数。公路平曲线（转弯处）在平面图中用交角点 JD 来表示，例如 JD21，表示整段路线中的第 21 个交点，表 3-3-1 为曲线要素表。

表 3-3-1   曲 线 要 素 表

交点坐标		交点桩号	转角值	曲线要素值					
X（N）	Y（E）			半径	缓和曲线长图	切线长度	曲线长度	外距	校正值
3186561.368	536231.979	K135+114.871	21°03′7.7″	2700	310	856.945	1302.059	47.722	11.831

3) 控制标高水准点。

$$BM_2 \qquad 第2号水准点$$
$$\overline{53.712} \qquad 标高53.712$$

图 3-3-4 控制标高水准点

3.3.1.2 公路路线纵断面图

路线的纵断面图表示的是路线中心的地面起伏情况，以及路线的纵向设计坡度和竖曲线，是用假想的铅垂剖切面沿着道路的中心线进行纵向剖切。

路线纵断面图主要由两部分组成：图样部分和资料表部分。图样画在图纸的上部，资料以表格形式布置在图纸的下部。高程标尺布置在资料表的上方左侧。水平横向表示路线里程，铅垂纵向表示地面线及设计线的标高。

1. 图样部分

(1) 路线纵断面图是用展开剖切方法获得的断面图，因此它的长度就表示了路线的长度。水平方向表示长度，垂直方向表示高程。

(2) 路线和地面的高差要比路线的长度小得多，为了清晰显示垂直方向的高差，将垂直方向的比例按水平方向比例放大 10 倍，图示比例横向 1：2000，与平面图一致，纵向 1：200。

(3) 不规则的细折线表示设计中心线的纵向地面线，它是根据一系列中心桩的地面高程连接而成的。粗实线为公路纵向设计线，设计线上各点的标高通常是指路基边缘的设计高程。比较设计线与地面线的相对位置可决定填方、挖方地段和填、挖

高度。

（4）在设计线纵坡变更处，设置竖曲线。坡度变更的点为变坡点（BP），竖曲线分为凸形和凹形两种，并在其上标注竖曲线半径 R、切线长 T、和外矢矩 E。

（5）在所在里程处标明桥梁、涵洞、立体交叉和通道等人工构造物的名称、规格和中心里程。

2. 资料部分

（1）资料表与图样应上下竖直对正布置。

（2）资料表：地质概况、填挖高度、设计高程、地面高程、坡度（%）、坡长（m）、直线、平曲线、里程桩号、超高等。

（3）直线及平曲线栏：表示该路段的平面线形。

3-12　道路工程横断图的识读

3.3.1.3　公路路基横断面

路基横断面图是假设通过路线中心桩用一垂直于路线中心线的铅垂剖切面进行横向剖切，画出该剖切面与地面的交线及其与设计路基的交线，便得到路基横断面图。

公路路基横断面图的形式有三种：填方路基（路堤）、挖方路基（路堑）、半填半挖路基。

1. 填方路基

填方路基又称路堤，整个路基全为填土区，设计线全部在地面线以上。在图的下方标注有该断面图的里程桩号、中心线处的填方高度 h_T（m）、填方面积 A_T（m^2）、路基中心标高及路基边坡坡度，如图 3-3-5 所示。

2. 挖方路基

挖方路基又称路堑，整个路基全为挖土区，设计线全部在地面线以下。图中注有该断面图的里程桩号、中心线处挖方高度 h_W（m）、挖方面积 A_W（m^2）、路基中心标高及边坡坡度，如图 3-3-6 所示。

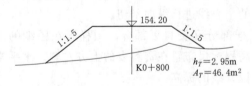

图 3-3-5　填方路基横断面图　　　　图 3-3-6　挖方路基横断面图

3. 半填半挖路基

半填半挖路基指路基断面一部分为填土区，一部分为挖土区。图中注有该断面的里程桩号、中心处填高 h_T（m）和挖高 h_W（m）、填方面积 A_T（m^2）和挖方面积 A_W（m^2），以及路基中心标高与边坡坡度，如图 3-3-7 所示。

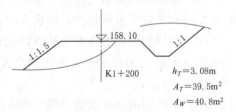

图 3-3-7　半填半挖路基横断面图

3.3.2　桥梁工程图的识读与绘制

桥梁一般由上部结构、下部结构（桥台、桥墩和基础）及附属结构三部分组成，如图 3-3-8 所示。

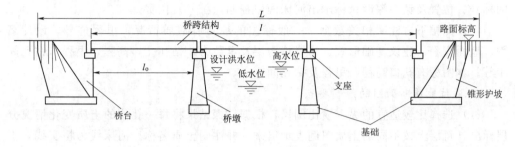

图 3-3-8　桥梁的组成

3.3.2.1　桥位平面图

桥位平面图主要是表示桥梁的所在位置，桥梁与路线的连接情况，以及桥梁与周围的地形、地物的关系。其画法与路线平面图相同，该图不反映桥梁的具体结构形式和内容，只是所用的比例较大。通过地形测量绘出桥位处的道路、河流、水准点、钻孔及附近的地形和地物，作为设计桥梁、施工定位的根据。

3-7　某大桥的桥位平面图

1. 桥位平面图的识读

以某大桥的桥位平面图为例，设计的桥梁中心桩号为 K496+939。识读桥位平面图应注意以下内容：

（1）图幅比例一般为 1∶500、1∶1000、1∶2000 等。

（2）确定桥梁、地形地物的方位采用平面坐标或指北针定位。

（3）地形地物的图示方法与道路路线平面图相同。

（4）路线线形情况、里程桩号、路线控制点等均与道路路线平面图相同。

（5）3×20+3×20 意思是本桥每 3 孔一连续，每孔 20m。

（6）大桥处于路线的直线段，起点桩号 K496+876.2，终点桩号 K497+001.8，全长 125.6m。

2. 桥位平面图的绘制要点

（1）测绘地形图或在已有的地形图上按比例绘制道路路线中线，用粗实线绘制。当选用较大比例尺时，用粗实线表示道路边线，用细点划线表示道路中心线，注明桥梁起终点，中心桩号，桥梁形式以及几孔一个连续。

（2）用图例符号（细实线）绘出桥位、钻探孔位、编号。当选用大比例尺时，桥梁的长、宽均用粗实线按比例画出。

3-8　桥位地质断面图

（3）标明图幅名称、比例、图标、指北针等内容。

3.3.2.2　桥位地质断面图

桥位地质断面图主要表示所处河床断面的水文、地质情况。

1. 桥位地质断面图的识读

（1）为了显示地质及河床深度的变化情况，标高方向的比例比水平方向的比例大，图示比例纵向 1∶400，横向 1∶500。

（2）根据不同土层土质，在图中用图例分清土层并注明土质名称；显示出钻探孔的标号、位置及钻探深度；标示出河床两岸控制点桩号及位置。

（3）图幅下方注明相关数据，一般标注的项目有地质情况、里程桩号、设计高程、地面高程、建议基础形式、建议持力层及承载力，钻孔孔口高程、里程、钻孔间距等。本图标有孔口高程、里程及钻孔间距。

2. 桥位地质断面图的绘制要点

（1）选择比较适宜的纵、横比例尺，根据钻探结果将每一孔位的土质变化情况分层标出，每层土按不同的土质图例表示出来，并注明土质名称。河床线为粗实线，土质分层线为中实线，图例用细实线画出。

（2）把调查到的水位资料进行标注，标注桥位控制点及桩号，对钻探孔位及相关参数进行标注。

（3）在图样左侧画出高程标尺及图样下方的资料部分。

（4）标注图名、比例、文字说明及其他相关数据等。

3.3.2.3 桥梁总体布置图

3-9 桥梁
总体布置图

桥梁总体布置图主要表示桥梁的结构形式、跨径、跨数、尺寸及各主要构件的相互位置关系、高程、主要材料用量及总技术说明和施工要点等，也叫桥型布置图。

1. 立面图

立面图通常采用全剖面图或者半剖面图绘制。

图片组 3-9 所示两个图采用全剖面绘制，沿着桥梁中心线垂直剖切，立面图所示 0～6 桥墩台的断面图，图中还画出了河床的断面形状，各土层标高图例等。

2. 平面图

桥梁的平面图是从上到下投影所得到的桥面俯视图，由图中尺寸得知桥面行车道净宽 25.5m，两行车道各 11.5m，两侧混凝土护栏各 0.5m，桥头搭板用虚线标出，台后搭板长度为 6m。

3. 横剖面图

图片组 3-9 所示表示将桥梁沿 I—I 和 II—II 剖面剖切，中跨和边跨上部结构相同，桥面总宽度为 22.5m，上部结构采用预应力混凝土（后张）先简支后连续小箱梁，下部结构桥台采用柱式台，桥墩采用柱式墩，墩台均采用桩基础。本桥平面位于直线上，桥面横坡为双向 2%。

3.3.2.4 构件图

在总体布置图中，由于比例较小，桥梁的各种构件无法详细地表示清楚。为了实际施工和构件制作的需要，还必须采用较大的比例画出各构件的形状大小和内部构造，构件图常用的比例为 1∶50～1∶10，某些局部详图可采用更大的比例。下面介绍桥梁中几种常见的构件图的画法特点。

1. 空心板一般构造图

钢筋混凝土空心板是桥梁上部结构中最主要的受力构件，它的两端搁置在桥墩和桥台上。边跨为 16m 的钢筋混凝土空心板构造图，由立面图、平面图和断面图组成，主要表达空心板的形状、构造和尺寸。整个桥宽由 12 块钢筋混凝土板拼成，按不同位置分为中板（中间共 10 块）、边板（两边各 1 块）两种。两种板的厚度相同，均为 85cm，故只画出了中板立面图。由于两种板的宽度和构造不同，故分别绘制了中板和边板的平面图，中板宽为 124cm，边板宽为 149.5cm，纵向是对称的，所以立面图和平面图均只画出了一半，边跨板长名义尺寸为 16m，但减去板接头缝后实际板长为 15.94cm。两种板均分别绘制了跨中断面图，可以看出它们不同的断面形状和详细尺寸。另外，还画出了板端断面和封端混凝土预留孔断面示意图。

3-10 空心板构造图

2. 桥墩一般构造图

桥墩构造图，主要表达桥墩各部分的形状和尺寸。这里绘制了桥墩的立面图、侧面图和平面图。该桥墩由墩柱、桩基、横梁和支座垫石组成。根据平面图所示，可以看到支座垫石的平面布置位置，桥梁长度，支座中心线位置，桥墩中心线位置，路面平面设计线位置，桥面宽度为 2×15.5m，支座垫石的长度为 517.6mm，宽度为 500mm。根据立面图所示，墩柱直径 1200mm，桩基直径 1300mm，横梁高 1200mm，宽 1000mm。从侧面图可以看到盖梁、墩柱、桩基和横梁的侧面尺寸。

3-11 桥墩构造图

3. 桥台一般构造图

桥台属于桥梁的下部结构，主要是支撑上部的板梁，并承受路堤填土的水平推力。肋板式桥台的构造图，用立面图、平面图和侧面图表示。该桥台由桥台耳背墙、盖梁、台身、承台和基柱组成。此桥台的立面图表示该桥台的耳背墙、盖梁、肋板均用 C35 混凝土浇筑面成，承台、桩基础采用 C30 混凝土。侧面图标明耳背墙、肋板、承台和桩基各部侧面尺寸。桥台下的基桩有两根，直径 1200mm。图中桥台的承台等处的配筋图略去。

3-12 桥台构造图

4. 支座构造图

支座位于桥梁上部结构与下部结构的连接处，桥墩的墩帽和桥台的台帽上均设有支座，支座置于支座垫石上，支座上设有混凝土楔形块，板梁搁置在楔形块上。上部荷载由板梁传给支座，再由支座传给桥墩或桥台，可见支座虽小但很重要。

3-13 桥墩支座构造示意图

3.3.3　涵洞工程图的识读与绘制

涵洞是指在公路工程建设中，为了使公路顺利通过水渠不妨碍交通，设于路基下修筑于路面以下的排水孔道（过水通道），通过这种结构可以让水从公路的下面流过。用于跨越天然沟谷洼地排泄洪水，或横跨大小道路作为人、畜和车辆的立交通道，或农田灌溉作为水渠。涵洞主要由洞身、基础、端和翼墙等组成。涵洞是根据连通器的原理，常用砖、石、混凝土和钢筋混凝土等材料筑成。一般孔径较小，形状有管形、箱形及拱形等。

涵洞根据不同的标准，可以分为很多种。按建筑材料可分为砖涵、石涵、混凝土涵、钢筋混凝土涵。按照构造形式，涵洞可分为圆管涵（图 3-3-9）、拱涵、盖板涵（图3-3-10）、箱涵。按照填土情况不同分类，涵洞可以分为明涵和暗涵。明涵是指洞顶无填土，适用于低路堤及浅沟渠处。暗涵洞顶有填土，且最小的填土厚度应大于50cm，适用于高路堤及深沟渠处。按水利性能分类，涵洞可分为无压力式涵洞、半压力式涵洞、压力式涵洞。无压力涵洞指的是入口处水流的水位低于洞口上缘，洞身全长范围内水面不接触洞顶的涵洞。半压力式涵洞指的是入口处水流的水位高于洞口上缘，部分洞顶承受水头压力的涵洞。压力式涵洞进出口被水淹没，涵洞全长范围内以全部断面泄水。

图3-3-9 圆管涵

图3-3-10 盖板涵

3.3.3.1 涵洞的图示方法

1. 纵断面图

涵洞纵断面图是沿纵向轴线（垂直于道路中线的方向）对新洞进行剖切，移走边墙后投影得到的，以纵断面图来代替立面图，能够清晰地表达涵洞的内部形状。

2. 平面图

涵洞平面图是直接将形体向水平面进行正投影得到的，或是以半平面图形式表达，水平剖面图一般沿基础的顶面进行剖切。

3. 洞口立面图

洞口立面图布置在左视图的位置，当进出洞口的形状不相同时，则以点划线为界分别绘制进出口半立面图，称为合成视图；当进出洞口形状相同时，多以立面图的形式表达，剖切面垂直于洞身纵向。

3.3.3.2 涵洞的读图实例

1. 视图分析

钢筋混凝土盖板涵洞比例为1:50。涵洞洞口两侧为八字翼墙，洞高为150cm，净跨为150cm，由于其构造对称，故采用半纵剖面图、半剖平面图、半剖面图和侧面图等来表示。

2. 图样识读

将图样运用形体分析法划分进口段、洞身段和出口段三大部分进行读图。

3-14 涵洞
读图实例

（1）半纵剖面图。半纵剖面图把带有 1∶1.5 坡度的八字翼墙和洞身的连接关系，以及洞高（150cm）、洞底铺砌（60cm）、基础纵断面形状、设计计流水坡度（1%）等表示出来。盖板及基础所用材料也可由图中看出，图中表示了沉降缝位置，沉降缝的设置是为了避免结构物因荷载或地基承载力不均匀而发生不均匀沉降，产生不规则的裂缝，使结构物破坏。

课后巩固练习 3.3

（2）半平面图及半剖面图。用半平面图和半剖面图能把涵洞的墙身宽度、八字翼墙的位置表示得更加清楚，涵身长度、洞口口的平面形状和尺寸，以及墙身和翼墙的材料均可在图上看出。为了便于施工，在八字翼墙的 $A—A$、$B—B$ 位置进行剖切，并另作 $A—A$、$B—B$ 断面图来表示该位置翼墙墙身和基础的详细尺寸、墙背坡度及材料情况。

（3）侧面图。侧面图反映出缘石、盖板、八字翼墙、基础等的相对位置和它们的侧面形状。

模块 4 AutoCAD2017 工程绘图技术的应用

任务 4.1 AutoCAD2017 的基本知识

【教学目标】

一、知识目标

1. 熟悉 AutoCAD2017 工作界面。

2. 掌握 AutoCAD2017 软件的启动、退出以及图形文件的新建、打开、保存和关闭等基本操作。

3. 掌握坐标系的概念及用户坐标系的创建方法。

4. 掌握 AutoCAD2017 绘图环境中绘图单位、绘图比例、绘图参数以及绘图界限的设置。

课前预习 4.1

二、能力目标

通过本章节的学习，让学生对 AutoCAD2017 有初步了解，并能够正确进行绘图环境的设置，为下一步的绘制图形做好基础。

三、素质目标

通过本章节的学习，培养学生自主学习、细心踏实、思维敏捷的基本素质。

【教学内容】

1. AutoCAD2017 工作界面及基本操作。

2. 用户坐标的创建。

3. 绘图单位的设置；绘图比例的设置；绘图参数的设置；绘图界限的设置。

4.1.1 AutoCAD2017 简介

AutoCAD（Autodesk Computer Aided Design）是 Autodesk（欧特克）公司首次于 1982 年开发的自动计算机辅助设计软件，用于二维绘图、详细绘制、设计文档和基本三维设计，现已经发布了 20 多个版本，成为国际上广为流行的绘图工具。早期版本功能单一，主要用于二维图纸的绘制，而现在版本已经是集平面作图、三维造型、数据库管理、渲染着色、互联网通信等功能于一体的绘图工具。

AutoCAD 的强大辅助绘图功能彻底地改变了传统的手工绘图模式，极大地提高了设计效率和工作质量。因此 AutoCAD 已成为工程设计领域中应用最为广泛的计算机辅助绘图与设计软件之一，其应用领域涉及水利工程、土木建筑、装饰装潢、城市规划、园林设计、电子电路、机械设计、服装鞋帽、航空航天、轻工化工等诸多领域。

AutoCAD2017 与以往版本相比，在界面、新标签页功能区、命令预览、帮助窗口、地理位置、实景计算、Exchange 应用程序、计划提要、硬件加速、底部状态栏等方面都进行了优化和增强，使其功能更加强大。

4.1.2　AutoCAD2017 工作界面

AutoCAD2017 的工作界面主要由标题栏、菜单浏览器、快速访问工具栏、菜单栏、功能区、图形选项卡、绘图区、命令区和状态栏等部分组成，如图 4-1-1 所示。

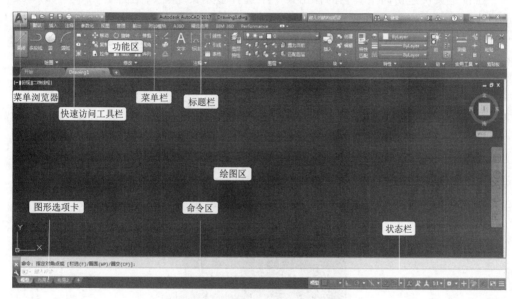

图 4-1-1　AutoCAD2017 工作界面

4.1.2.1　标题栏

标题栏位于工作界面的最上方，依次显示为应用程序菜单、快速访问工具栏、当前运行程序的名称、文件名、搜索、登录、交换、保持连接、帮助以及窗口控制按钮，如图 4-1-2 所示。

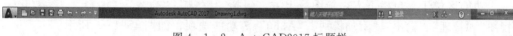

图 4-1-2　AutoCAD2017 标题栏

4.1.2.2　菜单浏览器

该按钮位于 AutoCAD2017 界面的左上角，单击该按钮，可打开相应的操作菜单。通过菜单浏览器，用户可方便地进行文件的新建、打开、保存、打印和发布等，如图 4-1-3 所示。

4.1.2.3　快速访问工具栏

默认情况下，快速访问工具栏有 7 个常用的功能按钮，依次为新建、打开、保存、另存为、打印、放弃以及重做。使用者也可使用右键菜单调整工具栏中显示的按钮以及快速访问工具栏的显示位置等，如图4-1-4所示。

图4-1-3　AutoCAD2017菜单浏览器　　　图4-1-4　AutoCAD2017快速访问工具栏

4.1.2.4　菜单栏

在自定义快速访问工具栏的弹出菜单中选择显示菜单栏，见图4-1-5（a），菜单栏就会出现在标题栏的下方，见图4-1-5（b）。菜单栏显示有"文件""编辑""视图""插入""格式""工具""绘图""标注""修改""参数""窗口""帮助"12个主菜单，用户可以非常方便的启用各主菜单的相关菜单项，进行图形绘制工作。

（a）

（b）

图4-1-5　AutoCAD2017菜单栏

4.1.2.5　功能区

功能区位于菜单栏下方，绘图区上方，包括"默认""插入""注释""参数化""视图""管理""输出""附加模块""A360"等功能选项，如图4-1-6所示。

图4-1-6　AutoCAD2017功能区

功能区代替了传统的工具栏，以面板的形式将工具分类并集合在选项卡内。在调用工具时，只需在功能区中展开相应选项卡，然后在所需面板上单击工具按钮即可。

4.1.2.6　图形选项卡

图形选项卡位于功能区下方。单击鼠标右键，在打开的快捷菜单中，选择所需的命令，即可完成相应的操作，如图 4-1-7 所示。

图 4-1-7　AutoCAD2017 图形选项卡

4.1.2.7　绘图区

绘图区是用户工作的主要区域，包含有坐标系、十字光标和导航盘等。新版本的绘图区更加人性化，在绘图区的右上角增加了动态显示坐标和常用的工具栏，如图 4-1-8 所示。

图 4-1-8　AutoCAD2017 绘图区

4.1.2.8　命令行

命令行位于绘图区的下侧，主要用于提示和显示用户当前的操作步骤。命令行可以分为命令输入窗口和命令历史窗口两部分，上面灰色底纹部分为命令历史窗口，用于记录执行过的操作信息；下面白色底纹部分是命令输入窗口，用于提示用户输入命令或命令选项，如图 4-1-9 所示。

图 4-1-9　AutoCAD2017 命令行

4.1.2.9　状态栏

状态栏位于命令行下方，工作界面最底端，用于显示用户的工作状态。状态栏显示了一些绘图辅助工具，分别为"推断约束""捕捉模式""格栅显示""正交模式""极轴追踪""三维对象捕捉""允许/禁止动态 UCS""动态输入""显示/隐藏线宽""显示/隐藏透明度""快捷特性"等，同时还为用户提供了"全屏显示"按钮，如图 4-1-10 所示。

图 4-1-10　AutoCAD2017 状态栏

4.1.3　AutoCAD2017 基本操作

4.1.3.1　AutoCAD2017 启动

正确安装 AutoCAD2017 后，用户可以通过以下 3 种方式启动：

（1）双击计算机桌面上的 AutoCAD2017 快捷图标即可启动，如图4-1-11所示。这是最常用的启动方法。

（2）在【开始】菜单中，单击在所有程序，选择 Autodesk 程序组中的【AutoCAD 2017-简体中文（Simplified Chinese）】，单击启动命令即可启动，如图 4-1-12 所示。

图 4-1-11　桌面快捷图标启动　　　　图 4-1-12　菜单启动

（3）如果在安装 AutoCAD2017 软件的过程中创建了快速启动方式，那么在任务栏的快速启动区中会显示 AutoCAD2017 的图标。此时单击该图标即可启动 Auto-CAD2017，如图 4-1-13 所示。

图 4-1-13　任务栏快速启动

4.1.3.2　AutoCAD2017 退出

图形绘制完成后，用户可通过以下 3 种方法退出：

（1）单击 AutoCAD2017 窗口右上角的关闭■■按钮即可退出。

（2）单击【菜单浏览器】■按钮，在弹出的菜单中单击【退出 Autodesk AutoCAD 2017】即可退出，如图 4-1-14 所示。

（3）使用【Ctrl+Q】组合键即可退出。

4.1.3.3　新建图形文件

启动 AutoCAD2017 软件后，系统会默认新建一个图形文件，用户也可以通过以下 3 种方法新建文件：

(1) 单击【菜单浏览器】按钮，选择【新建】。

(2) 单击快速访问工具栏上的新建按钮。

(3) 使用【Ctrl+N】组合键。

执行以上任意一种方法后，在打开的【选择样板】中选择好样板文件，单击【打开】按钮即可新建文件，如图 4-1-15 所示。

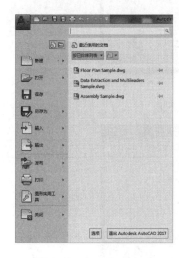

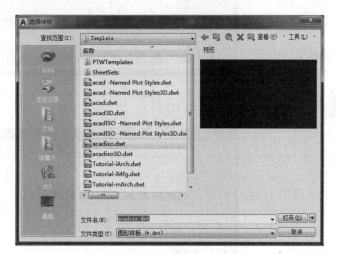

图 4-1-14　Autodesk AutoCAD2017 退出

图 4-1-15　【选择样板】对话框

4.1.3.4　打开图形文件

常用打开文件的方法有以下 3 种：

(1) 单击【菜单浏览器】按钮，选择【打开】。

(2) 单击快速访问工具栏上的【打开】按钮。

(3) 使用【Ctrl+O】组合键。

执行以上任意一种方法后，在打开的【选择文件】中选择要打开文件的路径，单击【打开】按钮即可打开文件，如图 4-1-16 所示。

4.1.3.5　保存图形文件

常用保存文件的方法有以下 3 种：

(1) 单击【菜单浏览器】按钮，选择【保存】。

(2) 单击快速访问工具栏上的【保存】按钮即可。

(3) 使用【Ctrl+S】组合键。

执行以上任意一种方法后，在打开的【图形另存为】中选择要保存文件的路径，单击【保存】按钮即可保存文件，如图 4-1-17 所示。

图 4-1-16　【选择文件】对话框

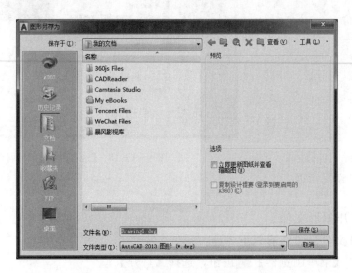

图 4-1-17　【图形另存为】对话框

4.1.3.6　关闭图形文件

常用关闭文件的方法有以下 3 种：

（1）单击标题栏上的【关闭】 ✕ 按钮。

（2）在标题栏上点击右键，在弹出的快捷菜单中执行【关闭】按钮。

（3）使用【Ctrl＋F4】组合键。

4.1.4　AutoCAD2017 坐标系

在 AutoCAD2017 软件中，图形的空间位置通过坐标系来准确定位，因此必须掌握坐标系的使用方法。坐标系分为世界坐标系和用户坐标系两种。

4.1.4.1　世界坐标系

世界坐标系（简称 WCS）是 AutoCAD2017 系统中默认的坐标系，是一个固定不变的坐标系，其原点和坐标轴（X 轴、Y 轴和 Z 轴）的方向都不会改变。一般显示在绘图区域的左下角，并用"口"形标记显示，如图 4-1-18 所示。

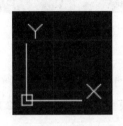 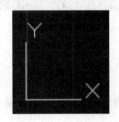

图 4-1-18　世界坐标系　　　图 4-1-19　用户坐标系

4.1.4.2　用户坐标系

用户坐标系（简称 UCS）是一种可自定义的坐标系，X 轴、Y 轴和 Z 轴方向都可以移动及旋转。用户坐标系在绘制复杂图形时，尤其是绘制三维图形时非常有用，如图 4-1-19 所示。

使用用户坐标系的操作方法有以下 2 种：

（1）单击【视图】选项卡，选择【图标】▇。

（2）在命令行中输入 UCS 命令。

执行以上任意一种方法后，按命令行中提示的信息选择相应的坐标系进行创建。

4.1.5　AutoCAD2017 绘图环境设置

用户可以使用默认的绘图环境，也可以设置绘图环境后再进行图纸的绘制。设置绘图环境后可以获得更为精确的绘图效果。绘图环境的设置包括绘图单位的设置、绘图比例的设置、绘图参数的设置、绘图界限的设置。

4.1.5.1　工作空间的切换

工作空间是各种绘图工具和功能面板的组合。AutoCAD2017 软件提供了 3 种工作空间，分别为"草图与注释"、"三维基础"和"三维建模"。

1. 草图与注释

该工作空间为默认工作空间，是最常用的空间，主要用于绘制二维草图，如图 4-1-20所示。

图 4-1-20　"草图与注释"的工作空间

2. 三维基础

该工作空间只用于绘制三维模型。如图 4－1－21 所示。

图 4－1－21　"三维基础"的工作空间

3. 三维建模

该工作空间在"三维基础"的功能上增添了"网格"和"曲面"建模。在三维建模工作空间中，也可运用二维命令来创建三维模型，如图 4－1－22 所示。

图 4－1－22　"三维建模"的工作空间

4. 创建空间

根据实际绘图需要，用户可使用系统提供的工作空间，也可以自己创建工作空间。

【操作方法】　通过【工作空间】下拉列表中的【将当前工作空间另存为】，保存创建名称后（图 4－1－23），在【工作空间】下拉列表中就会显示创建的工作空间。

4－1　工作空间的切换与新建

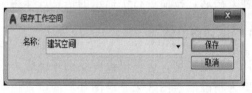

图 4－1－23　创建工作空间

4－2　绘图单位的设置

4.1.5.2　绘图单位的设置

绘图单位直接影响绘制图形的大小。绘图单位的设置有以下 2 种方法：

（1）在菜单栏中选择【格式】—【单位】（图 4－1－24）选项，在打开的【图形单位】（图 4－1－25）对话框中进行设置。

（2）在命令行中输入【Units】回车，在打开的【图形单位】对话框中进行设置。

"图形单位"对话框中的各选项说明如下：

（1）长度：用于指定测量的当前单位及当前单位的精度。

（2）角度：用于指定当前角度格式和当前角度显示的精度。

（3）插入时的缩放单位：用于控制插入至当前图形中的图块测量单位。若使用的图块单位与该选项单位不同，则在插入时，将对其按比例缩放；若插入时，不按照指定单位缩放，可选择"无单位"选项。

图 4-1-24　打开图形单位　　　　　图 4-1-25　图形单位的设置

（4）输出样例：显示用当前单位和角度设置的例子。

（5）光源：用于指定当前图形中的光源强度单位。

4.1.5.3　绘图比例的设置

绘图比例的设置直接影响绘制图形的精确度，比例设置得越大，绘图的精度越精确。

【操作方法】　在菜单栏中执行【格式】—【比例缩放列表】（图 4-1-26），在【编辑图形比例】对话框的【比例列表】（图 4-1-27）中，选择所需比例值，单击【确定】按钮，若在【比例列表】中没有合适的比例值，可单击【添加】按钮，在【添加比例】（图 4-1-28）对话框的【比例列表中的名称】文本框中，输入所需比例值，并设【图形单位】和【图纸单位】比例，单击【确定】按钮，返回【编辑图形比例】对话框中，选中添加的比例值，单击【确定】按钮即可。

4-3　绘图比例的设置

图 4-1-26　比例　　　　图 4-1-27　比例列表　　　　图 4-1-28　添加比例
　　　缩放列表

4.1.5.4　绘图参数的设置

绘图参数的设置，可以有效提高制图的效率。

【操作方法】　在菜单栏中执行【应用程序】—【选项】（图 4-1-29），在【选项】（图 4-1-30）中对所需基本参数进行设置。

"选项"对话框中的各选项卡说明如下：

（1）文件：该选项卡用于确定系统搜索支持文件、驱动程序文件、菜单文件和其他文件。

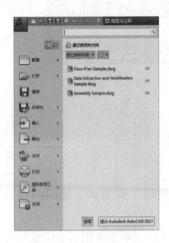

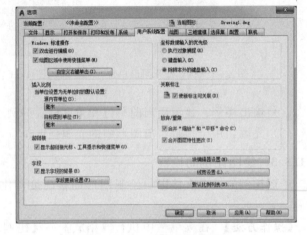

图 4-1-29　应用程序　　　　　　图 4-1-30　【选项】对话框

（2）显示：该选项卡用于设置窗口元素、显示精度、显示性能、十字光标大小和参照编辑的颜色等参数。

（3）打印和保存：该选项卡用于设置系统保存文件类型、自动保存文件的时间及维护日志等参数。

（4）打印和发布：该选项卡用于设置打印输出设备。

（5）系统：该选项卡用于设置三维图形的显示特性、定点设备以及常规等参数。

（6）用户系统配置：该选项卡用于设置系统的相关选项，其中包括"Window 标准操作""插入比例""坐标数据输入的优先级""关联标注""超链接"等参数。

（7）绘图：该选项卡用于设置绘图对象的相关操作，例如"自动捕捉"、"捕捉标记大小"、"Auto-Track 设置"以及"靶框大小"等参数。

（8）三维建模：该选项卡用于创建三维图形时的参数设置，例如"三维十字光标"、"三维对象"、"视口显示工具"以及"三维导航"等参数。

（9）选择集：该选项卡用于设置与对象选项相关的特性，例如"拾取框大小"、"夹点尺寸"、"选择集模式"、"夹点颜色"、"选择集预览"以及"功能区选项"等参数。

（10）配置：该选项卡用于设置系统配置文件的创建、重命名、删除、输入、输出以及配置等参数。

（11）联机：在该选项卡中选择登录后，可进行联机方面的设置，用户可将 Au-toCAD 的有关设置保存到云上，这样无论在家庭或是办公室，则可保证 AutoCAD 设置总是相一致的，包括模板文件、界面、自定义选项等。

4.1.5.5　绘图界限的设置

默认状态下的绘图界限为无限大，为了避免绘制图形超出工作区域，用户可通过设置绘图界限来限定绘图的边界。

【操作方法】　在菜单栏中，执行【格式】—【图形界限】，根据命令行的提示设置绘图区域左下角坐标（按 Enter 键，默认左下角位置的坐标为 "0，0"）及右上角的坐标。在设置图形界限操作之前，需要启用状态栏中的【栅格】功能，以便查看图形界限的边缘。

课后巩固
练习 4.1

任务 4.2　基本绘图命令及其应用

【教学目标】

一、知识目标

1. 掌握点、直线、射线、构造线、多线及多段线等绘制方法。

2. 掌握圆、圆弧、椭圆、样条曲线等绘制方法。

3. 掌握块、面域、图案填充的使用方法。

二、能力目标

通过本章节的学习，让学生掌握基本绘图命令，同时养成良好的绘图习惯，为以后绘制复杂的水利工程图奠定基础。

三、素质目标

通过本章节的学习，培养学生自主学习、细心踏实、思维敏捷的基本素质。

课前预习
4.2

【教学内容】

1. 点、定数等分点、定距等分点的绘图方法。

2. 直线、射线、构造线、多线及多段线的绘图方法。

3. 圆、圆弧、椭圆、样条曲线、修订云线的绘制方法。

4. 块及面域的创建方法、图案填充方法。

4.2.1　点的绘制

点是图形组成的最基本元素，用户可以根据需要对点的样式进行设置。

4.2.1.1　设置点样式

为了点在图形中更好地显示，需要在绘制点之前，对点的外观形状、尺寸大小等样式进行设置。设置点样式有以下 2 种方法：

（1）在菜单栏中执行【格式】—【点样式】命令，见图 4-2-1，在打开的【点样式】对话框中，选中所需点的样式，并在【点大小】数值框中输入点的大小值，如图 4-2-2 所示。

图 4-2-1 "点样式"命令

图 4-2-2 设置点样式

（2）在命令行中输入【DDPTYPE】后，回车，在打开【点样式】对话框，即可进行点样式的设置。

4.2.1.2 绘制点

设置点样式后，即可进行点的绘制。绘制点有以下 2 种方法：

（1）在菜单栏中执行【绘图】—【单点】（或【多点】）命令，在绘图区的指点位置进行点的绘制即可。

（2）在命令行中输入【POINT】后，回车，在绘图区的指点位置进行点的绘制即可。

4.2.1.3 绘制定数等分点

定数等分点是将图形对象按指定的段数进行平均等分。绘制定数等分点有以下 2 种方法：

（1）在菜单栏中执行【绘图】—【定数等分】命令，选择需要等分的对象，输入等分数值并回车。

（2）在命令行中输入【DIVIDE】后，选择需要等分的对象，输入等分数值并回车。

4.2.1.4 绘制定距等分点

定距等分点是将图形对象按照指定的长度进行划分。绘制定距等分点有以下 2 种方法：

（1）在菜单栏中执行【绘图】—【定距等分】命令，选择需要定距等分的对象，输入等分长度并回车。

（2）在命令行中输入【MEASURE】，选择需要定距等分的对象，输入等分长度并回车。

4.2.2 线的绘制

AutoCAD2017 中的线条类型包括直线、射线、构造线、多段线及多线等。用户

4-4 点的绘制

4-5 定数等分

4-6 定距等分

可根据需要选择相应的命令进行绘制。

4.2.2.1　直线的绘制

直线是绘图的基本对象，可以绘制一条线段或是一系列相连的线段。直线的绘制有以下 2 种方法：

4-7　直线的绘制

（1）在菜单栏中执行【绘图】—【直线】命令，在绘图区中指定直线的起点，移动鼠标，输入直线长度值，并回车。

（2）在命令行中输入【LINE】后，回车，按照命令行的提示进行绘制。

4.2.2.2　射线的绘制

射线是具有一个起点，向某个方向无限延伸的直线。射线的绘制有以下 2 种方法：

4-8　射线的绘制

（1）在菜单栏中执行【绘图】—【射线】命令，指定好射线的起点，其后将光标移至所需位置确定射线的方向，指定好第二点，即可完成射线的绘制。

（2）在命令行中输入【RAY】后，回车，按照命令行的提示进行绘制。

4.2.2.3　构造线的绘制

构造线是无限延伸的线，常被用作辅助线使用。构造线的绘制有以下两种方法：

（1）在菜单栏中执行【绘图】—【构造线】命令，在绘图区指定构造线上的 2 个点，即可创建出构造线。

（2）在命令行中输入【XLINE】后，回车，按照命令行的提示进行绘制。

4.2.2.4　多段线的绘制

多段线是由多条等宽或不等宽的直线或圆弧所构成的特殊线段，所构成的图形为一个整体。多段线的绘制有以下 2 种方法：

4-9　多段线的绘制

（1）在菜单栏中执行【绘图】—【多段线】命令，并指定起点线宽、终点线宽以及多线段的长度等。

（2）在命令行中输入【PLINE】命令，回车，按照命令行的提示进行绘制。

4.2.2.5　多线的绘制

多线是由多条平行线组成，平行线之间的间距和数目可以根据需要进行设置。多线主要用于绘制建筑平面图中的墙体。

图 4-2-3　【多线样式】对话框

1. 设置多线样式

绘制多线前需要对多线样式进行设置。操作方法有 2 种：

（1）在菜单栏中执行【格式】—【多线样式】命令，打开【多线样式】（图4-2-3）对话框中根据需要对相关选项进行设置即可。

（2）在命令行中输入【MLSTYLE】命令，回车，按照命令行的提示进行绘制。

"修改多线样式"对话框中的各选项说明如下：

（1）封口：在该选项组中，用户可设置多线平行线段之间两端封口的样式，可设置起点和端点。

（2）直线：多线端点由垂直于多线的直线进行封口。

（3）外弧：多线以端点向外凸出的弧形线封口。

（4）内弧：多线以端点向内凹进的弧形线封口。

（5）角度：设置多线封口处的角度。

（6）填充：用户可设置封闭多线内的填充颜色，选择"无"表示使用透明的颜色填充。

（7）显示连接：显示或隐藏每条多线线段顶点处的连接。

（8）图元：在该选项组中，用户可通过添加或删除来确定多线图元的个数，并设置相应的偏移量、色及线型。

（9）添加：可添加一个图元，其后对该图元的偏移量进行设置。

（10）删除：选中图元，将其删除操作。

（11）偏移：设置多线元素从中线偏移值，值为正，则表示向上偏移，值为负，则表示向下偏移。

（12）颜色：设置组成多线元素的线条颜色。

（13）线型：设置组成多线元素的线条线型。

2. 绘制多线

完成多线样式的设置后，即可进行多线的绘制。绘制多线有以下 2 种方法：

（1）在菜单栏中执行【格式】—【多线】命令，设置多线比例和样式，指定多线起点，并输入线段长度值即可。

（2）在命令行中输入【MLINE】后，回车，按照命令行的提示进行绘制。

4.2.3　曲线的绘制

4.2.3.1　圆形的绘制

圆是绘图的常用命令之一。该系统提供了 6 种绘制圆形的方法，分别为"圆心、半径"、"圆心、直径"、"两点"、"三点"、"相切、相切、半径"以及"相切、相切、相切"，其中"圆心、半径"模式为默认模式。

4-11　圆形的绘制

圆形的绘制有以下 2 种方法：

（1）在菜单栏中执行【绘图】—【圆】命令，在其子菜单中选择合适的命令绘制圆。

（2）在命令行中输入【CIRCLE】命令，回车，按照命令行的提示进行绘制。

绘制圆的 6 种模式：

（1）圆心、半径：用圆心位置和半径值创建圆（图 4-2-4）。

（2）圆心、直径：用圆心位置和直径值创建圆（图 4-2-5）。

（3）两点：用直径的两个端点创建圆（图 4-2-6）。

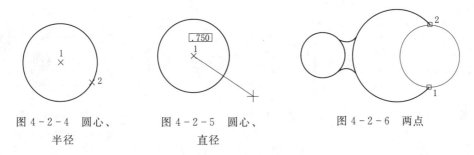

图 4-2-4 圆心、
半径

图 4-2-5 圆心、
直径

图 4-2-6 两点

(4) 三点：用圆上的三个点创建圆（图 4-2-7）。

(5) 相切、相切、半径：以指定半径创建相切于两个对象的圆（图 4-2-8）。

(6) 相切、相切、相切：创建相切于三个对象的圆（图 4-2-9）。

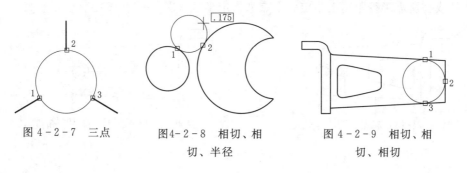

图 4-2-7 三点

图 4-2-8 相切、相
切、半径

图 4-2-9 相切、相
切、相切

4.2.3.2 圆弧的绘制

圆弧是圆的一部分。该系统提供了多种绘制圆弧的方法，包括为"三点"、"起点、圆心、端点"、"起点、端点、角度"、"圆心、起点、端点"以及"连续"等，其中"三点"模式为默认模式。

圆弧的绘制有以下 2 种方法：

(1) 在菜单栏中执行【绘图】—【圆弧】命令，在其子菜单中选择合适的命令绘制圆弧。

(2) 在命令行中输入【ARC】命令，回车，按照命令行的提示进行绘制。

绘制圆弧的 11 种模式：

(1) 三点：用三点创建圆弧（图 4-2-10）。

(2) 起点、圆心、端点：起点和圆心之间的距离确定半径。端点由从圆心引出的通过第三点的直线决定。所得圆弧始终从起点按逆时针绘制（图 4-2-11）。

(3) 起点、圆心、角度：起点和圆心之间的距离确定半径。圆弧的另一端通过将圆弧的圆心用作顶点的夹角来确定。所得圆弧始终从起点按逆时针绘制（图 4-2-12）。

(4) 起点、圆心、长度：起点和圆心之间的距离确定半径。圆弧的另一端通过指定圆弧的起点与端点之间的弦长来确定（图 4-2-13）。

(5) 起点、端点、角度：圆弧端点之间的夹角确定圆弧的圆心和半径（图 4-2-14）。

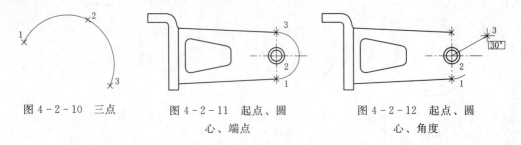

图 4-2-10　三点　　　图 4-2-11　起点、圆　　　图 4-2-12　起点、圆
心、端点　　　　　　　　心、角度

（6）起点、端点、方向：可以通过在所需切线上指定一个点或输入角度指定切向。通过更改指定两个端点的顺序，可以确定哪个端点控制切线（图 4-2-15）。

（7）起点、端点、半径：圆弧凸度的方向由指定其端点的顺序确定。可以通过输入半径或在所需半径距离上指定一个点来指定半径（图 4-2-16）。

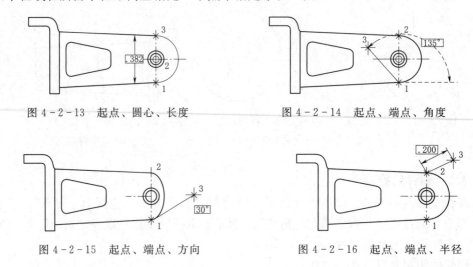

图 4-2-13　起点、圆心、长度　　　　图 4-2-14　起点、端点、角度

图 4-2-15　起点、端点、方向　　　　图 4-2-16　起点、端点、半径

（8）圆心、起点、端点：起点和圆心之间的距离确定半径。端点由从圆心引出的通过第三点的直线决定。所得圆弧始终从起点按逆时针绘制（图 4-2-17）。

（9）圆心、起点、角度：起点和圆心之间的距离确定半径。圆弧的另一端通过指定将圆弧的圆心用作顶点的夹角来确定。所得圆弧始终从起点按逆时针绘制（图 4-2-18）。

图 4-2-17　圆心、起点、端点　　　　图 4-2-18　圆心、起点、角度

（10）圆心、起点、长度：起点和圆心之间的距离确定半径。圆弧的另一端通过指定圆弧的起点与端点之间的弦长来确定（图 4-2-19）。

（11）连续：创建圆弧使其相切于上一次绘制的直线或圆弧（图 4-2-20）。

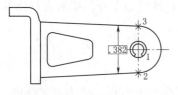
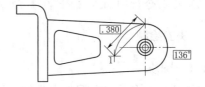

图 4 - 2 - 19　圆心、起点、长度　　　　图 4 - 2 - 20　连续

4.2.3.3　椭圆的绘制

4 - 12　椭圆及椭圆弧的绘制

椭圆的形状由长半轴和短半轴参数决定。该系统提供了 3 种绘制模式，分别为"圆心"、"轴、端点"和"椭圆弧"，其中"圆心"模式为系统默认模式。

椭圆的绘制有以下 2 种方法：

（1）在菜单栏中执行【绘图】—【椭圆】命令，在其子菜单中选择合适的命令绘制椭圆。

（2）在命令行中输入【ELLIPSE】命令，回车，按照命令行的提示进行绘制。

绘制椭圆的 3 种模式：

（1）圆心：使用中心点、第一个轴的端点和第二个轴的长度来创建椭圆，可以通过单击所需距离处的某个位置或输入长度值来指定距离。

（2）端点：椭圆弧上的前两个点确定第一条轴的位置和长度，第三个点确定椭圆的圆心与第二条轴的端点之间的距离。

（3）椭圆弧：椭圆弧上的前两个点确定第一条轴的位置和长度，第三个点确定椭圆弧的圆心与第二个轴的端点之间的距离，第四个点和第五个点确定起点和端点的角度，所得椭圆弧始终从起点按逆时针绘制。

4.2.3.4　样条曲线

样条曲线是一种较为特殊的线段。它是在允差范围内通过一系列控制点拟合成的光滑曲线，适合具有不规则变化曲率半径曲线的绘制。系统中有 2 种绘制模式，分别为"样条曲线拟合"和"样条曲线控制点"。

绘制样条曲线有以下 2 种方法：

（1）在菜单栏中执行【绘图】—【样条曲线】命令，根据实际需要在图上绘制样条曲线。

（2）在命令行中输入【SPLINE】命令，回车，按照命令行的提示进行绘制。

4.2.3.5　修订云线

修订云线是由连续圆弧组成的多段线。在检查或用红线圈阅图形时，可以使用修订云线功能亮显标记以提高工作效率。在绘制云线时，可通过拾取点选择较短的弧线段来修改圆弧的大小，也可以通过调整拾取点来编辑修订云线的单个弧长和弦长。

修订云线有以下 2 种方法：

（1）在菜单栏中执行【绘图】—【修订云线】命令，根据命令行提示，指定云线起点即可开始绘制。

（2）在命令行中输入【REVC】命令，回车，按照命令行的提示进行绘制。

4.2.4 块的绘制

4.2.4.1 图块

图块是由一个或多个图形组成的整体。将复杂的图形作为整体块来处理，可以减少大量重复的操作步骤，从而提高绘图的效率。

1. 创建图块

创建图块是将已有的图形定义成块。创建图块分为创建内部图块和创建外部图块。

（1）创建内部图块。

内部图块是储存在图形文件内部的，因此只能在打开该图形文件后才能使用。

创建内部图块有以下两种方法：

1）在菜单栏中执行【绘图】—【块】—【创建块】（图4-2-21）命令，选择拾取点，拾取块，即可完成块的创建。

2）在命令行中输入【BLOCK】命令，回车，按照命令行的提示进行创建。

图4-2-21 "块定义"对话框

"块定义"对话框中各选项说明如下：

1）名称：该选项用于输入创建图块的名称。

2）基点：该选项组用于确定块插入时的基准点。

3）对象：该选项组用于选择创建块的图形对象。

4）方式：该选项组用于指定块的一些特定方式，如注释性、使块方向与布局匹配、按统一比例缩放、允许分解等。

5）设置：该选项组用于指定图块的单位。其中"块单位"用来指定块参照插入单位；"超链接"可将某个超链接与块定义相关联。

6）说明：该选项可对定义的块进行必要的说明。

7）在块编辑器中打开：勾选该复选框后，则表示在块编辑器中打开当前的块定义。

（2）创建外部图块。

创建外部图块即为写块，是将创建的块作为单独对象存盘，被保存的块可以被大量无限的引用。与创建内部块的区别在于被保存的块可以被其他对象调用，而创建块只能在本章图纸中应用。

创建外部图块的方法：

在命令行输入【WBLOCK】命令，在"写块"对话框（图 4-2-22）中选择拾取点，拾取块，输入保存的文件名和路径即可完成外部图块的创建。

"写块"对话框中各选项说明如下：

1）"源"选项组用于确定组成块的对象来源。

2）"基点"选项组用于确定要插入基点位置。只有在"源"选项组中选中"对象"单选按钮后，该选项组才有效。

3）"对象"选项组用于确定组成块的对象。只有在"源"选项组中选中"对象"单选按钮后，该选项组才有效。

4）"目标"选项组确定块的保存名称、保存位置。

图 4-2-22　【写块】对话框

2. 插入图块

插入块是指将定义好的内部或外部图块插入到当前图形中。在插入图块或图形时，必须指定插入点、比例与旋转角度。

插入图块的方法：

在菜单栏中执行【插入】—【块】（图 4-2-23）命令，单击【浏览】按钮，在"选择图形文件"对话框中，选择所需的图块，其后单击【打开】按钮，点击"确定"。

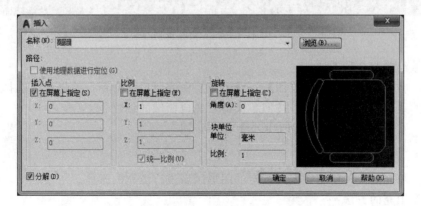

图 4-2-23　【插入】对话框

"插入"对话框中各选项说明如下：

（1）名称：在该选项的下拉列表中可选择或直接输入所插入图块的名称，单击"浏览"按钮，可在打开的对话框中选择所需图块。

（2）插入点：该选项组用于指定一个插入点以便插入块参照定义的一个副本。若取消"在屏幕上指定"选项，则在 X、Y、Z 数值框中输入图块插入点的坐标值。

（3）比例：该选项组用于指定插入块的缩放比例。

（4）旋转：该选项组用于块参照插入时的旋转角度。其角度无论是正值或负值，都是参照于块的原始位置。若勾选"在屏幕上指定"复选框，则表示用户可在屏幕上指定旋转角度。

（5）块单位：该选项组用于显示有关图块单位的信息。其中"单位"选项用于指定插入块的 INSUNITS 值；而"比例"选项则显示单位比例因子。

（6）分解：该选项用于指定插入块时，是否将其进行分解操作。

3. 编辑图块

编辑图块有 2 种方法：

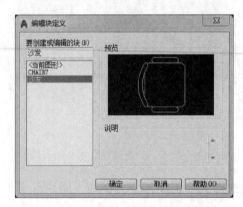

图 4-2-24　【编辑块定义】对话框

（1）在菜单栏中执行【工具】—【块编辑器】（图 4-2-24），在打开的【编辑块定义】对话框中选择要进行编辑的块，点击确定，使用【块编辑器】（图 4-2-25）对块进行编辑。

（2）在命令行中输入【BEDIT】。

4.2.4.2　面域的绘制

面域是使用形成闭合环的对象创建二维闭合区域。组成面域的对象必须闭合或通过与其他对象共享端点而形成闭合的区域。

图 4-2-25　块编辑器

面域绘制有 2 种方法：

（1）在菜单栏中执行【绘图】—【面域】命令。根据命令行的提示，选择所要创建面域的线段，选择完成后，按回车键即可完成面域的创建。

（2）在命令行中输入【REGION】命令，回车。

4.2.4.3　图案填充

图案填充是一种使用图案对指定的图形区域进行填充的操作。

图案填充的方法：

在菜单栏中执行【绘图】—【图案填充】命令，打开"图案填充创建"选项卡。

课后巩固
练习 4.2

在该选项卡中，用户可据需要选择填充的图案、颜色以及其他设置选项。

任务 4.3　基本编辑命令的应用

【教学目标】

一、知识目标

1. 掌握各编辑命令的操作方法。

2. 掌握各种选择图形对象的方式，能根据需要快速、准确的选中所要编辑的图形对象。

3. 熟悉各编辑命令的功能，明确各编辑命令中的各项参数的含义。

二、能力目标

通过本章节的学习，学生在绘制工程图中，能针对不同的情况选择最快捷、最合理的编辑命令快速绘图。

三、素质目标

课前预习 4.3

通过本章节的学习，培养学生爱岗敬业、科学严谨、细心踏实、思维敏捷、勇于创新、团结协作和诚实守信的职业精神。

【教学内容】

1. 图形对象的选择方法。

2. 删除与恢复类命令。

3. 复制类命令。

4. 改变图形位置或大小类命令。

5. 改变图形几何特性类命令。

6. 夹点编辑命令。

AutoCAD2017 具有强大的编辑功能。使用 AutoCAD 中的编辑命令，可修改编辑图中的对象。本章将介绍绘制工程图中常用图形编辑命令的功能与操作，在实际绘图过程中，很多复杂图形都是通过对普通二维图形进行编辑而成的。

4.3.1　选择对象

AutoCAD 编辑命令操作中的共同点是：首先要输入命令，然后选择单个或多个要编辑的图形对象，然后再按提示进行编辑。其中，图形对象包括用一个命令所绘制工程图中的图形、注写的文字、标注的尺寸等。

在 AutoCAD 中进行每一个编辑操作时都需要确定操作对象，也就是要明确对哪一个或哪一些图形对象进行编辑。因此，在编辑图形对象之前，首先必须了解和掌握选择图形对象的相关知识。

4.3.1.1　选择单个图形对象的方式

选择单个图形对象可以使用点选的方式，即直接在绘图区中单击图形对象并选择。"点选"是最基本、最简单的一种选择图形对象的方式。不过使用这种选择方式，一次只能选择一个图形对象。

【操作方法】　在绘图区中，直接将光标移动到要选择的图形对象上，单击鼠标左键，即选中了图形对象。

默认状态下，被选中的图形对象以蓝色线状态显示，并在被选中的图形对象的特征点上呈现蓝色小实体方块，这些蓝色的小实体方块被称为夹点。如图 4 - 3 - 1 （a）所示。用同样的方式可以连续选择多个图形对象，如图 4 - 3 - 1 （b）所示。

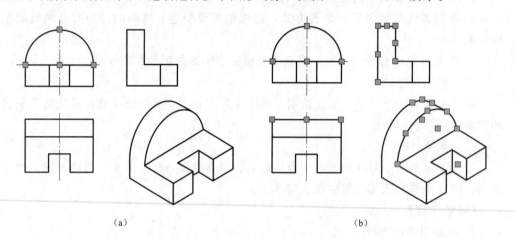

（a）　　　　　　　　　　　　　　　　　　　　（b）

图 4 - 3 - 1　点选图形对象

（a）单个图形；（b）多个图形

4.3.1.2　选择多个图形对象的方式

在 AutoCAD2017 中，一次选择多个图形对象的方法有很多种，例如窗口选择方式、窗交选择方式、圈围选择方式、圈交选择方式、栏选方式和快速选择对象方式。

1. 窗口选择方式

"窗口选择"是一种常用的选择方式，使用这种方式一次可以选择多个图形对象。

【操作方法】　将光标移动到绘图区的空白处，单击鼠标左键，然后只需将光标从左向右拖动，此时，在绘图区中将出现一个矩形选择框，所拉出的矩形选择框以实线显示，当要选择的图形对象全部位于矩形选择框内时，再次单击鼠标左键，则全部位于矩形选择框内的图形对象被选中。

如图 4 - 3 - 2 （a）所示，正视图和左视图全部位于矩形选择框内，此时，单击鼠标左键，这些全部位于矩形选择框内的图形将被选中，被选中的图形对象的特征点上呈现蓝色夹点，如图 4 - 3 - 2 （b）所示。

2. 窗交选择方式

"窗交选择"是一种使用频率非常高的选择方式，使用这种方式一次也可以选择多个图形对象，比较方便。

【操作方法】　将光标移动到绘图区的空白处，单击鼠标左键，然后只需将光标从右向左拉出一矩形选择框，所拉出的矩形选择框以虚线显示，再次单击鼠标左键，所

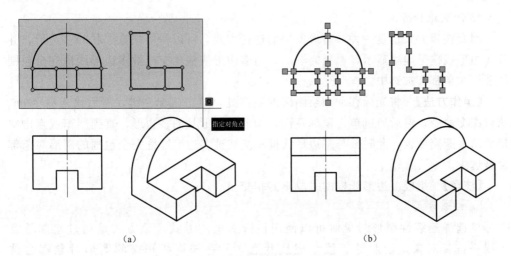

图 4-3-2 窗口方式选择图形对象

有在矩形选择框内的或与矩形选择框相交的对象将全部被选中。

如图 4-3-3（a）所示，正视图的一条竖直直线和左视图全部位于矩形选择框内，正视图中的一条半圆弧、一条水平轴线和两条水平直线与矩形选择框相交，此时，单击鼠标左键，这些图形对象将全部被选中，被选中的图形对象的特征点上呈现蓝色夹点，如图 4-3-3（b）所示。

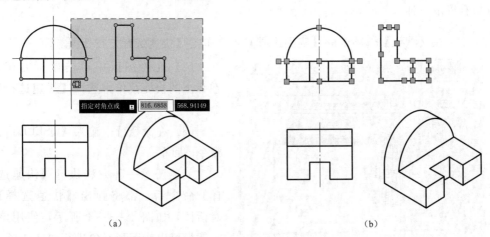

图 4-3-3 窗口方式选择图形对象

3. 圈围选择方式

圈围对象是一种多边形窗口的选择方式，可以构造任意形状的多边形，并且多边形线框呈实线显示，完全包含在多边形线框内的图形对象才会被选中。

【操作方法】 将光标移动到绘图区的空白处，单击鼠标左键，然后输入命令 wp，执行圈围命令，然后通过单击鼠标左键，构造任意形状的多边形，直到回车或点击空格键结束圈围命令，此时，完全包含在多边形线框内的图形对象会被选中。

【注意】 组成多边形线框的线段不能相交。

4. 圈交选择方式

圈交选择方式也是一种多边形窗口的选择方式，可以构造任意形状的多边形，并且多边形线框呈虚线显示，选择完毕后，与多边形线框相交或被多边形线框完全包围的图形对象都会被选中。

【操作方法】 将光标移动到绘图区的空白处，单击鼠标左键，然后输入命令 cp，执行圈交命令，然后通过单击鼠标左键，构造任意形状的多边形，直到回车或点击空格键结束圈交命令，此时，与多边形线框相交或被多边形线框完全包围的图形对象都会被选中。

【注意】 组成多边形线框的线段不能相交。

5. 栏选方式

在选择连续性图形对象时可以使用栏选对象的方式，该方式是通过绘制任意折线来选择对象，绘制的折线呈虚线状态，凡是与折线相交的图形对象都会被选中。

【操作方法】 将光标移动到绘图区的空白处，单击鼠标左键，然后输入命令 f，执行栏选命令，然后通过单击鼠标左键，绘制任意折线，直到回车或点击空格键结束栏选命令，此时，凡是与折线相交的图形对象都会被选中。

6. 快速选择对象方式

快速选择对象是指一次性选择图中所有具有相同属性的图形对象，执行该命令的方法有以下三种。

(1) 在【默认】选项卡的【实用工具】组中单击【快速选择】按钮。

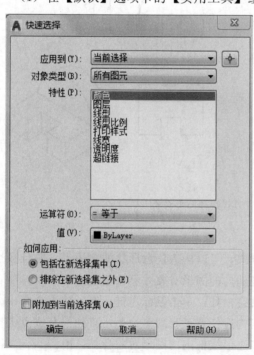

图 4-3-4 【快速选择】对话框

(2) 在绘图区中单击鼠标右键，在弹出的快捷菜单中选择【快速选择】命令。

(3) 在命令行中输入【QSELECT】命令，回车。

上述任意一种方法执行【快速选择】命令后，都将弹出【快速选择】对话框，如图 4-3-4 所示，使用该对话框可以对图形对象进行快速选择。

在【快速选择】对话框的【如何应用】选项组中可以选取符合过滤条件的对象或不符合过滤条件的对象，该选项组中各选项的含义如下。

(1)【包括在新选择集中】：选择绘图区中所有符合过滤条件的对象。关闭、锁定和冻结层上的对象除外。

(2)【排除在新选择集之外】：选

择所有不符合过滤条件的对象。关闭、锁定和冻结层上的对象除外。

【例 4 - 3 - 1】　如图 4 - 3 - 5（a）所示，使用【快速选择】命令选择图中的圆弧。

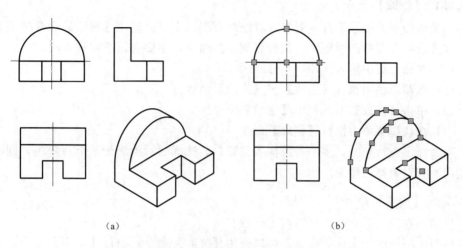

　　　　（a）　　　　　　　　　　　　　　　　（b）

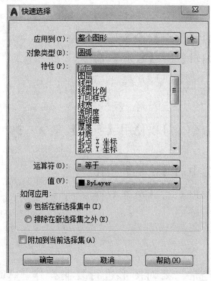

（c）

图 4 - 3 - 5　快速选择图形对象

【操作步骤】

（1）在绘图区单击鼠标右键，在弹出的快捷菜单中选择【快速选择】命令，在【快速选择】对话框中将【对象类型】设置为圆弧，其他设置默认不变，如图 4 - 3 - 5（c）所示。

（2）完成设置后，单击 确定 按钮关闭对话框，返回绘图区，则图中所有符合设置的图形对象都会被选中，如图 4 - 3 - 5（b）所示。

4.3.2　删除与恢复类命令

4.3.2.1　【删除】命令

如果所绘制的图形不符合要求或者绘制有误，则可以使用【删除】命令把不符合要求或者绘制有误的图形删除。执行【删除】命令，主要有以下四种方法。

（1）在命令行中输入【ERASE】命令。

（2）在菜单栏中执行【修改】—【删除】命令。

（3）单击【修改】工具栏中【删除】命令。

（4）在快捷菜单中执行【删除】命令。

当选择多个对象时，多个对象都被删除；若选择的对象属于某个对象组，则该对象组的所有对象都被删除。

4.3.2.2　【放弃】命令

撤销正在执行的命令，可以按 Esc 键。

撤销上一个已经完成的命令，可以使用【放弃】命令。执行【放弃】命令，有以下三种方法。

（1）单击标准工具栏中的【放弃】命令按钮←。

（2）在菜单栏中执行【编辑】—【放弃】命令。

（3）命令行输入 UNDO，简写 U。

4.3.2.3　【恢复】命令

恢复上一个【放弃】的命令，可以使用【恢复】命令。执行【恢复】命令，有以下三种方法。

（1）单击【标准】工具栏中的【恢复】按钮。

（2）在菜单栏中执行【编辑】—【恢复】命令。

（3）命令行输入 Redo。

4.3.3　复制类命令

在绘制图形的过程中，经常需要对图形进行复制操作。AutoCAD2017 提供了多种不同类型复制对象的方法，包括【复制】命令、【镜像】命令、【阵列】命令和【偏移】命令。

不同的复制情况应使用不同的复制命令。对于无规律分布的相同部分，绘图时可只画出一个或一组，其他相同的图形用【复制】命令复制绘出；对于对称的图形或结构，一般只画一半，然后用【镜像】命令复制出另一半；对于成行成列或在圆周上均匀分布的结构，一般只画出一个或一组，其他相同的图形用【阵列】命令复制绘出；对于已知间距的平行直线或较复杂的类似形结构，可只画出一个或一组，其他用【偏移】命令复制绘出。

4.3.3.1　【复制】命令

【复制】命令可以将选中的图形对象进行一次或多次复制，源对象仍保留，复制生成的每个图形对象都是独立的。执行【复制】命令有以下三种方法。

（1）在【默认】选项卡的【修改】组中单击【复制】按钮 。

（2）在菜单栏中执行【修改】—【复制】命令。

（3）命令行输入 Copy。

【注意】　可以单个复制，也可多重复制。无论是单个复制，还是多重复制，选择图形对象后，都要先指定基点，基点是确定新复制图形对象位置的参考点，也就是位移的第一点。精确绘图时，必须按图中所给的尺寸合理选择基点。

4.3.3.2　【镜像】命令

4-13　镜像

【镜像】命令能将目标对象按指定的镜像线对称复制，源对象可保留也可删除。执行【镜像】命令有以下三种方法。

（1）在【默认】选项卡的【修改】组中单击【镜像】按钮 。

（2）在菜单栏中执行【修改】—【镜像】命令。

（3）命令行输入 MIRROR。

在执行命令的过程中，命令行提示信息中各选项的含义如下：

（1）【是】：镜像复制对象的同时删除源对象。

（2）【否】：镜像复制对象的同时保留源对象。

4.3.3.3　【阵列】命令

【阵列】命令是一个高效的复制命令，可以将被阵列的源对象按照一定的规律复制多个图形对象并进行阵列排列。阵列分为矩形阵列和环形阵列。

矩形阵列是指将被阵列的源对象按指定的行数、列数及行间距、列间距进行矩形阵列。

环形阵列是指将被阵列的源对象按指定的阵列中心、阵列个数及包含角度进行环形阵列。

无论哪种阵列方式，都需要在【阵列】对话框中进行，执行【阵列】命令后，即可打开【阵列】对话框。执行【阵列】命令有以下三种方法。

（1）在【默认】选项卡的【修改】组中单击【阵列】按钮 右侧的 ，然后在弹出的菜单中选择相应的阵列命令。

（2）在菜单栏中执行【修改】—【阵列】命令，在弹出的菜单中选择相应的阵列命令。

（3）命令行输入 ARRAY，回车后，选择相应的阵列选项，或者执行相应的阵列命令。

4.3.3.4　【偏移】命令

【偏移】命令可以将图形对象（直线、圆、圆弧、椭圆、椭圆弧、正多边形等）按指定的偏移距离或指定的通过点进行偏移复制（可保留源对象，也可删除源对象）。

执行【偏移】命令有以下三种方法。

（1）在【默认】选项卡的【修改】组中单击【偏移】按钮 。

（2）在菜单栏中执行【修改】—【偏移】命令。

（3）命令行输入 OFFSET。

在执行命令的过程中，命令行提示信息中各选项的含义如下：

（1）【通过】：偏移后的图形对象通过的点，可重复提示，以便偏移多个图形对象。

（2）若指定偏移距离，则选择要偏移的图形对象，然后指定偏移方向，以复制偏移图形对象。指定的偏移距离必须大于 0。

（3）【删除】：在执行偏移操作后，是否删除源图形对象。如果选择【删除源＝否】，则不删除源对象；如果选择【删除源＝是】，则会在执行偏移操作后只保留偏移后的图形对象，而删除源图形对象。

（4）【图层】：是指在源图形对象所在的图层执行偏移操作还是在当前图层执行偏移操作。如果选择【图层＝源】，则表示在源对象所在图层执行偏移操作；如果选择【图层＝当前】，则表示在当前图层执行偏移操作。

（5）【OFFSETGAPTYPE】：控制偏移闭合多段线时处理线段之间潜在间隙方式的系统变量，其值有 0、1、2 三个。0 表示通过延伸多段线填充间隙；1 表示用圆角弧线段填充间隙（每个弧线段半径等于偏移距离）；2 表示用倒角直线段填充间隙（到每个倒角的垂直距离等于偏移距离）。

【注意】（1）偏移后的图形与源图形平行或同心。如果偏移的对象是直线，则偏移后的直线长度不变，而且与源直线平行；如果对象是封闭图形（如圆、椭圆、正多边形等）或者是封闭图形的一部分（如圆弧、椭圆弧等），则偏移后的图形对象被放大或缩小，与源对象是类似形，而且偏移后的图形与源图形同心。

（2）点、图块不能被偏移。

（3）只能以点选方式拾取要偏移的图形对象，一次选择一个图形对象。

【例 4 - 3 - 2】 绘制如图 4 - 3 - 6（a）所示的直尺。

【操作步骤】

（1）打开正交模式，用【直线】命令绘制如图 4 - 3 - 6（b）所示的图形，其中直尺长度为 100mm，直尺刻度线距离直尺左端 1mm。

（2）执行【矩形阵列】命令，按命令行提示选择要阵列的图形对象——一条直尺刻度线，然后回车，即打开矩形阵列对话框，如图 4 - 3 - 6（c）所示，在矩形阵列对话框内，修改列数为 10，列间距（列组【介于】）为 1，列的总距离（列组【总结】）为 9；修改行数为 1；其他设置默认。然后关闭阵列。得到如图 4 - 3 - 6（d）所示的图形。

（3）执行【分解】命令，将阵列得到的刻度线分解。

（4）执行【拉长】命令，将最右侧的刻度线适当拉长，并执行【文字】命令，注写刻度值 1。如图 4 - 3 - 6（e）所示。

（5）再次执行【矩形阵列】命令，按命令行提示选择要阵列的图形对象——10 条直尺刻度线和刻度值 1，然后回车，即打开矩形阵列对话框，如图 4 - 3 - 6（f）所示，在矩形阵列对话框内，修改列数为 10，列间距（列组【介于】）为 10，列的总距离（列组【总计】）为 90；修改行数为 1；其他设置默认。然后关闭阵列。得到如图 4 - 3 - 6（g）所示的图形。

（6）执行【分解】命令，将阵列得到的刻度线和刻度值分解。

（7）修改刻度值，并执行【删除】命令，删除直尺右侧的刻度值 1，即得到如图 4 - 3 - 6（a）所示的图形。完成作图。

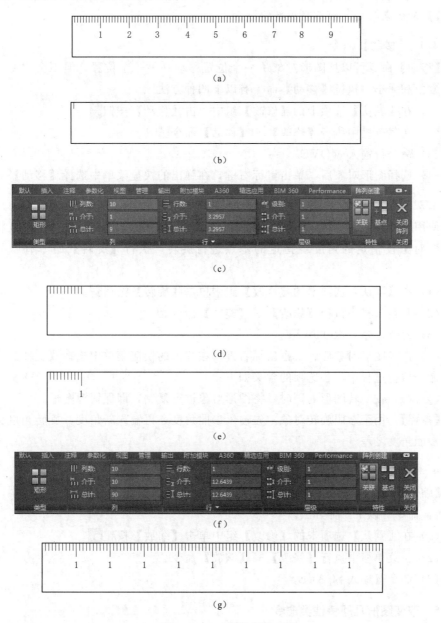

图 4 - 3 - 6 绘制直尺

【注意】 AutoCAD2017 默认阵列后的图形是一个图形对象，如果要编辑阵列后的图形中的某一个对象，则需要先将其分解。

4.3.4　改变图形位置或大小类命令

在 AutoCAD 中绘图，不必像手工绘图那样精确计算每个视图在图纸上的位置，若某部分图形定位不准确，也不必将其擦掉，可以使用【移动】命令或【旋转】命令将它们平移或旋转到所需的位置。而且，若图样中图形的大小不是所希望的，也可用【缩放】命令来改变，而不必重新绘制。

4.3.4.1　【移动】命令

4－14　移动

【移动】命令可以把图形对象从一个位置移动到另一个位置，但不会改变图形对象的方位和大小。执行【移动】命令有以下四种方法。

（1）在【默认】选项卡的【修改】组中单击【移动】按钮❖。

（2）在菜单栏中执行【修改】—【移动】命令。

（3）命令行输入 MOVE。

（4）选择图形对象后，单击鼠标右键，在弹出的快捷菜单中选择【移动】命令。

4.3.4.2　【旋转】命令

4－15　旋转

使用【旋转】命令可以将图形对象调整到合适的方位。【旋转】命令可以将选中的图形对象按指定的角度绕指定的基点进行旋转。执行【旋转】命令有以下四种方法。

（1）在【默认】选项卡的【修改】组中单击【旋转】按钮◐。

（2）在菜单栏中执行【修改】—【旋转】命令。

（3）命令行输入 ROTATE。

（4）选择图形对象后，单击鼠标右键，在弹出的快捷菜单中选择【旋转】命令。

命令执行过程中，各选项的含义如下：

【复制】：在旋转图形的同时，将图形对象进行复制，即保留源图形。

【参照】：用于参照旋转对象。先输入参照角度，再输入新角度，旋转角度为新角度与参照角度之差。

4.3.4.3　【缩放】命令

【缩放】命令可以将选中的图形对象相对于基点按比例进行放大或缩小。执行【旋转】命令有以下三种方法。

（1）在【默认】选项卡的【修改】组中单击【缩放】按钮▣。

（2）在菜单栏中执行【修改】—【缩放】命令。

（3）命令行输入 SCALE。

4.3.5　改变图形几何特性类命令

4.3.5.1　【修剪】命令

【修剪】命令用于沿指定的修剪边界修剪掉目标对象中不需要的部分，所选择的修剪边界与目标对象可以相交，也可以不相交，但修剪边界的隐含延长边必须与被修剪对象相交。被修剪的图形对象可以是直线、圆、弧、多段线、样条曲线、射线等。执行【修剪】命令有以下三种方法。

（1）在【默认】选项卡的【修改】组中单击【修剪】按钮 。

（2）在菜单栏中执行【修改】—【修剪】命令。

（3）命令行输入 TRIM。

在执行命令的过程中，命令行提示信息中各选项的含义如下：

（1）【全部选择】：按【Space】键可快速选择所有可见的几何图形，用作剪切边或边界边。

（2）【栏选】：使用栏选方式一次性选择多个需要修剪的图形对象。

（3）【窗交】：使用窗交选择方式一次性选择多个需要修剪的图形对象。

（4）【投影】：指定修剪对象时，AutoCAD2017 使用的投影模式，该选项通常在三维绘图中使用。

（5）【边】：用于确定修剪边界的隐含延伸模式。选择该选项后系统提示"输入隐含边延伸模式【延伸（E）/不延伸（N）】"。【延伸】选项表示修剪边界可以无限延长，边界与被修剪对象不必相交，只要修剪边界的隐含延长边与被修剪对象相交，就能修剪对象；【不延伸】选项表示修剪边界只有与被修剪对象相交时才有效。

（6）【删除】：直接删除选择的图形对象。

（7）【放弃】：撤销上一步的修剪操作。

【注意】　在执行【修剪】命令的过程中，按住【Shift】键可以转换为执行【延伸】命令。如在选择要修剪的图形对象时，某线段未与修剪边界相交，则按住【Shift】键后单击该线段，可将其延伸到最近的边界。

4.3.5.2　【延伸】命令

【延伸】命令用于将目标对象延伸到所指定的延伸边界上，延伸对象包括直线、圆弧、椭圆弧等非闭合图形对象。闭合图形（如圆、矩形等）不能被延伸。执行【修剪】命令，有以下三种方法。

（1）在【默认】选项卡的【修改】组中单击【修剪】按钮 右侧的按钮 ，然后单击【延伸】按钮 。

（2）在菜单栏中执行【修改】—【延伸】命令。

（3）命令行输入 EXTEND。

【延伸】命令的使用方法与【修剪】命令的使用方法相似，区别是使用延伸命令时，如果按下【Shift】键的同时选择对象，则执行修剪命令；使用修剪命令时，如果按下【Shift】键的同时选择对象，则执行延伸命令。

【例 4-3-3】　使用【修剪】、【延伸】命令将如图 4-3-7（a）所示的图形编辑成如图 4-3-7（b）所示的图形。

【操作步骤】

（1）使用【延伸】命令将互相平行的斜线延伸到上面的水平线。如图 4-3-7（c）所示。

4-16　修剪、延伸命令的操作方法

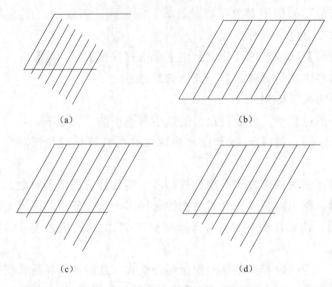

图 4-3-7　修剪延伸命令绘图

1）执行【延伸】命令。

2）根据命令行的提示，选择延伸边界——上面的水平线，回车。

3）选择要延伸的图形对象——互相平行的斜线。

（2）使用【修剪】命令修剪图形中不需要的部分。

1）执行【修剪】命令。

2）根据命令行的提示，选择修剪边界。如图 4-3-7（d）所示，下面水平直线和右边的倾斜直线即为选中的修剪边界。

3）选择需要修剪的部分，即得到如图 4-3-7（b）所示的图形。完成作图。

4.3.5.3　【圆角】命令

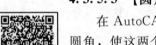

在 AutoCAD2017 中，可以利用【圆角】命令对两个不平行的直线或多段线进行圆角，使这两个不平行的直线或多段线以圆角相连接。

执行【圆角】命令有以下三种方法。

（1）在【默认】选项卡的【修改】组中单击【圆角】按钮 。

（2）在菜单栏中执行【修改】—【圆角】命令。

（3）命令行输入 FILLET。

在执行命令的过程中，命令行提示信息中各选项的含义如下：

（1）【放弃】：选择该选项，可以放弃圆角的设置。

（2）【多段线】：选择该选项，可对由多段线组成的图形的所有角同时进行圆角。

（3）【半径】：以指定一个半径设置圆角的半径。

（4）【修剪】：设置修剪模式，控制圆角处理后是否删除圆角的组成对象，默认为删除。如果设置修剪模式，则圆角时自动将不足的补齐，超出的剪掉；如果设置为不修剪模式，则仅仅增加一个指定半径的圆弧，原有图形不变。

（5）【多个】：选择该选项，可对多组对象连续进行圆角处理，直到结束命令为止。

4.3.5.4 【倒角】命令

在 AutoCAD2017 中，可以利用【倒角】命令对两个不平行的直线或多段线按照所选倒角的大小进行倒角，使这两个不平行的直线或多段线以倒角相连接。倒角时，倒角距离或倒角角度不能太大，否则无效。当两个倒角距离均为 0 时，倒角命令将延伸两条直线使其相交，不产生倒角；如果两条直线平行或发散，则不能修倒角。执行【倒角】命令有以下三种方法。

（1）在【默认】选项卡的【修改】组中单击【倒角】按钮右侧的按钮▼，然后单击【倒角】按钮◢。

（2）在菜单栏中执行【修改】—【倒角】命令。

（3）命令行输入 CHAMFER。

在执行命令的过程中，命令行提示信息中各选项的含义如下：

（1）【放弃】：选择该选项，可以放弃倒角的设置。

（2）【多段线】：选择该选项，可对由多段线组成的图形的所有角同时进行倒角。

（3）【距离】：指定倒角的距离。

（4）【角度】：根据第一个倒角距离和第一条倒角线的角度来设置倒角尺寸，如图 4 - 3 - 8 所示。

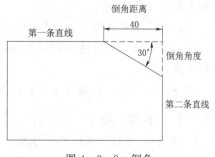

图 4 - 3 - 8　倒角

（5）【修剪】：设置修剪模式，控制倒角处理后是否删除原倒角的组成对象，默认为删除。如果设置修剪模式，则倒角时自动将不足的补齐，超出的剪掉；如果设置为不修剪模式，则仅仅增加一倒角，原有图形不变。

（6）【多个】：选择该选项，可对多组对象连续进行倒角处理，直到结束命令为止。

4.3.5.5 【拉长】命令

【拉长】命令在编辑直线、圆弧、多段线、椭圆弧和样条曲线时经常使用，它可以拉长或缩短图形对象，也可以改变弧的角度。执行【拉长】命令有以下三种方法。

（1）在【默认】选项卡的【修改】组中单击 修改 ▼ 按钮，然后在弹出的下拉列表中单击【拉长】按钮 。

（2）在菜单栏中执行【修改】—【拉长】命令。

（3）命令行输入 LENGTHEN。

在执行命令的过程中，命令行提示信息中各选项的含义如下：

（1）【百分数】：以相对于原长度的百分比来修改直线或圆弧的长度。

（2）【增量】：以增量方式拉长直线或圆弧的长度。长度增量为正值时拉长，负值时缩短。

（3）【总计】：通过输入对象的总长度来改变对象的长度。

（4）【动态】：通过用动态模式拖动对象的一个端点来改变对象的长度或角度。AutoCAD 将端点移动到所需的长度或角度，另一端保持固定，此功能不能对样条曲线、多段线进行操作。

4.3.5.6　【拉伸】命令

使用【拉伸】命令可以将所选择的图形对象按照规定的方向和角度进行拉伸或缩短，并且被选择对象的形状会发生变化。执行【拉伸】命令有以下三种方法。

（1）在【默认】选项卡的【修改】组中单击【拉伸】按钮 。

（2）在菜单栏中执行【修改】—【拉伸】命令。

（3）命令行输入 STRETCH。

【注意】 拉伸必须通过框选或圈选的方式才能进行。使用拉伸命令，既可以拉伸图形对象，又可以移动图形对象。如果选择的图形对象全部在选择窗口内，则拉伸命令可以将图形对象从基点移动到终点；如果选择对象只有部分在选择窗口内，则图形对象遵循以下拉伸原则：

（1）直线：位于窗口外的端点不动，位于窗口内的端点移动。

（2）圆弧：与直线类似，但圆弧的弦高保持不变，需要调整圆心的位置及圆弧的起始角和终止角的值。

（3）区域填充：位于窗口外的端点不动，位于窗口内的端点移动。

（4）多段线：与直线和圆弧类似，但多段线两端的宽度、切线方向及曲线拟合信息均不变。

（5）其他对象：如果其定义点位于选择窗口内，对象可移动，否则不动。

4.3.5.7　【分解】命令

【分解】命令可将多线段、矩形、正多边形、图块、剖面线、尺寸等含多项内容的一个图形对象分解成若干个独立的图形对象。当只需编辑这些图形对象中的一部分时，可先使用【分解】命令分解图形对象。执行【分解】命令有以下三种方法。

（1）在【默认】选项卡的【修改】组中单击【分解】按钮 。

（2）在菜单栏中执行【修改】—【分解】命令。

（3）命令行输入 EXPLODE。

4.3.5.8　【合并】命令

【合并】命令可以将两个或多个相似的图形对象合并为一个对象，其他相似地与之合并的对象称之为源对象。所有要合并的对象必须位于相同的平面上。合并的对象可以是圆弧、椭圆弧、直线、多段线和样条曲线。合并两条或多条椭圆弧时，系统自动从源对象开始按逆时针方向合并椭圆弧，但圆弧或椭圆弧必须位于同一圆或椭圆弧上。执行【合并】命令有以下三种方法。

（1）在【默认】选项卡的【修改】组中单击 修改 ▼ 按钮，然后在弹出的下拉列表中单击【合并】按钮 。

（2）在菜单栏中执行【修改】—【合并】命令。

（3）命令行输入 JION 命令。

4.3.5.9 【打断】与【打断于点】命令

【打断】命令用于删除图形对象上不需要指定边界的某一部分，也可将一个图形对象分成两部分。被打断的线段只能是单独的线条，不能是任何组合形体，如图块等。

【打断】命令的操作可通过直接指定两断开点打断图形对象，也可先选择要打断的图形对象，然后再指定两断开点打断图形对象。后者常用于第一个打断点定位不准确，需要重新指定的情况下。

（1）将图形对象打断于一点。

将对象打断于一点是指将整条线段分离成两条独立的线段，但线段之间没有空隙。执行【打断于点】命令有以下两种方法。

1）在【默认】选项卡的【修改】组中单击 `修改 ▼` 按钮，然后在弹出的下拉列表中单击【打断于点】按钮 。

2）命令行输入 BREAK 命令。

（2）以两点方式打断图形对象。

以两点方式打断图形对象是指在图形对象上指定两个打断点，使图形对象以一定的距离断开。执行【打断】命令有以下三种方法。

1）在【默认】选项卡的【修改】组中单击 `修改 ▼` 按钮，然后在弹出的下拉列表中单击【打断】按钮 。

2）在菜单栏中执行【修改】—【打断】命令。

3）命令行输入 BREAK 命令。

默认情况下，以选择对象时的拾取点作为第一个断点，然后再指定第二个断点。如果直接选取对象上的另一点或者在对象的一端之外拾取一点，这时将删除对象上位于两个拾取点之间的部分。在确定第二个打断点时，如果在命令行输入@，可以使第一个和第二个断点重合，从而将对象一分为二。如果对圆、矩形等封闭图形使用打断命令时，AutoCAD 将沿逆时针方向把第一断点至第二断点之间的那段圆弧或直线删除。

4.3.6 夹点编辑命令

夹点是图形对象上特殊位置的点，用来标记绘图对象上的控制位置。在不执行任何命令的情况下选择图形对象，在图形对象上将显示出若干个小方块，这些小方块用来标记被选中对象的夹点。默认情况下，夹点始终是打开的，其显示的颜色和大小，可以通过菜单栏中【工具】—【选项】对话框的【选择】选项卡进行设置，默认情况下，夹点的颜色呈现蓝色。对于不同的对象，用来控制其特征点的夹点的位置和数量是不同的。如图 4-3-9 所示。

4-18 夹点

在 AutoCAD2017 中，夹点是一种集成的编辑模式，有很强的实用性，可以对图形对象进行拉伸、移动、旋转、缩放、镜像等操作，为绘图提供了一种方便快捷的编

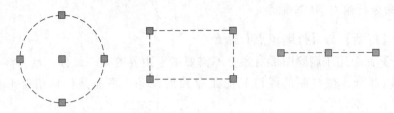

图 4 - 3 - 9 夹点显示

辑操作途径。

系统默认状态下，夹点有以下 3 种显示形式。

（1）未选中夹点：当在非命令执行过程中直接选择图形时，图形的每个特征点会以蓝色小实心方块显示出来。这些蓝色的小实心方块即为夹点。

（2）选中夹点：选中图形对象，在图形对象中显示夹点后，再次单击夹点，夹点将呈现红色小实心方块显示，此时，即可通过夹点对图形对象进行编辑操作。

（3）悬停夹点：移动光标到蓝色的夹点上，夹点即可变为粉红色。

4.3.6.1 使用夹点拉伸图形对象

拉伸夹点是指通过将选择的夹点移动到另一个位置来拉伸图形对象。在不执行任何命令的情况下选择图形对象，显示其夹点，然后单击其中一个夹点，则该夹点就被当作拉伸的基点，进行相应的操作。

在使用夹点拉伸图形对象的过程中，命令行提示信息中各选项的含义如下：

（1）【基点】：提示用户输入一点作为拉伸的基点。

（2）【复制】：在拉伸图形对象时同时复制图形对象。

（3）【放弃】：放弃上一步的编辑操作。

（4）【退出】：退出夹点编辑方式。

【注意】 当选中某个夹点后，系统默认的编辑方式为拉伸。

4.3.6.2 使用夹点移动图形对象

移动夹点与移动对象没有多大区别，只是移动夹点可以对图形对象进行复制等操作。移动图形对象仅是位置上的平移，对象的大小和方向不会被改变。要准确地移动图形对象，可使用捕捉模式、坐标、夹点和对象捕捉模式。执行该命令的方法有以下两种。

（1）选择某个夹点后，单击鼠标右键，在弹出的快捷菜单中选择【移动】命令。

（2）选择某个夹点后，在命令行中输入【M】命令。

通过输入点的坐标或拾取点的方式指定平移对象的目的点后，即可以基点为平移起点，以目的点为终点将所选图形对象平移到新的位置。

4.3.6.3 使用夹点旋转图形对象

夹点旋转就是将选择的图形对象围绕选中的夹点按照指定的角度进行旋转的操作，执行该命令的方法有以下两种。

（1）选择某个夹点后，单击鼠标右键，在弹出的快捷菜单中选择【旋转】命令。

（2）选择某个夹点后，在命令行中输入【RO】命令。

　　默认情况下，输入旋转的角度值或通过拖动方式指定旋转角度后，即可将图形对象绕基点旋转指定的角度。

4.3.6.4　使用夹点缩放图形对象

　　夹点缩放方式是指在 X、Y 轴方向等比例缩放图形对象的尺寸，可以进行比例缩放、基点缩放、复制缩放等编辑操作。执行该命令的方法有以下两种。

　　（1）选择某个夹点后，单击鼠标右键，在弹出的快捷菜单中选择【缩放】命令。

　　（2）选择某个夹点后，在命令行中输入【SC】命令。

　　默认情况下，指定缩放的比例因子后，将相对于基点进行缩放对象的操作。当比例因子大于 1 时，放大图形；当比例因子介于 0 到 1 之间时，缩小图形。

4.3.6.5　使用夹点镜像图形对象

　　夹点镜像用于镜像图形对象，通过夹点指定基点和第二点的镜像线来使用镜像图形对象。执行该命令的方法有以下两种。

　　（1）选择某个夹点后，单击鼠标右键，在弹出的快捷菜单中选择【镜像】命令。

　　（2）选择某个夹点后，在命令行中输入【MI】命令。

　　【例 4 - 3 - 4】　使用夹点镜像图 4 - 3 - 10（a）所示的图形，使镜像后的图形如图 4 - 3 - 10（b）所示。

4 - 19　夹点镜像图形对象

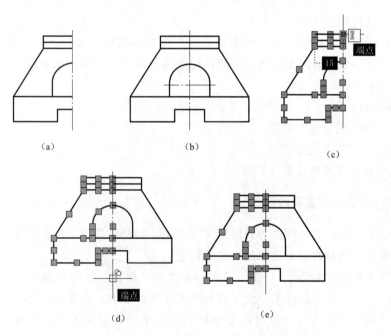

（a）　　　　　　　　（b）　　　　　　　　（c）

（d）　　　　　　　　（e）

图 4 - 3 - 10　使用夹点镜像图形对象

　　【操作步骤】

　　（1）使用窗口选择方式选择要镜像的图形对象，并单击如图 4 - 3 - 10（c）所示的夹点作为基点，然后单击鼠标右键，在弹出的快捷菜单中选择【镜像】命令。

　　（2）在命令行中输入【c】，然后捕捉轴线下端点作为镜像线的第二点（指定镜像线上的第二点后，将以基点作为镜像线上的第一个点)，如图 4-3-10 (d) 所示。

(3) 回车结束命令，得到如图 4-3-10 (e) 所示的图形。

(4) 按 Esc 键，即得到如图 4-3-10 (b) 所示的图形。完成作图。

课后巩固
练习 4.3

【注意】 指定镜像线上的第二点后，将以基点作为镜像线上的第一个点，新指定的点为镜像线上的第二个点。默认状态下，镜像后将删除源对象。若需要保留源对象，则应在选择【镜像】命令后，在命令行中输入【c】，然后再指定镜像线的第二个点。

任务 4.4 文字、表格、尺寸标注

【教学目标】

一、知识目标

1. 掌握文字样式、表格样式、尺寸标注样式创建方法。

2. 掌握输入文字、创建表格及常用尺寸标注的方法和修改方法。

二、能力目标

课前预习 4.4

通过本章学习、学生能对工程图进行文字样式、表格样式及尺寸标注样式的设置及应用。

三、素质目标

在工程图绘制过程中，为了形象的表达工程形体的尺寸及特点，需要运用文字、表格与尺寸标注来完善图形信息，便于准确表达与识读工程图，培养准确绘图及与人沟通交流的能力。

【教学内容】

1. 文字样式的设置及应用。

2. 表格样式的设置及应用。

3. 尺寸标注样式的设置及应用。

4.4.1 文字样式的设置及应用

在绘制图形对象时，可以为其添加文字说明，如材料说明、工艺说明、技术说明和施工要求等，更直观地表现图形对象的信息。

按照《工程制图标准》（GB/T 13361—2012）规定，各种专业图样中的文字字体、字宽、字高都有一定标准。为了达到国家标准的要求，在输入文字以前，首先设置文字样式或者调用已经设置好的文字样式。文字样式定义了文本所用的字体、字高、宽度因子、倾斜角度等文字特征。

4-1 文字
样式的介绍

4.4.1.1 文字样式

AutoCAD2017 中，系统默认的文字样式是【Standard】。图形在绘制的过程中，用户可以对系统默认样式进行修改或根据需要再新建一个文字样式。下面详细讲解新建文字样式、应用文字样式、重命名文字样式、删除文字样式的方法。

1. 新建文字样式

新建文字样式，首先应对文字样式的字体、字号、方向、倾斜角度和其他相关文字特性进行设置。

在 AutoCAD2017 中，执行【文字样式】命令的方法有以下 4 种：

（1）在菜单栏中执行【格式】—【文字样式】命令。

（2）在【默认】选项卡的【注释】组中单击【文字样式】按钮 🅰。

（3）在【注释】选项卡的【文字】组中单击其右下角的按钮 ▾。

（4）在命令行中输入【DDSTYLE】或【STYLE】命令。

【例 4-4-1】　新建文字样式。

【操作步骤】

第一步：在命令行中输入【DDSTYLE】命令，弹出【文字样式】对话框，在对话框中单击【新建】按钮，弹出【新建文字样式】对话框。然后在该对话框中将【样式名】设置为【样式 1】，再单击【确定】按钮，如图 4-4-1 所示。

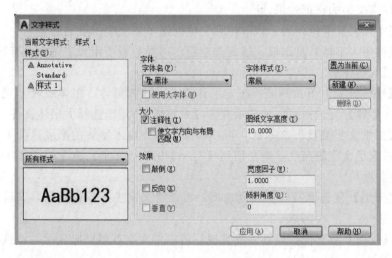

图 4-4-1　新建文字样式

第二步：返回【文字样式】对话框，在【字体】组中将【字体名】设置为【黑体】，在【大小】组中将【高度】设置为 10，然后单击【置为当前】按钮，弹出【文字样式】对话框，直接单击【是】按钮，即可将新建样式置为当前，最后单击【关闭】按钮，如图 4-4-2 所示。

在【文字样式】对话框中部分选项的含义介绍如下：

（1）当前文字样式：显示当前正在使用的文字样式名称。

（2）样式：该列表框显示图形中所有的文字样式，在该列表框中包括已定义的样式名并默认显示选择的当前样式。

（3）样式列表过滤器【所有样式】：可以在该下拉列表中选择在样式列表中显示所有样式还是仅显示使用中的样式。

（4）预览：位于样式列表过滤器下方，其显示会随着字体的改变和效果的修改而

4-2　文字样式对话框含义

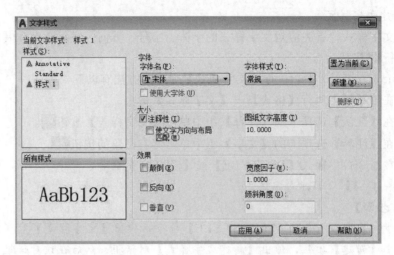

图 4 - 4 - 2　将新建样式置为当前

动态更改样例文字的预览效果。

（5）【字体名】下拉列表：该下拉列表中列出了系统中所有的字体。

（6）【使用大字体】复选框：该复选框用于选择是否使用大字体。只有 SHX 文件可以创建【大字体】。

（7）【字体样式】下拉列表：指定字体格式，比如斜体、粗体或者常规字体。勾选【使用大字体】复选框后，该选项变为【大字体】，用于选择大字体文件。

（8）【图纸文字高度】文本框：可在该文本框中输入字体的高度。如果用户在该文本框中指定了文字的高度，则在使用【Text】（单行文字）命令时，系统将不提示【指定高度】选项。

（9）【颠倒】复选框：勾选该复选框，可以将文字上下颠倒显示，该选项只影响单行文字。

（10）【反向】复选框：勾选该复选框，可以将文字首尾反向显示，该选项只影响单行文字。

（11）【宽度因子】文本框：设置字符间距。若输入小于 1.0 的值，将紧缩文字，若输入大于 1.0 的值，则加宽文字。

（12）【倾斜角度】文本框：该文本框用于指定文字的倾斜角度。在指定文字倾斜角度时，如果角度值为正数，则其方向是向右倾斜，如果角度值为负值，则其方向是向左倾斜。

2. 应用文字样式

在 AutoCAD 2017 中，如果需要应用某个已经设置好的文字样式，需将文字样式设置为当前文字样式。

（1）在【默认】选项卡的【注释】组中单击【文字】组中的 ▼ 按钮，然后在【文字样式】列表框中选择相应的文字样式，将其设置为当前的文字样式，如图 4 - 4 - 3 所示。

（2）在命令行中输入【DDSTYLE】命令，弹出【文字样式】对话框，在【样

图 4 - 4 - 3　选择文字样式

式】列表框中选择需要置为当前的文字样式，单击【置为当前】按钮，然后单击【关闭】按钮，关闭该对话框，如图 4 - 4 - 4 所示。

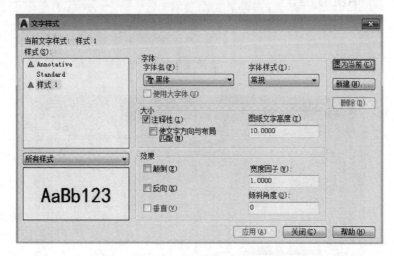

图 4 - 4 - 4　选择文字样式

3. 重命名文字样式

在使用文字样式的过程中，有时可能对文字样式名称的设置不满意，此时可以进行重命名操作，以方便查看和使用。但是对于系统默认的【Standard】文字样式不能进行重命名操作。

在 AutoCAD2017 中，执行【重命名文字样式】命令的方法有以下两种：

（1）在命令行中输入【STYLE】命令，弹出【文字样式】对话框，在【样式】列表框中右击要重命名的文字样式，在弹出的快捷菜单中选择【重命名】选项，如图 4 - 4 - 5 所示。

（2）在命令行中输入【RENAME】命令，弹出【重命名】对话框，在【命名对象】列表框中选择【文字样式】选项，在【项数】列表框中选择要修改的文字样式名称，然后在下方的空白文本框中输入新的名称，单击【确定】按钮或【重命名为】按钮即可，如图 4 - 4 - 6 所示。

4. 删除文字样式

如果某个文字样式在绘图过程中没有起到作用，可以将其删除。

在 AutoCAD2017 中，执行【删除文字样式】命令的方法有以下两种：

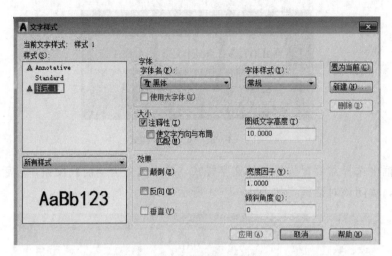

图 4-4-5　选择【重命名】选项

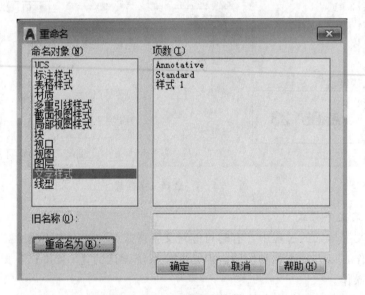

图 4-4-6　重命名文字样式

（1）在命令行中输入【STYLE】命令，弹出【文字样式】对话框，在【样式】列表框中选择要删除的文字样式，单击【删除】按钮，如图 4-4-7 所示。此时会弹出【acad 警告】对话框，单击【确定】按钮，即可删除当前选择的文字样式。返回【文字样式】对话框，然后单击【关闭】按钮，关闭该对话框。

（2）在命令行中输入【PURGE】命令，弹出如图 4-4-8 所示的【清理】对话框。在该对话框中选中【查看能清理的项目】单选按钮，在【图形中未使用的项目】列表框中双击【文字样式】选项，展开此项显示当前图形文件中的所有文字样式，选择要删除的文字样式，然后单击【清理】按钮即可，如图 4-4-9 所示。

【注意】　系统默认的 Standard 文字样式与置为当前的文字样式不能被删除。

图 4 - 4 - 7　删除文字样式

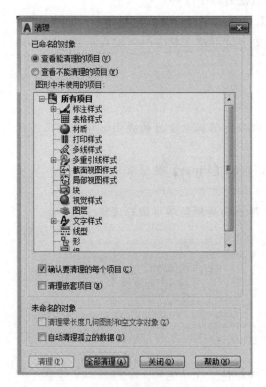

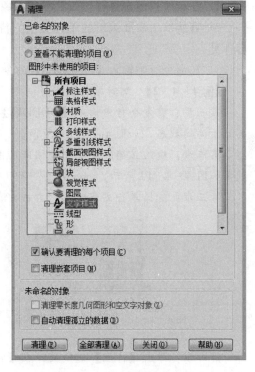

图 4 - 4 - 8　【清理】对话框　　　　　　图 4 - 4 - 9　【清理】文字样式

4.4.1.2　文字的输入

在文字样式设置完成以后，即可使用相关命令在图形文件中输入文字。在输入文字的过程中，用户可以根据绘图需要输入单行文字或多行文字。

1. 单行文字

输入单行文字是指在输入文字信息时，用户可以使用单行文字工具创建一行或多行文字。其中，每行文字都是独立的文字对象，并且还可以对其进行相应的编辑操作，如重定位、调整格式或进行其他修改等。

（1）输入单行文字。

单行文字主要用于不需要多种字体和多行文字的简短输入。

在 AutoCAD2017 中，执行【单行文字】命令的方法有以下两种：

1）在菜单栏中执行【绘图】—【文字】—【单行文字】命令。

2）在命令行中输入【DTEXT】命令。

【注意】　在输入单行文字时，如果输入的符号显示为?，则是因为当前字体库中没有该符号的原因。

（2）编辑单行文字。

输入单行文字后，还可以对其特性和内容进行编辑。

在 AutoCAD2017 中，编辑单行文字的方法有以下 3 种：

1）在菜单栏中选择【修改】—【对象】—【文字】—【编辑】命令。

2）直接双击需要编辑的单行文字，待文字呈可输入状态时，输入正确的文字内容即可。

3）在命令行中输入【DDEDIT】命令。

【例 4 - 4 - 2】　编辑单行文字。

第一步：在命令行中输入【DDEDIT】命令，根据命令行的提示选择单行文字使其处于编辑状态，如图 4 - 4 - 10 所示。

第二步：输入正确的文本"大坝断面图"，按【Enter】键结束该命令，输入文字效果如图 4 - 4 - 11 所示。

第三步：选择单行文字对象，右击，在弹出的快捷菜单中执行【特性】命令。

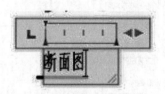

图 4 - 4 - 10　使文字处于编辑状态　　　　　图 4 - 4 - 11　输入文字效果

第四步：弹出【特性】选项板，在【常规】栏中可以改变字体的颜色等特性，如图 4 - 4 - 12 所示。

第五步：单击文字【特性】选项板左上角的【关闭】按钮，关闭该选项板，返回绘图区，按【Esc】键取消文字的选择状态。

2. 多行文字

多行文字可以包含一个或多个文字段落，且各段落作为单一对象处理。使用多行文字命令，用户可以输入或粘贴其他文字中的文字，还可以设置制表符、调整段落或行距，设置文字对齐方式等。

（1）输入多行文字。

多行文字一般用于较多或较复杂的文字注释中。在 AutoCAD2017 中，输入多行文字的方法有以下 2 种：

1）在菜单栏中执行【绘图】—【文字】—【多行文字】命令。

2）在命令行中输入【MTEXT】命令。

（2）编辑多行文字。

输入多行文字后，如发现输入的文字内容有误或需要添加某些特殊内容，则可以对文字进行编辑。在 AutoCAD 2017 中，编辑多行文字的方法有以下 4 种：

1）在菜单栏中选择【修改】—【对象】—【文字】—【编辑】命令。

2）选择要编辑的多行文字右击，在弹出的快捷菜单中选择【编辑多行文字】命令。

3）双击需要编辑的多行文字。

4）在命令行中输入【MTEDIT】、【DDEDIT】命令。

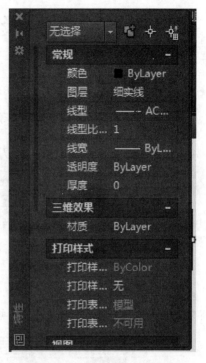

图 4 - 4 - 12　设置文字参数

【注意】　双击需要编辑的文字，系统直接进入编辑状态。另外，在编辑一个文字对象后，系统将继续提示【选择注释对象】，用户可以继续编辑其他文字，直到按【Esc】或【Enter】键退出命令为止。

【例 4 - 4 - 3】　为图纸添加说明。

第一步：在命令行中输入【MTEXT】命令，根据命令行的提示在图形对象下方的合适位置处指定第一角点，再根据命令行提示执行【高度】命令，将【高度】设置为 20，然后指定另一角点，绘制出文本框，如图 4 - 4 - 13 所示。

第二步：在文本框中输入需要创建的文字，输入文本效果如图 4 - 4 - 14 所示。

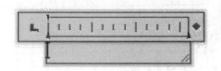

图 4 - 4 - 13　多行文字编辑

图 4 - 4 - 14　输入多行文字

第三步：输入完成后，在【文字编辑器】选项卡的【关闭】组中单击【关闭文字编辑器】按钮，退出多行文字的输入状态，显示效果如图 4 - 4 - 15 所示。

【例 4 - 4 - 4】　编辑多行文字。

第一步：在命令行中输入【MTEDIT】命令，根据命令行的提示选择文字对象，

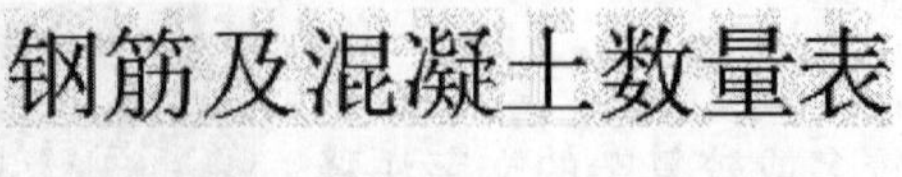

钢筋及混凝土数量表

图 4-4-15　输入多行文字效果图

使其处于编辑状态，如图 4-4-16 所示。

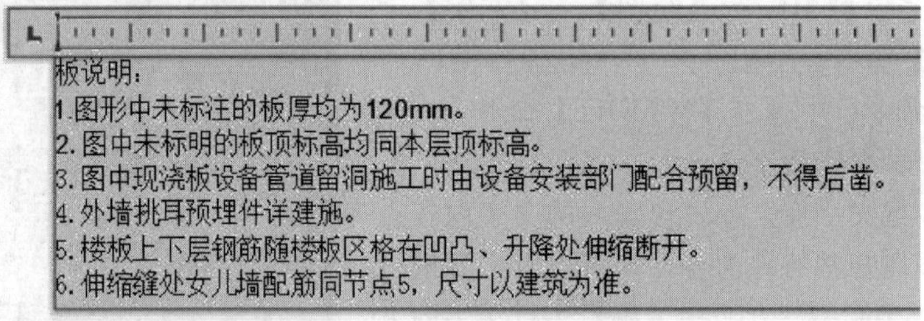

板说明：
1.图形中未标注的板厚均为120mm。
2.图中未标明的板顶标高均同本层顶标高。
3.图中现浇板设备管道留洞施工时由设备安装部门配合预留，不得后凿。
4.外墙挑耳预埋件详建施。
5.楼板上下层钢筋随楼板区格在凹凸、升降处伸缩断开。
6.伸缩缝处女儿墙配筋同节点5，尺寸以建筑为准。

图 4-4-16　使文字处于编辑状态

第二步：在文本框中选择【板说明:】文本内容，在【文字编辑器】选项卡的【格式】组中单击【颜色】下拉按钮，在弹出的下拉列表中选择红色，如图 4-4-17 所示。

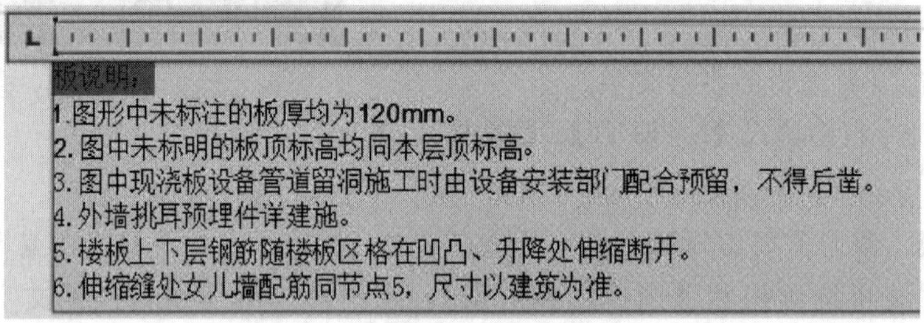

板说明：
1.图形中未标注的板厚均为120mm。
2.图中未标明的板顶标高均同本层顶标高。
3.图中现浇板设备管道留洞施工时由设备安装部门配合预留，不得后凿。
4.外墙挑耳预埋件详建施。
5.楼板上下层钢筋随楼板区格在凹凸、升降处伸缩断开。
6.伸缩缝处女儿墙配筋同节点5，尺寸以建筑为准。

图 4-4-17　设置文字颜色

第三步：设置完文字颜色后的显示效果如图 4-4-18 所示。

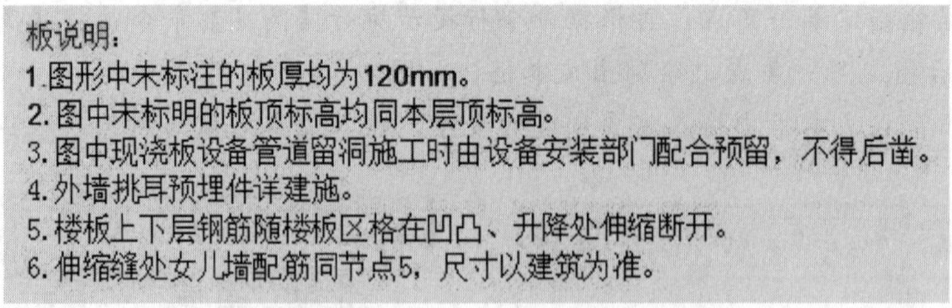

板说明：
1.图形中未标注的板厚均为120mm。
2.图中未标明的板顶标高均同本层顶标高。
3.图中现浇板设备管道留洞施工时由设备安装部门配合预留，不得后凿。
4.外墙挑耳预埋件详建施。
5.楼板上下层钢筋随楼板区格在凹凸、升降处伸缩断开。
6.伸缩缝处女儿墙配筋同节点5，尺寸以建筑为准。

图 4-4-18　设置文字颜色后显示的效果

第四步：使用同样的方法编辑其他文字颜色，编辑效果如图 4-4-1-19 所示。

第五步：完成修改后，对文字的特性进行编辑。选择【图形中未标注的板厚均为120mm】文本内容，在【文字编辑器】选项卡的【格式】组中单击【字体】下拉按钮，在弹出的下拉列表中选择【微软雅黑】选项，如图 4-4-20 所示。

第六步：使用同样的方法编辑其他文本字体，完成后的效果如图 4-4-21 所示。

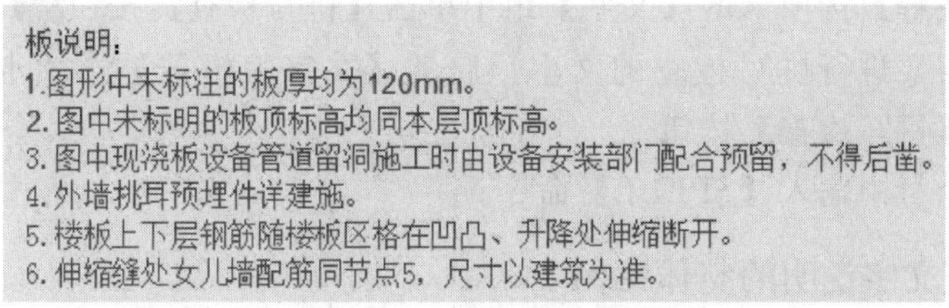

板说明：
1.图形中未标注的板厚均为120mm。
2.图中未标明的板顶标高均同本层顶标高。
3.图中现浇板设备管道留洞施工时由设备安装部门配合预留，不得后凿。
4.外墙挑耳预埋件详建施。
5.楼板上下层钢筋随楼板区格在凹凸、升降处伸缩断开。
6.伸缩缝处女儿墙配筋同节点5，尺寸以建筑为准。

图 4-4-19　编辑其他文字后效果

微软雅黑
114,116,48
清除
格式
对正
项目符号和编号
行距
段落
列
符号
插入
板说明：
1.图形中未标注的板厚均为120mm。
2.图中未标明的板顶标高均同本层顶标高。
3.图中现浇板设备管道留洞施工时由设备安装部门配合预留，不得后凿。
4.外墙挑耳预埋件详建施。
5.楼板上下层钢筋随楼板区格在凹凸、升降处伸缩断开。
6.伸缩缝处女儿墙配筋同节点5，尺寸以建筑为准。

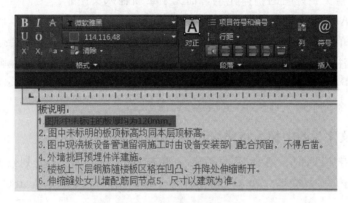

图 4-4-20　选择字体

板说明：
1.图形中未标注的板厚均为120mm。
2.图中未标明的板顶标高均同本层顶标高。
3.图中现浇板设备管道留洞施工时由设备安装部门配合预留，不得后凿。
4.外墙挑耳预埋件详建施。
5.楼板上下层钢筋随楼板区格在凹凸、升降处伸缩断开。
6.伸缩缝处女儿墙配筋同节点5，尺寸以建筑为准。

图 4-4-21　编辑其他文本字体后效果

4.4.1.3　查找与替换

当输入的文字内容过多时，为了避免出现错别字，用户可以通过 AutoCAD 的查找与替换功能对其进行检测。

在 AutoCAD2017 中，执行【查找与替换】命令的方法有以下两种。

(1) 在【注释】选项卡的【文字】组的【查找文字】文本框中输入要查找的文本，然后单击按钮。

(2) 在命令行中输入【FIND】命令。

4.4.1.4　拼音与检查

为了提高文本的准确度，在输入文本内容后，可以使用 AutoCAD 提供的拼写检查功能对其进行检查。如果文本中出现错误，系统会建议对其进行修改。

在 AutocAD2017 中，执行【拼写与检查】命令的方法有以下 3 种：

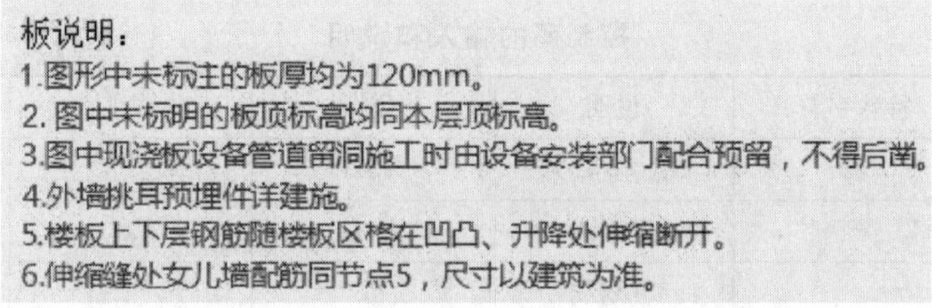

（1）在【注释】选项卡的【文字】组中单击【拼写检查】按钮 ![ABC]。

（2）双击需要进行拼写检查的文本，启动【文字编辑器】选项卡，在【拼写检查】组中单击【拼写检查】按钮。

（3）在命令行中输入【SPELL】命令。

4.4.1.5　调整文字说明的整体比例

如果文字说明的比例不对，会直接影响图纸的整体效果，此时用户可以使用【缩放】命令来调整文字说明的整体比例，而无须重新输入文字。

在 AutocAD 2017 中，调整文字说明整体比例的方法有以下 3 种：

（1）在菜单栏中执行【修改】—【对象】—【文字】—【比例】命令。

（2）在【注释】选项卡的【文字】组中单击【文字】下拉按钮，在弹出的下拉列表中单击 ![缩放]【缩放】按钮。

（3）在命令行中输入【SCALETEXT】命令。

4.4.1.6　在文字说明中插入特殊符号

在标注文字说明时，有时需要输入一些特殊字符，如 ‾（上划线）、＿（下划线）、°（度）、±（公差符号）和 ϕ（直径符号）等，用户可以通过 AutoCAD 提供的控制码进行输入。

其控制码的输入和说明见表 4-4-1。

表 4-4-1　　　　　　　　　　控制码的输入和说明

控制码	特殊字符	说明	控制码	特殊字符	说明
%%p	±	公差符号	%%d	°	度
%%0	‾	上划线	%%c	ϕ	直径符号
%%u	＿	下划线			

4.4.2　表格

在 AutoCAD 中可以自动生成表格，表格的外观由表格样式控制，为了使创建出的表格更符合要求，在创建表格前应先创建表格样式。用户可以使用 AutoCAD 中默认表格样式 Standard，也可以创建自己的表格样式。

在 AutoCAD2017 中，创建表格样式的方法有以下 3 种：

（1）在菜单栏中执行【格式】—【表格样式】命令。

（2）在【注释】选项卡的【表格】组中单击右下角的 ![按钮] 按钮。

（3）在命令行中输入【TABLESTYLE】命令。

4.4.2.1　创建表格

【例 4-4-5】　创建表格。

第一步：启动 AutoCAD2017，在命令行中输入【TABLESTYLE】命令，弹出【表格样式】对话框，单击【新建】按钮，弹出【创建新的表格样式】对话框，在该对话框中将【新样式名】设为【表格样式1】，将【基础样式】设置为【Standard】样式，单击【继续】按钮，如图4-4-22所示。

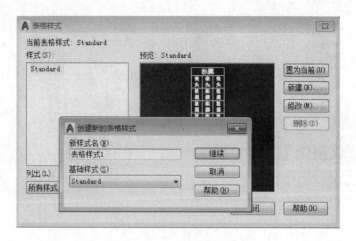

图4-4-22 创建表格样式

第二步：弹出【新建表格样式：表格样式1】对话框，在【常规】选项组中将【表格方向】设置为【向下】。在【单元样式】选项组中将单元样式设置为【标题】，在其下方的【常规】、【文字】和【边框】选项卡中可以设置【标题】选项的基本特性、文字特性和边框特性，这里在【常规】选项卡的【特性】选项组中选择【填充颜色】下拉列表中的【红】选项，如图4-4-23所示。

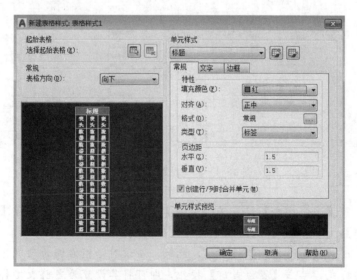

图4-4-23 设置【常规】选项卡参数

第三步：切换至【文字】选项卡的【特性】选项组中，单击【文字样式】右侧的按钮，弹出【文字样式】对话框，在【字体名】下拉列表中选择【T微软雅黑】选项，单击【应用】按钮，然后单击【置为当前】按钮和【关闭】按钮，如图4-4-24所示。

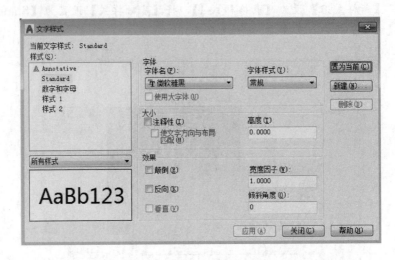

图 4 - 4 - 24 设置文字样式

第四步：退回【新建表格样式：表格样式 1】对话框，将【单元样式】设置为【表头】，在【常规】选项组中将【对齐】方式设置为【正中】，在【文字】选项组中将【文字高度】设置为 3，如图 4 - 4 - 25 所示。

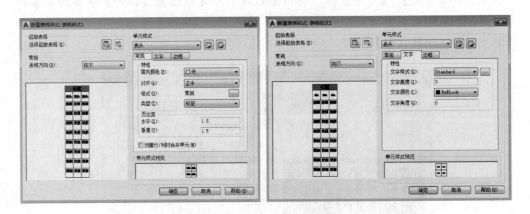

图 4 - 4 - 25 设置表头参数

第五步：将【单元样式】设置为【数据】，在【常规】选项组中将【对齐】方式设置为【正中】，在【文字】选项组中将【文字高度】设置为 3，如图 4 - 4 - 26 所示。

第六步：返回【表格样式】对话框，此时，在该对话框右侧的预览框中即显示了新创建的表格样式，单击【置为当前】按钮，即可将其设置为当前表格样式，然后单击【关闭】按钮，完成操作，如图 4 - 4 - 27 所示。

4.4.2.2 插入表格

在表格样式设置完成以后，就可以根据该表格样式创建表格，并输入相应的表格内容，然后插入相应位置即可。

图 4-4-26　设置【数据】参数

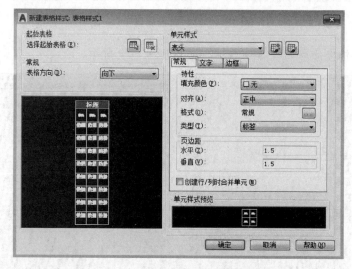

图 4-4-27　将新建表格样式置为当前

在 AutoCAD2017 中，插入表格的方法有以下 4 种：

（1）在菜单栏中执行【绘图】—【表格】命令。

（2）在【默认】选项卡的【注释】组中单击【表格██】按钮。

（3）在【注释】选项卡的【表格】组中单击【表格█】按钮。

（4）在命令行中输入【TABLE】命令。

【例 4-4-6】　插入表格。

第一步：在命令行中输入【TABLE】命令，弹出【插入表格】对话框，在【表格样式】下拉列表中选择新建的【表格样式 1】，在【插入方式】选项组中选中【指定插入点】单选按钮，在【列和行设置】选项组中将【列数】设置为 6，将【列宽】设置为 60，将【数据行数】设置为 4，将【行高】设置为 6，如图 4-4-28 所示。

第二步：设置完成后单击【确定】按钮，返回绘图区，此时在光标处会出现即将要插入的表格样式，在绘图区中任意拾取一点作为表格的插入点插入表格，同时在表

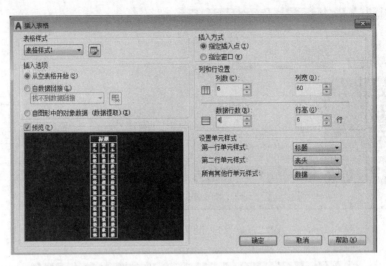

图 4-4-28 设置表格参数

格的标题单元格中会出现闪烁的光标，如图 4-4-29 所示。

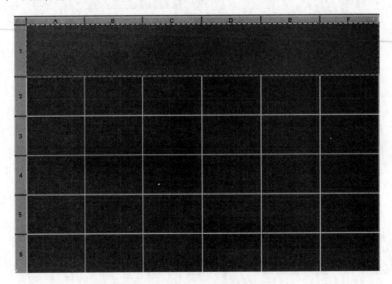

图 4-4-29 插入表格效果

第三步：若要在其他单元格中输入内容，可按键盘上的方向键依次在各个单元格之间进行切换。将光标选择到哪个单元格，该单元格会以不同颜色显示并有闪烁的光标，此时即可输入相应的内容，如图 4-4-30 所示。

【例 4-4-7】 创建学生成绩单。

下面以创建班级学生成绩单为例，综合练习本节所讲的知识。

第一步：在命令行中输入【TABLESTYLE】命令，弹出【表格样式】对话框，单击【新建】按钮，在弹出的对话框中将【新样式名】设置为【学生成绩单】，设置完成后，单击【继续】按钮，如图 4-4-31 所示。

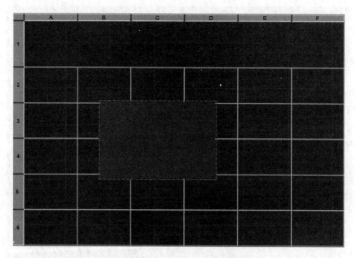

图 4-4-30　插入表格效果

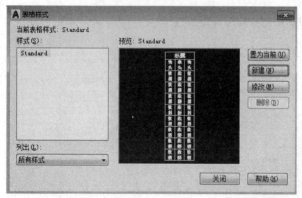

图 4-4-31　新建表格样式

第二步：弹出【新建表格样式：学生成绩单】对话框，在【单元样式】组中将【单元样式】设置为【标题】，在【常规】选项卡中将【填充颜色】设置为【红】，如图 4-4-32 所示。

第三步：切换至【文字】选项卡，单击【文字样式】右侧的 ... 按钮，在弹出的对话框中将【字体名】设置为【T 楷体】，设置完成后，单击【应用】和【置为当前】按钮如图 4-4-33，再单击【关闭】按钮，如图 4-4-34 所示。

第四步：退回【新建表格样式：学生成绩单】对话框，在【文字】选项卡中将【文字高度】设置为 10，将【文字颜色】参数设置为绿，如图 4-4-35 所示。

第五步：将单元样式设置为【表头】，在【文字】选项卡中将【文字高度】设置为 15，如图 4-4-36 所示。

第六步：设置完成后，将单元样式设置为【数据】，在【常规】选项卡中将【对齐】设置为【正中】，切换至【文字】选项卡中，将【文字高度】设置为 15，如图 4-4-37 所示。

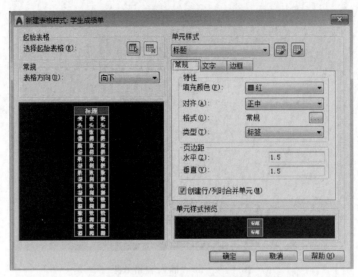

图 4-4-32 设置【填充颜色】选项卡

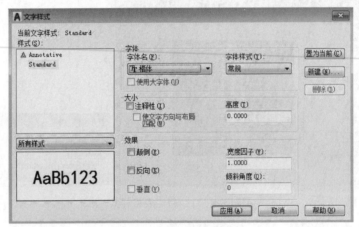

图 4-4-33 设置字体（一）

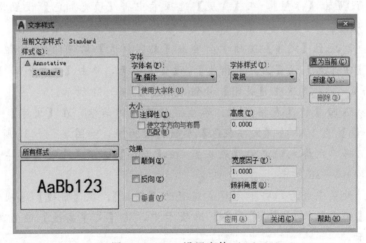

图 4-4-34 设置字体（二）

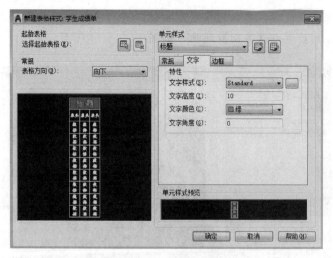

图 4 - 4 - 35　设置文字参数

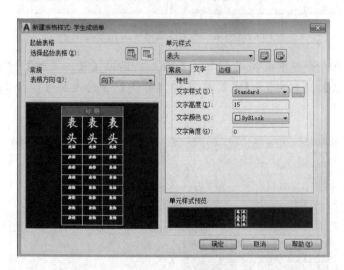

图 4 - 4 - 36　设置表头参数

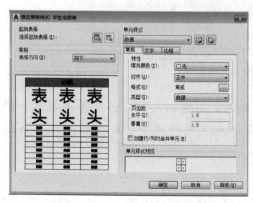 

图 4 - 4 - 37　设置【数据】参数

第七步：设置完成后，单击【确定】按钮，返回【表格样式】对话框，单击【置为当前】按钮，然后单击【关闭】按钮，如图 4-4-38 所示。

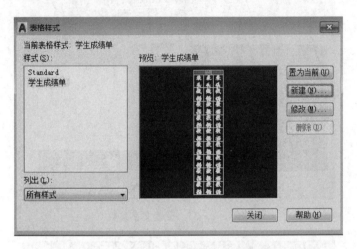

图 4-4-38　将所建表格样式置为当前

第八步：在命令行中输入【TABLE】命令，弹出【插入表格】对话框，在该对话框中将【列数】、【列宽】、【数据行数】、【行高】分别设置为 6、60、6、6，如图 4-4-39 所示。

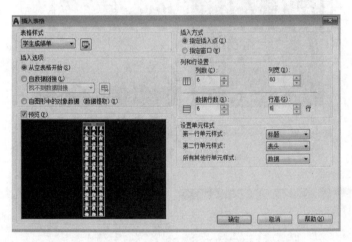

图 4-4-39　设置表格参数

第九步：设置完成后，单击【确定】按钮，指定插入点，插入表格效果如图 4-4-40 所示。插入表格后输入文字对象并对其进行调整，最终显示效果如图 4-4-41 所示。

4.4.2.3　编辑表格

如果创建的表格不能满足实际绘图需要，可以修改表格样式，也可以编辑表格与单元格，对于多余的表格样式还可以将其删除。

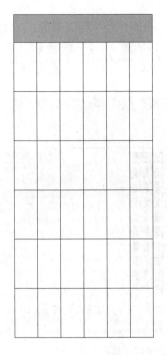

图 4 - 4 - 40　插入表格效果　　　　图 4 - 4 - 41　最终显示效果

1. 修改表格样式

打开【表格样式】对话框，在【样式】列表框中选择需修改的表格样式，单击
【修改】按钮，如图 4 - 4 - 42 所示，弹出【修改表格样式】对话框，在该对话框中进
行设置，其中的参数与【新建表格样式】对话框中参数的含义完全相同，这里不再
赘述。

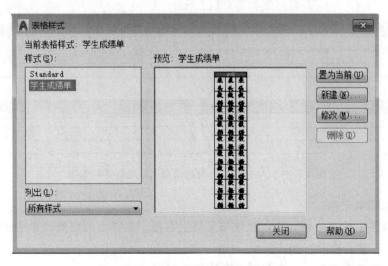

图 4 - 4 - 42　单击【修改】按钮

2. 删除表格样式

打开【表格样式】对话框，在【样式】列表框中选择需要删除的表格样式，然后单击【删除】按钮，即可删除所选的表格样式，如图 4-4-43 所示。需要注意的是，当前表格样式不能被删除。

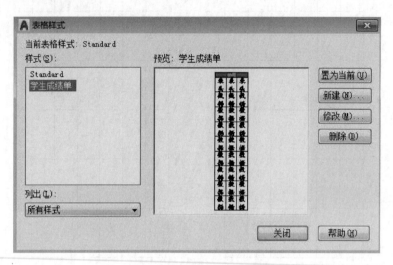

图 4-4-43　删除表格样式

3. 编辑表格与单元格

如果在修改表格样式后仍不能满足需要，可以对表格与单元格进行编辑。

（1）编辑表格。

选择整个表格，在表格上右击，在弹出的快捷菜单中选择相应命令，可以对表格进行各种编辑。选择表格后，在表格的四周及标题行上会显示出许多夹点，任意拖动其中的夹点，可以对表格进行各种编辑，如图 4-4-44 所示。

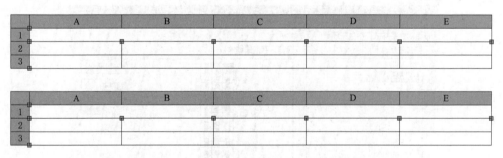

图 4-4-44　选择表格与拖动夹点对表格进行编辑

（2）编辑单元格。

选择表格中的某个单元格，在该单元格上右击，在弹出的快捷菜单中选择相应的命令，可以对单元格进行相应编辑。

在右键快捷菜单中，几个常用选项的含义如下。

1）对齐：选择其子菜单中的相应命令可以设置单元格中内容的对齐方式。

　　2）边框：选择该命令将弹出【单元边框特性】对话框，在其中可以设置单元格边框的线宽、线型和颜色等特性。

　　3）匹配单元：选择该命令可以用当前选中的单元格格式（源对象）匹配其他单元格（目标对象），此时光标变为刷子形状，单击目标对象即可进行匹配，这与对图形进行的【特性匹配】操作性质是相同的。

　　4）插入点：在其子菜中选择【块】命令，将弹出【在表格单元中插入块】对话框，在其中可以选择需要插入表格中的块，并可以设置块在单元格中的对齐方式、插入比例及旋转角度等参数。

　　5）合并：当选择多个连续的单元格后，选择其子菜单中的相应命令，可以合并所有单元格，或按行、按列合并单元格。

　　【例 4-4-8】 为工程图添加标题栏。

　　在了解 AutoCAD2017 中创建表格与编辑表格的方法后，本节将通过一个简单实例来加深读者对相关知识的理解和掌握。

　　第一步：在命令行中输入【TABLESTYLE】命令，弹出【表格样式】对话框，在该对话框中单击【新建】按钮，在弹出的对话框中将【新样式名】设置为【工程图标题栏】，设置完成后，单击【继续】按钮，如图 4-4-45 所示。

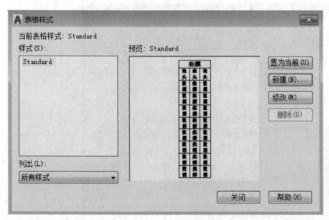
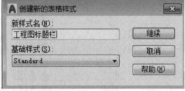

图 4-4-45 新建样式

　　第二步：弹出【新建表格样式：工程图标题栏】对话框，在该对话框中将【单元样式】设置为【数据】，选择【常规】选项卡，将【对齐】设置为【正中】，如图 4-4-46 所示。

　　第三步：在该对话框中选择【文字】选项卡，将【文字高度】设置为 10，如图 4-4-47 所示。

　　第四步：选择【边框】选项卡，将【颜色】设置为【青】，然后单击【所有边框】按钮，如图 4-4-48 所示。

　　第五步：设置完成后，单击【确定】按钮，单击【置为当前】按钮和【关闭】按钮，如图 4-4-49 所示。

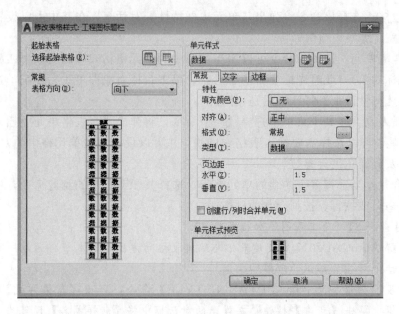

图 4 - 4 - 46 设置【数据】参数

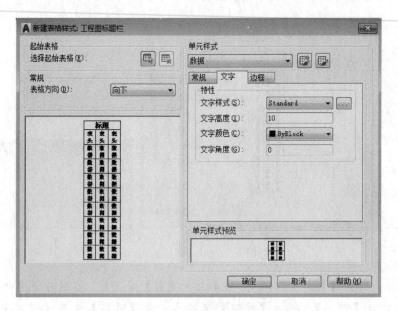

图 4 - 4 - 47 设置【文字高度】

第六步：在【注释】选项卡中单击【表格】组中的【表格】按钮，在弹出的对话框中选中【指定插入点】单选按钮，将【列数】、【列宽】、【数据行数】、【行高】分别设置为 4、40、4、2，将【第一行单元样式】和【第二行单元样式】都设置为【数据】，如图 4 - 4 - 50 所示。

第七步：设置完成后，单击【确定】按钮，在绘图页中指定插入点，插入表格效果如图 4 - 4 - 51 所示。

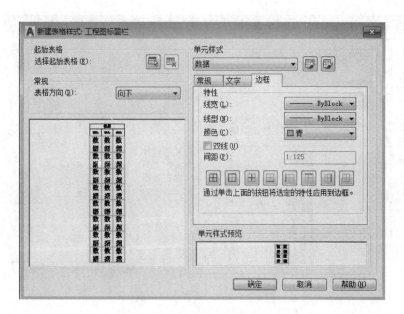

图 4-4-48 设置【边框】颜色

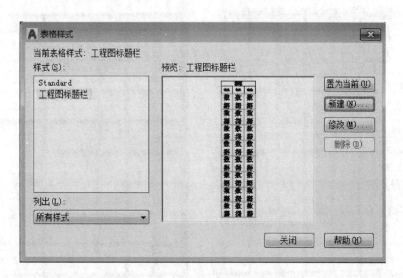

图 4-4-49 将新建样式置为当前

第八步：在绘图页中选择单元格，右击在弹出的快捷菜单中执行【合并】—【全部】命令。

第九步：使用同样的方法对其他单元格进行合并，合并效果如图 4-4-52 所示。

第十步：在单元格中输入文字，并调整单元格的大小，完成后的效果如图 4-4-53 所示。

【例 4-4-9】 制作工程量清单明细表。

下面将通过实例讲解如何制作工程量清单明细表，具体操作步骤如下。

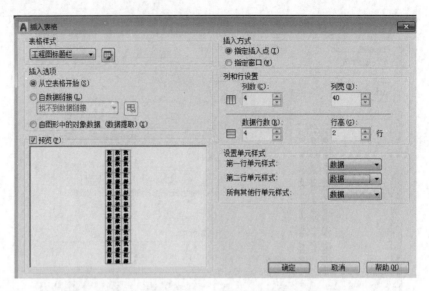

图 4 - 4 - 50　设置表格参数

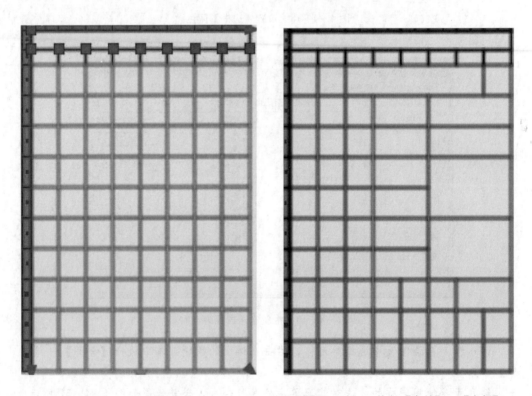

图 4 - 4 - 51　插入表格　　　　　图 4 - 4 - 52　执行【合并】—【全部】

　　第一步：在命令行中输入【TABLESTYLE】命令，弹出【表格样式】对话框，在该对话框中单击【新建】按钮，在弹出的对话框中将【新样式名】设置为【工程量清单】，然后单击【继续】按钮，如图 4 - 4 - 54 所示。

第二步：弹出【新建表格样式：工程量清单】对话框，在该对话框中将【单元样式】设置为【数据】，选择【常规】选项卡，将【对齐】设置为【正中】，如图4-4-55所示。

第三步：单击【格式】右侧的 <u>....</u> 按钮，弹出【表格单元格式】对话框，在【数据类型】列表框中选择【文字】选项，然后单击【确定】按钮，如图4-4-56所示。

第四步：选择【文字】选项卡，单击【文字样式】右侧的 <u>....</u> 按钮，弹出【文字样式】对话框，将【字体名】设置为【T微软雅黑】，然后单击【应用】和【置为当前】按钮，最后单击【关闭】按钮，如图4-4-57所示。

第五步：将【文字高度】设置为5，如图4-4-58所示。

第六步：将【单元样式】设置为【标

图4-4-53 输入文字后效果

题】，选择【文字】选项卡，将【文字高度】设置为8，如图4-4-59所示。

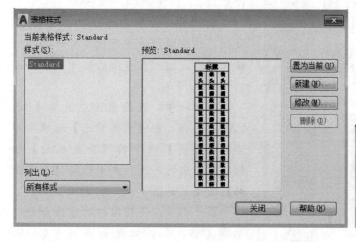

图4-4-54 新建样式

第七步：将【单元样式】设置为【表头】，选择【文字】选项卡，将【文字高度】设置为6，如图4-4-60所示。

第八步：设置完成后单击【确定】按钮，返回【表格样式】对话框，单击【置为当前】按钮，然后单击【关闭】按钮，如图4-4-61所示。

第九步：在命令行中输入【TABLE】命令，弹出【插入表格】对话框，在【插入方式】选项组中选中【指定插入点】单选按钮，在【列和行设置】选项组中将【列

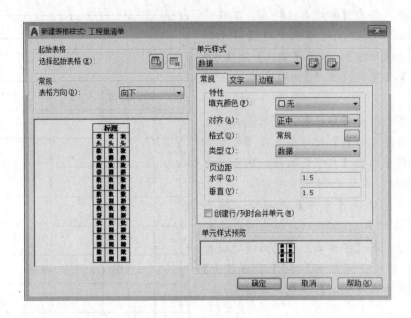

图 4 - 4 - 55　设置对齐方式

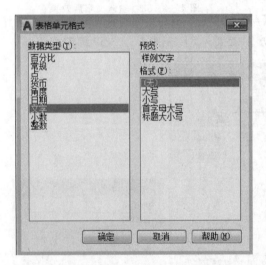

图 4 - 4 - 56　选择【文字】选项

数】设置为 10，将【列宽】设置为 40，将【数据行数】设置为 15，将【行高】设置为 2，如图 4 - 4 - 62 所示。

第十步：设置完成后单击【确定】按钮，在绘图区的合适位置处单击即可插入表格，插入表格后的显示效果如图 4 - 4 - 63 所示。

第十一步：在绘图区中选择【B2：C2】单元格，在【表格单元】选项卡中单击【合并】组中的【合并单元】按钮，在弹出的下拉列表中选择【合并全部】选项，如图 4 - 4 - 64 所示。

第十二步：使用同样的方法合并其他单元格，合并效果如图 4 - 4 - 65 所示。

所示。

第十三步：合并完成后输入文字即可，完成效果如图 4 - 4 - 66 所示。

4.4.3　尺寸标注

没有尺寸标注的设计图是无法指导生产的，在设计图中，一个完整的尺寸标注应由尺寸数字、尺寸线、尺寸界线、尺寸起止符号等组成。AutoCAD2017 提供了完整灵活的尺寸标注功能，本章将详细介绍尺寸标注的有关知识。

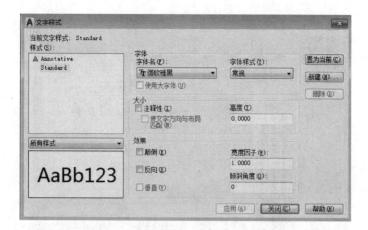

图 4-4-57 设置字体

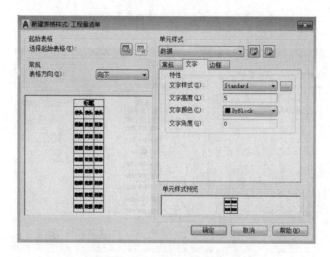

图 4-4-58 设置文字高度

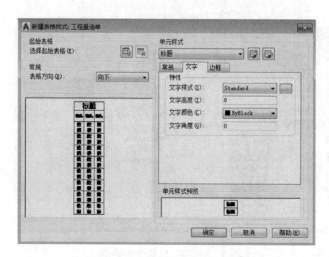

图 4-4-59 设置【标题】参数

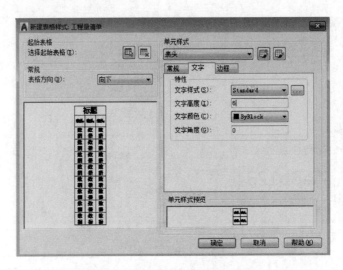

图 4 - 4 - 60　设置【表头】参数

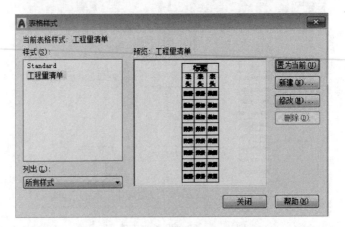

图 4 - 4 - 61　将新建样式置为当前

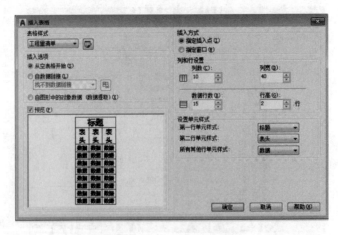

图 4 - 4 - 62　设置表格参数

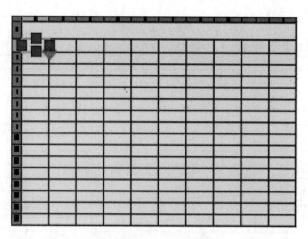

图 4 - 4 - 63　插入表格

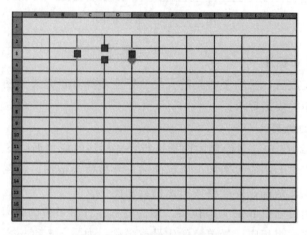

图 4 - 4 - 64　【合并全部】选项

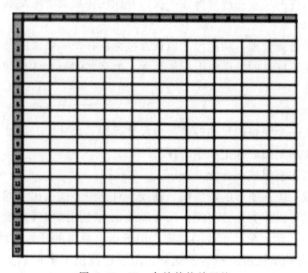

图 4 - 4 - 65　合并其他单元格

钢筋工程量计算表							
位置	型号及直径	钢筋图形	计算公式	根数	单长(m)	总长(m)	总重(kg)

图 4 - 4 - 66 最终效果

4.4.3.1 认识尺寸标注

在图形绘制完成后，必须要对其进行尺寸标注才算真正完成了图纸的绘制，标注图形对象应遵循相关规定要求。

1. 尺寸标注的规则

在 AutoCAD2017 中，对绘制的图形进行尺寸标注时应遵循以下规则：

4-3 尺寸
标注的规则
与组成

（1）物体的真实大小应以图样上所标注的尺寸数值为依据，与图形的大小及绘图的准确度无关，也就是说，要严格按照比例绘制图形。

（2）图样中的尺寸以 mm 为单位时，不需要标注计量单位的代号或名称。如采用其他单位，则必须注明相应计量单位的代号或名称，如°、cm 和 m 等。

（3）建筑物部件的尺寸一般只标注一次，并标注在最能清晰反映该部件结构特征的视图上。

（4）尺寸的配置要合理，功能尺寸应该直接标注；统一要素的尺寸应尽可能集中标注；尽量避免在不可见的轮廓线上标注尺寸，数字之间不允许任何图线穿过，必要时可以将图线断开。

2. 尺寸标注的组成

通常情况下，一个完整的尺寸标注是由尺寸界线、尺寸线、尺寸数字、尺寸箭头组成的，有时还要用到圆心标记和中心线。

尺寸标注要素主要组成部分含义如下：

（1）尺寸界线：应从图形的轮廓线、轴线、对称中心线引出，同时，轮廓线、轴线和对称中心线也可以作为尺寸界线。尺寸界线也应使用细实线来绘制。

（2）尺寸箭头：显示在尺寸线的端部，用于指出测量的开始和结束位置。AutoCAD 默认使用闭合的填充箭头符号。此外，系统还提供了多种箭头符号，如建筑标记、小斜线箭头、点和斜杠等。

（3）尺寸线：用于表明标注的范围。AutoCAD 通常将尺寸线放置在测量区域内。如果空间不足，则可以将尺寸线或文字移到测量区域的外部。

（4）尺寸文字：用于标明图形的测量值。尺寸文字应按标准字体书写，在同一张图纸上的字高要一致。尺寸文字在图中遇到图线时，需将图线断开，如果图线断开影响图形时，需要调整尺寸标注的位置。

3. 尺寸标注的规定

了解尺寸标注的组成元素以后，在对图形对象进行尺寸标注前，还需了解国家对尺寸标注的相关规定。

我国《建筑制图标准》（GB/T 50104—2010）的有关规定如下：

（1）当图形中的尺寸以 mm 为单位时，不需要标注计量单位，否则必须注明所采用的单位代号或名称，如 cm（厘米）、m（米）等。

（2）图形的真实大小应以图样上所标注的尺寸数值为依据，与所绘制图形的大小及画图的准确性无关。

（3）尺寸数字一般写在尺寸线上方，也可以写在尺寸线的中断处。尺寸数字的字高必须相同。

（4）标注文字中汉字必须使用宋体，数字使用阿拉伯数字或罗马数字，字母使用希腊字母或拉丁字母。各种字体的具体大小可以从 7 种规格（20、14、10、7、5、3.5、2.5）中选取，单位为毫米（mm）。

（5）图形中每一部分的尺寸应只标注一次，并且应标在最能反映其形体特征的视图上。

（6）图形中所标注的尺寸，应为该构件最后完工的尺寸，否则需另加说明。

4.4.3.2　标注尺寸

在标注尺寸时，可以采取线性标注、基线标注及连续标注等方式进行，下面分别讲解这些标注方式。

1. 线性标注

线性标注用于标注水平、垂直或倾斜的线性尺寸，标注示例如图 4-4-67 所示。

在命令行中输入【DIMLINEAR】（线性）命令，根据命令行提示进行操作，在绘图区中的 1 点上单击，将鼠标拖至 2 点上单击，并向左引导光标，指定尺寸线的位置，即可创建线性尺寸 60，同理，在绘图区中的 2 点上单击，将鼠标拖至 3 点上单击，并向下引导光标，指定尺寸线的位置，即可创建线性尺寸 120，如图 4-4-67 所示。

2. 对齐标注

对齐标注用于标注与指定位置或对象平行的尺寸标注。

在命令行中输入【DIMALIGNED】（对齐）命令，根据命令行提示进行操作，在绘图区的 1 点上单击，将鼠标拖至 2 点上单击，并向左引导光标，指定尺寸线的位置，即可创建对齐尺寸标注 88.15；在绘图区的 2 点上单击，将鼠标拖至 3 点上单击，并向右引导光标，指定尺寸线的位置，即可创建对齐尺寸标注 63.56，如图 4-4-68 所示。

4-1　线性标注

4-20　线性标注

4-21　对齐标注

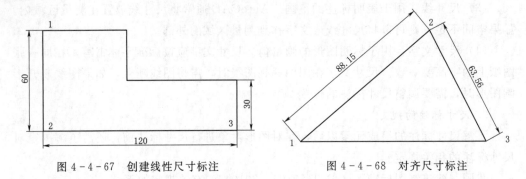

图 4-4-67 创建线性尺寸标注   图 4-4-68 对齐尺寸标注

3. 坐标尺寸标注

坐标尺寸标注用于显示原点到特征点的 X、Y 轴的坐标值。使用坐标尺寸标注命令可以保持特征点与基准点的精确偏移量，从而避免增大误差。

调用该命令的方法有以下 4 种：

(1) 在【默认】选项卡的【注释】组中单击 📐 下拉按钮，在弹出的下拉列表中选择【坐标】选项。

(2) 在【注释】选项卡的【标注】组中的左侧下拉列表中选择【坐标】选项。

(3) 显示菜单栏，选择【标注】—【坐标】命令。

(4) 在命令行中输入【DIMORDINATE】或【DIMORD】命令。

对坐标进行尺寸标注的具体操作过程如下。

第一步：在命令行中输入【DIMORDINATE】命令，指定需要标注点所在的位置，单击如图 4-4-69 所示的点，指定尺寸标注点的位置后移动光标并单击。

第二步：坐标尺寸标注完成后，效果如图 4-4-70 所示。

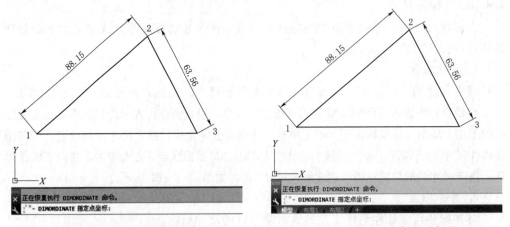

图 4-4-69 指定坐标点   图 4-4-70 坐标尺寸标注

在执行命令过程中，命令行中各选项的含义如下。

(1) X 基准：系统自动测量 X 坐标值，并确定引线和标注文字的方向。

(2) Y 基准：系统自动测量 Y 坐标值，并确定引线和标注文字的方向。

(3) 多行文字：选择通过输入多行文字的方式输入多行标注文字。

（4）文字：选择通过输入单行文字的方式输入单行标注文字。

（5）角度：设置标注文字方向与 X（Y）轴夹角，默认为 $0°$，即水平或者垂直。

4. 直径标注

直径标注命令的调用方法有以下 4 种：

（1）在【默认】选项卡的【注释】组中，单击■▪下拉按钮，在弹出的下拉列表中选择【直径】选项。

（2）在【注释】选项卡的【标注】组中的左侧下拉列表中选择【直径】选项。

（3）显示菜单栏，选择【标注】—【直径】命令。

（4）在命令行中输入【Dimdiameter】或【Dimdia】命令。

对直径进行标注的具体操作过程如下：

第一步：在命令行中输入【Dimdiameter】命令。

第二步：指定尺寸线位置，并单击完成直径标注，效果如图 4-4-71 所示。

4-22 直径标注

5. 半径标注

半径标注命令的调用方法有以下 4 种：

（1）在【默认】选项卡的【注释】组中单击■▪下拉按钮，在弹出的下拉列表中选择【半径】选项。

（2）在【注释】选项卡的【标注】组中的左侧下拉列表中选择【半径】选项。

（3）显示菜单栏，选择【标注】—【半径】命令。

（4）在命令行中输入【DIMRADIUS】或【DIMRAD】命令。

对半径进行标注的具体操作过程如下：

第一步：在命令行中输入【DIMRADIUS】命令，选择对象，移动光标使尺寸线处于合适位置，单击即可完成标注。

第二步：半径标注完成后，效果如图 4-4-72 所示。

4-23 半径标注

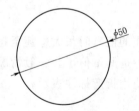

图 4-4-71　直径尺寸标注　　　　图 4-4-72　半径尺寸标注

6. 角度标注

角度标注命令用于精确测量并标注直线、多段线、圆、圆弧，以及点和被测对象之间的夹角。

调用该命令的方法有以下 4 种：

（1）在【默认】选项卡的【注释】组中单击■▪下拉按钮，在弹出的下拉列表中选择【角度】选项。

（2）在【注释】选项卡的【标注】组中的左侧下拉列表中选择【角度】选项。

（3）显示菜单栏，选择【标注】—【角度】命令。

（4）在命令行中输入【DIMANGULAR】命令。

对角度进行标注的具体操作过程如下：

第一步：在命令行中输入【DIMANGULAR】命令，单击线段确定尺寸线位置。

第二步：角度标注完成后，效果如图 4-4-73 所示。

7. 弧长标注

弧长标注用于测量圆弧或多段线圆弧段的距离。弧为区别是线性标注还是弧长标注，在默认情况下弧长标注将显示一个圆弧符号 n。

调用该命令的方法有以下 4 种：

（1）在【默认】选项卡的【注释】组中单击 下拉按钮，在弹出的下拉列表中选择【弧长】选项。

（2）在【注释】选项卡的【标注】组中的左侧下拉列表中选择【弧长】选项。

（3）显示菜单栏，选择【标注】—【弧长】命令。

（4）在命令行中输入【DIMARC】命令。

对弧长进行标注的具体操作过程如下。

第一步：在命令行中输入【DIMARC】命令，选择如图所示的弧线，显示标注效果，指定尺寸线位置并按【Enter】键结束命令。

第二步：弧长标注完成后，效果如图 4-4-74 所示。

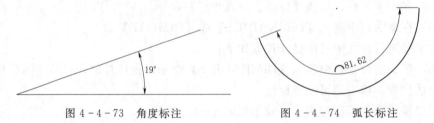

图 4-4-73　角度标注　　　　　　图 4-4-74　弧长标注

8. 折弯标注

4-24　折弯标注

在对图形进行标注的过程中，需要标注的值有时很大，甚至超过图纸的范围，但又要在图纸中标示出来，这时的标注值就不是测量值了。一般情况下，当显示的标注对象小于被标注对象的实际长度时，通常使用折弯标注表示。

该命令的调用方法有以下 4 种：

（1）在【默认】选项卡的【注释】组中单击 下拉按钮，在弹出的下拉列表中选择【折弯】选项。

（2）在【注释】选项卡的【标注】组中，单击【标注，折弯标注】按钮。

（3）显示菜单栏，选择【标注】—【折弯线性】命令。

（4）在命令行中输入【DIMJOGLINE】命令。

折弯标注的具体操作过程如下：

第一步：在命令行中输入【DIMJOGLINE】命令，选择如图 4-4-67 所示的线性标注，指定折弯的位置，单击线性标注右侧的任意位置即可。

第二步：对线性标注进行折弯操作后，效果如图 4-4-75 所示。

9. 圆心标注

圆心标注命令用于标注圆或圆弧的圆心点位置，调用该命令的方法有以下 3 种：

(1) 在【注释】选项卡的【标注】组中单击■按钮。

(2) 显示菜单栏，选择【标注】—【圆心标记】命令。

(3) 在命令行中输入【DIMCENTER】命令。

4-25　圆心标注

执行上述任意命令后，具体操作过程如下：

在命令行中输入【DIMCENTER】命令，然后根据提示选择圆。圆心标注完成后，效果如图 4-4-76 所示。

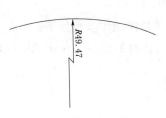

图 4-4-75　折弯标注示例

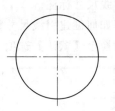

图 4-4-76　圆心标注

10. 基线标注

基线标注用于标注有公共的第一条尺寸界限作为基线的一组尺寸线。

调用该命令的方法有以下 3 种：

(1) 在【注释】选项卡的【标注】组中单击【连续】右侧的下三角按钮，在弹出的下拉列表中选择【基线】选项。

(2) 显示菜单栏，选择【标注】—【基线】命令。

(3) 在命令行中输入【DIMBASELINE】或【DIMBASE】命令，效果如图 4-4-77 所示。

4-26　基线标注

11. 连续标注

连续标注用于从选定的标注基线处创建一系列首尾相连的多个标注。在创建连续标注之前，必须先进行线性、对齐或角度等标注。

调用该命令的方法有以下 3 种：

(1) 在【注释】选项卡的【标注】组中单击【连续】按钮。

(2) 显示菜单栏，选择【标注】—【连续】命令。

(3) 在命令行中输入【DIMCONTINUE】或【DIM-CONT】命令，效果如图 4-4-78 所示。

4-27　连续标注

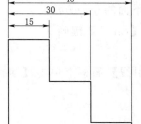

图 4-4-77　基线标注

12. 快速标注

快速标注命令可以一次标注多个标注形式相同的图形对象。

调用该命令的方法有以下 3 种：

(1) 在【注释】选项卡的【标注】组中单击【快速标注】按钮。

(2) 显示菜单栏，选择【标注】—【快速标注】命令。

（3）在命令行中输入【QDIM】命令。

在执行命令的过程中，各选项含义如下：

（1）连续/并列/基线/坐标：以连续/并列/基线/坐标的标注方式标注尺寸。

（2）半径/直径：标注圆或圆弧的半径和直径。

（3）基准点：以【基线】或【坐标】方式标注时指定基点。

（4）编辑：尺寸标注的编辑命令，用于增加或减少尺寸标注中延伸线的端点数目。

（5）设置：用来设置关联标注优先级。

13.引线标注

（1）创建引线尺寸标注。

下面将讲解如何创建引线尺寸标注，其具体操作步骤如下：

第一步：切换至【默认】选项卡，在【注释】面板上单击【引线█】按钮。

4-28　引线标注

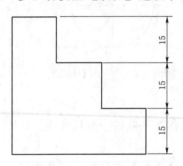

图 4-4-78　连续标注

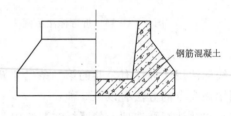

钢筋混凝土

图 4-4-79　引线标注示例

第二步：根据命令行提示进行操作，指定引线的箭头位置，然后指定引线基线的位置，在弹出的文本框中输入【钢筋混凝土】，然后在绘图区中的任意位置处单击，即可创建引线尺寸标注，如图 4-4-79 所示。

除了用上述方法可以创建引线尺寸标注外，还可以使用下面的 3 种方法：

1）在命令行中输入【MLEADER】（引线）命令，并按【Enter】键确认。

2）选择菜单栏中的【标注】—【多重引线】命令。

3）单击【功能区】选项板中的【注释】选项卡，在【引线】面板上单击【多重引线】按钮。

（2）多重引线标注。

多重引线标注常用于标注某对象的说明信息，通常不标注尺寸等数字信息，只标注文字信息。该命令并非系统产生的尺寸信息，而是由用户指定标注的文字信息。

1）设置多重引线样式。设置多重引线样式的方法有以下两种：

a. 在【注释】选项卡的【引线】组中单击其右下角█的按钮。

b. 显示菜单栏，选择【格式】—【多重引线样式】命令。

设置多重引线样式的具体操作过程如下：

第一步：在菜单栏中执行【格式】—【多重引线样式】命令，弹出【多重引线样式管理器】对话框，如图 4-4-80 所示。

第二步：单击【新建】按钮，在【新样式名】文本框中输入文本【多重引线】，单击【继续】按钮，如图 4-4-81 所示。

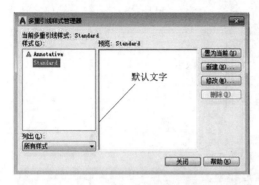

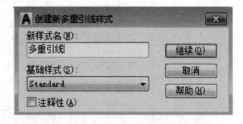

图 4-4-80　【多重引线样式管理器】对话框　　　　图 4-4-81　新建多重引线样式

第三步：弹出【修改多重引线样式：多重引线】对话框，切换至【引线格式】选项卡，在【常规】选项组的【类型】下拉列表中选择【样条曲线】选项，在【颜色】下拉列表中选择【红】选项，在【箭头】选项组的【大小】数值框中输入 10，如图 4-4-82 所示。

图 4-4-82　设置【引线格式】参数

第四步：切换至【内容】选项卡，在【文字选项】选项组的【文字颜色】下拉列表中选择【蓝】选项，在【文字高度】数值框中输入 35，如图 4-4-83 所示，单击【确定】按钮。

第五步：返回【多重引线样式管理器】对话框，在【样式】列表框中选择【多重引线】选项，单击【置为当前】按钮，再单击【关闭】按钮，如图 4-4-84 所示。

2）标注多重引线。标注多重引线的方法有以下 4 种：

a. 在【默认】选项卡的【注释】组中单击【多重引线】按钮。

b. 在【注释】选项卡的【引线】组中单击【多重引线】按钮。

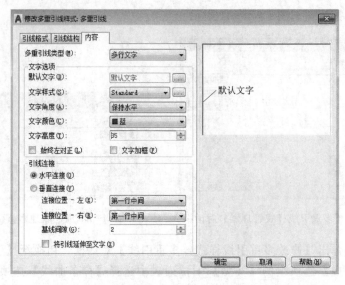

图 4 - 4 - 83　设置【内容】参数

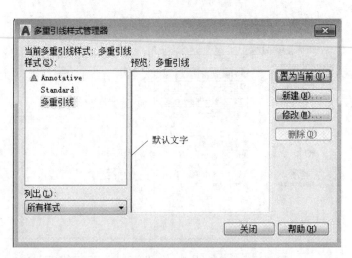

图 4 - 4 - 84　将【多重引线】样式置为当前

c. 显示菜单栏，选择【标注】—【多重引线】命令。

d. 在命令行中输入【MLEADER】命令。

3）添加引线。添加引线可以将多条引线附着到同一文本，也可以均匀隔开并快速对齐多个文本。调用该命令的方法如下：在【注释】选项卡的【引线】组中单击【添加引线 添加引线】按钮。

4）删除引线。在一张图纸中若引线过多，会影响整个图形的效果，所以删除多余的引线是必要的。调用删除引线命令的方法有以下两种：

a. 在【默认】选项卡的【注释】组中单击下拉按钮，在弹出的下拉列表中选择【删除引线】选项。

b. 在【注释】选项卡的【引线】组中单击【删除引线 删除引线】按钮。

　　5）对齐引线。使用对齐引线命令可以沿指定的线对齐若干多重引线对象，水平基线将沿指定的不可见的线放置，箭头将保留在原来放置的位置。调用该命令的方法有以下 3 种：

　　a. 在【注释】选项卡的【引线】组中单击【对齐引线】按钮。

　　b. 在命令行中输入【MLEADERALIGN】命令。

　　c. 在命令行中输入【TOLERANCE】命令。

　　执行上述任意命令后都将弹出【形位公差】对话框。【形位公差】对话框中各选项的含义分别如下：

　　a.【符号】选项组：单击黑色的方块，弹出【特征符号】对话框，在其中可以选择形位公差符号。

　　b.【公差 1】和【公差 2】选项组：单击黑色的方块，设置形位公差样式，每个选项下对应 3 个框，第 1 个黑色框设置是否选用直径符号 ϕ，第 2 个空白框设置形位公差值，第 3 个黑色框设置附加符号。

　　c.【基准 1】、【基准 2】和【基准 3】选项组：第 1 个空白框设置形位公差的基准代号，单击第 2 个黑色块可以弹出【附加符号】对话框，设置附加符号。

　　d.【高度】文本框：该选项设置特征控制框的投影形位公差零值。

　　e.【延伸公差带】选项：该选项用于插入延伸形位公差带符号。

　　f.【基准标识符】文本框：该选项用于插入由参照字幕组成的基准标识符。

4.4.3.3　编辑尺寸标注

　　完成尺寸标注后，若不满意还可以对其进行编辑。编辑尺寸标注包括更新标注、关联标注、编辑尺寸标注文字的内容，以及编辑标注文字的位置等。

　　1. 利用 DIMEDIT 命令编辑尺寸标注

　　编辑尺寸标注文字位置的方法有以下 3 种：

　　(1) 在【注释】选项卡的【标注】组中单击 标注 ▼ 按钮，在弹出的下拉列表中单击第二排的按钮。

　　(2) 显示菜单栏，选择【标注】—【对齐文字】命令，在其子菜单中选择相应命令。

　　(3) 在命令行中输入【DIMTEDIT】命令。

　　执行【DIMTEDIT】命令后，具体操作过程如下。

　　命令：DIMTEDIT　　　　　　　　/执行 DIMTEDIT 命令

　　选择标注：　　　　　　　　　　/选择要修改的标注

　　标注文字指定新位置或［左对齐（L）/右对齐（R）/居中（C）/默认（H）/角度（A）］：/为标注文字指定新位置并按空格键表示确认。

　　指定新位置并按空格键表示确认。

　　在执行命令的过程中，命令行中各选项的含义如下：

　　(1) 左对齐（L）：选择该选项，可将标注文字放置在尺寸线的左端。

　　(2) 右对齐（R）：选择该选项，可将标注文字放置在尺寸线的右端。

（3）居中（C）：选择该选项，可将标注文字放置在尺寸线的中心。

（4）默认（H）：选择该选项，将恢复系统默认的尺寸标注设置。

（5）角度（A）：选择该选项，可将标注文字旋转一定的角度。

2．更新标注

更新标注一般是指在某个尺寸标注不符合要求时使用。

调用该命令的方法有以下3种：

（1）在【注释】选项卡的【标注】组中单击【更新】█按钮。

（2）显示菜单栏，选择【标注】—【更新】命令。

（3）在命令行中输入【DIMSTYLE】命令。

更新标注的具体操作过程如下：

第一步：在【默认】选项卡的【注释】组中单击按钮，然后在弹出的下拉列表中单击【标注样式】按钮。

第二步：弹出【标注样式管理器】对话框，单击【替代】按钮，弹出【替代当前样式：ISO-25】对话框，如图4-4-85所示。在该对话框中修改标注样式参数，然后单击【确定】按钮，再单击【关闭】按钮。

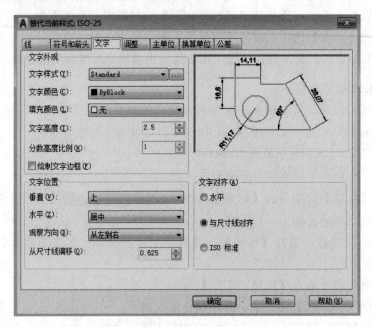

图4-4-85　【替代当前样式：ISO-25】对话框

第三步：返回绘图区，在【注释】选项卡的【标注】组中单击【更新】按钮，具体操作过程如下。

命令：DIMSTYLE

当前标注样式：Standard 注释性：否

输入标注样式选项［注释性（AN）/保存（S）/恢复（R）/状态（ST）/变量（V）/应用（A）/?］＜恢复＞：

apply

选择对象：（按空格键结束命令）

在执行命令过程中，部分选项的含义如下：

（1）保存（S）：将标注系统变量的当前设置保存到标注样式。

（2）恢复（R）：将尺寸标注系统变量设置恢复为选择标注样式设置。

（3）状态（ST）：显示所有标注系统变量的当前值，并自动结束【DIMSTYLE】命令。

（4）变量（V）：列出某个标注样式或设置选定标注的系统变量，但不能修改当前设置。

（5）应用（A）：将当前尺寸标注系统变量设置应用到选定标注对象，永久替代应用于这些对象的任何现有标注样式。选择该选项后，系统会提示选择标注对象，选择标注对象后，所选择的标注对象将自动被更新为当前标注样式。

4.4.3.4 重新关联标注

重新关联标注的作用是使修改图形时的标注根据图形的变化自动进行修改。

调用该命令的方法有以下 3 种：

（1）在【注释】选项卡的【标注】组中单击【重新关联】按钮。

（2）显示菜单栏，选择【标注】—【重新关联标注】命令。

（3）在命令行中输入【DIMREASSOCIATE】命令。

任务 4.5　三维实体的绘制与编辑

【教学目标】

一、知识目标

1. 掌握创建基本三维实体的方法。

2. 掌握二维图形生成三维实体的方法.

3. 掌握布尔运算的方法。

4. 掌握三维实体的编辑方法。

5. 掌握三维实体的修改方法。

二、能力目标

课前预习
4.5

通过本任务的学习，学生能掌握三维实体的绘制、编辑和修改方法，对今后专业图的建模起到基础作用。

三、素质目标

轴三维图富于立体感，直观性较强，故常被用作形体建模，便于检查读图结果，培养自查及与人沟通交流的能力。

【教学内容】

1. 三维实体的绘制。

2. 三维实体的编辑。

4-29　长方体的绘制

4.5.1　三维实体的绘制

4.5.1.1　创建基本三维实体

基本实体模型是常用的三维模型，也是绘制一些复杂模型最基本的元素，在 AutoCAD 软件中，基本实体包括长方体、圆柱体、球体、圆锥体、圆环体、多段体和楔体。下面将介绍三维基本实体的绘制。

1. 长方体的绘制

使用"长方体"命令可绘制实心长方体或立方体。绘制长方体的方法有两种：

（1）切换工作空间为"三维建模"。执行菜单栏【常用】—【建模】—【长方体】命令。

（2）命令行输入【box】，回车后，根据命令提示，创建长方体底面起点，并输入底面长方形长度和宽度，然后移动光标至合适位置，输入长方体高度值，即可完成创建。

【例 4-5-1】　绘制一长为 20，宽为 15，高为 10 的长方体，如图 4-5-1（a）所示。

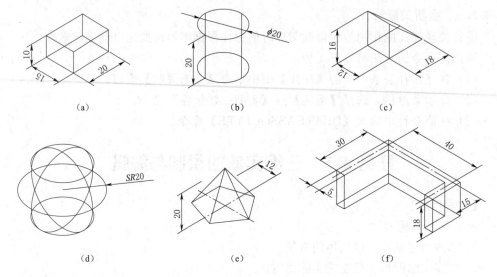

(a)　　　　　　　　(b)　　　　　　　　(c)

(d)　　　　　　　　(e)　　　　　　　　(f)

图 4-5-1　绘制基本三维实体

(a) 长方体；(b) 圆柱体；(c) 楔体；(d) 球体；(e) 棱锥体；(f) 多段体

命令：box

指定第一个角点成 [中心（C）]：指定长方体的起点

指定其他角点或 [立方体（C）/长度（L）]：20，15（即为长方体的长和宽）

指定高度或 [两点（2P）]＜100，0000＞：10（即为长方体的高）

2. 圆柱体的绘制

（1）执行菜单栏【常用】—【建模】—【圆柱体】命令。

（2）命令行输入【cylinder】，回车后，根据命令提示，指定圆柱体底面圆心点，并输入底面半径，然后输入圆柱体高度值，即可。

【例 4-5-2】　绘制底半径为 10，高为 20 的圆柱体，如图 4-5-1（b）所示。

命令：cylinder

指定底面的中心点或［三点(3P)/两点(2P)/切点,切点,半径(T)/椭圆(E)］：指定底面圆心

　　指定底面半径或［直径(D)］：＜50＞10

　　指定高度或［两点(2P)/轴端点(A)］＜40＞：20

3．楔体的绘制

楔体是一个三角形的实体模型，绘制方法与长方体相似。

（1）执行菜单栏【常用】—【建模】—【楔体】命令。

（2）命令行输入【Wedge】，回车后，指定楔体底面方形起点，并输入方形长、宽值，其后指定楔体高度值即可完成绘制。

4-30　圆柱体的绘制

4-31　三维实体楔体的绘制

【例 4-5-3】　绘制底面长为 18，宽为 12，楔体高为 16 的楔体，如图 4-5-1（c）所示。

　　命令：Wedge

　　指定第一个角点或［中心（C）］：指定楔体底面的起点

　　指定其他角点或［立方体（C）/长度（L）］：18，12（即为楔体底面的长和宽）

　　指定高度或［两点（2P）］＜20＞：16

4．球体的绘制

（1）执行菜单栏【常用】—【建模】—【球体】命令。

（2）命令行输入【sphere】，回车后，根据命令提示，指定圆心和半径值，即可完成绘制。

4-32　三维球体的绘制

【例 4-5-4】　绘制半径为 20 的球体，如图 4-5-1（d）所示。

　　命令：sphere

　　指定中心点或［三点（3P）/两点（2P）/切点，切点，半径（T）］：指定球体中心点

　　指定半径或［直径（D）］：＜50＞20

5．棱锥体的绘制

棱锥体是由多个倾斜至一点的面组成，棱锥体可由 3～32 个侧面组成。

（1）执行菜单栏【常用】—【建模】—【棱锥体】命令。

（2）命令行输入【pyramid】，回车后，根据命令行提示，指定好棱锥底面中心点，并输入底面半径值或内接圆值，其后输入棱锥体高度值即可。

4-33　三维圆棱锥体的绘制

【例 4-5-5】　绘制底面内切圆半径为 12，高为 20 的五棱锥体，如图 4-5-1（e）所示。

　　命令：pyramid

　　指定底面的中心点或［边（E）/侧面（S）］：s

　　输入侧面数＜4＞：5

　　指定底面的中心点或［边（E）/侧面（S）］：指定底面中心点

　　指定底面半径或［内接（I）］：12

　　指定高度或［两点（2P）/轴端点（A）/顶面半径（T）］＜100＞：20

6．多段体的绘制

绘制多实体与绘制多段线的方法相同。多段体始终带有一个矩形轮廓，可以指定

矩形的高度和宽度。通常如果绘制三维墙体，就需要使用该命令。

（1）执行菜单栏【常用】—【建模】—【多段体】命令。

（2）命令行输入【polysolid】，回车后，根据命令行提示，设置多段体高度、宽度以及对正方式，其后指定多段体起点，并指定下一点，即可绘制。

【例 4-5-6】　绘制高度为 18，宽度为 5 的多段体，如图 4-5-1（f）所示。

命令：polysolid

指定起点或［对象（O）/高度（H）/宽度（W）/对正（J）/（对象）］＜对象＞：h

指定高度＜80.0000＞：18

指定起点或［对象（O）/宽度（W）/对正（J）/（对象）］＜对象＞：w

指定宽度＜10.0000＞：5

指定起点或［对象（O）/宽度（W）/对正（J）/（对象）］＜对象＞：指定多段体的第一点

指定下一个点或［圆（A）/放弃（U）］：＜正交开＞30

指定下一个点或［圆（A）/闭合（C）/放弃（U）］：40

指定下一个点或［圆（A）/闭合（C）/放弃（U）］：15

4.5.1.2　二维图形生成三维实体

除了使用基本三维命令绘制三维实体模型外，还可使用拉伸、放样、旋转、扫掠等命令将二维图形转换生成三维实体模型。

1. 拉伸实体

"拉伸"命令可将绘制的二维图形沿着指定的高度或路径进行拉伸，从而将其转换成三维实体模型。拉伸的对象可以是封闭的多段线、矩形、多边形、圆、椭圆以及封闭样条曲线等。

（1）执行【常用】—【建模】—【拉伸】命令。

（2）命令行输入【extrude】，回车后，根据命令行提示，选择拉伸的图形，输入拉伸高度值，即可完成拉伸操作。

【例 4-5-7】　绘制闸墩的三维图，如图 4-5-2 所示。

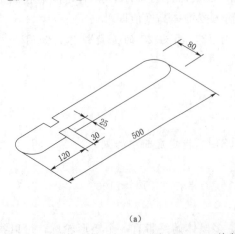
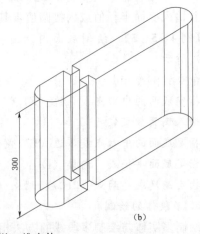

（a）　　　　　　　　　　　　　　　　（b）

图 4-5-2　绘制闸墩三维实体

如图 4-5-2（a）所示，绘制闸墩平面图，并将其编辑成多段线，转换到西南等轴测视图。

命令：extrude

选择要拉伸的对象或［模式(MO)］：选择对象

指定拉伸的高度或［方向(D)/路径(F)/倾斜角(T)/表达式(E)］(20.0000)：300

三维图如图 4-5-2（b）所示。

命令行中各选项说明如下：

（1）拉伸高度：输入拉伸高度值，如果输入负数值，其拉伸对象将沿着 Z 轴负方向拉伸；如果输正数值，其拉伸对象将沿着 Z 轴正方向拉伸。如果所有对象处于同一平面上，则将沿该平面的法线方向拉伸。

（2）方向：通过指定的两点指定拉伸的长度和方向。

（3）路径：选择基于指定曲线对象的拉伸路径，拉伸的路径可以是开放的，也可是封闭的。

（4）倾斜角：如果为倾斜角指定一个点而不是输入值，则必须拾取第二个点。用于拉伸的倾斜角是两个指定点间的距离。

2. 旋转实体

"旋转"命令是通过绕轴旋转二维对象来创建三维实体。

（1）执行【常用】—【建模】—【旋转】命令。

（2）命令行输入【revolve】，回车后，根据命令行提示，选择要旋转的图形，并选择旋转轴，其后输入旋转角度即可完成。

4-36　旋转实体

【例 4-5-8】　绘制水闸圆弧形翼墙三维图，如图 4-5-3 所示。

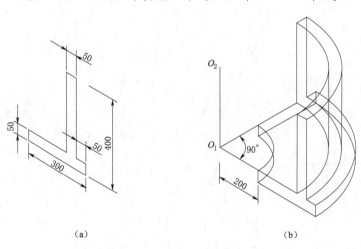

（a）　　　　　　　　　　　　（b）

图 4-5-3　绘制水闸圆弧形翼墙三维实体

如图 4-5-3（a）所示，绘制水闸圆弧形翼墙左视图，并将其编辑成多段线，转换到西南等轴测视图。

命令：revolve

选择要旋转的对象或［模式(MO)］：选择对象

指定轴的起点或根据以下选项之一定义轴[对象(O)/X/Y/X] (对象)：指定轴的第一点

指定轴端点：指定轴的第二点

指定旋转角度或[起点角度(ST)/反转(R)/表达式(E)]<360>：90

三维图如图 4-5-3 (b) 所示。

命令行中各选项说明如下：

(1) 轴起点：指定旋转轴的两个端点，其旋转角度为正值时，将按逆时针方向旋转对象；角度为负值时，按顺时针方向旋转对象。

(2) 对象：选择现有对象，此对象定义了旋转选定对象时所绕的轴。轴的正方向从该对象的最近端点指向最远端点。

(3) X 轴：使用当前 UCS 的正向 X 轴作为正方向。

(4) Y 轴：使用当前 UCS 的正向 Y 轴作为正方向。

(5) Z 轴：使用当前 UCS 的正向 Z 轴作为正方向。

3. 放样实体

使用"放样"命令可将两个或两个以上的横截面轮廓来生成三维实体模型。

(1) 执行【常用】—【建模】—【放样】命令。

(2) 命令行输入【loft】，回车后，根据命令行提示，选中所有横截面轮廓，按回车键即可完成操作。

4-37 放样实体

【例 4-5-9】 绘制水闸扭曲面翼墙三维图，如图 4-5-4 所示。

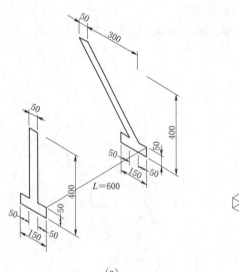
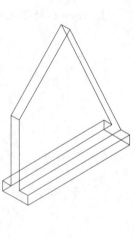

(a) (b)

图 4-5-4 绘制水闸扭曲面翼墙三维实体

如图 4-5-4 (a) 所示，在相距 $L=600$ 的位置上绘制水闸扭曲面翼墙的左右两断面的左视图，并将其编辑成多段线，转换到西南等轴测视图。

命令：loft

按放样次序选择横截面或[点(P0)/合并多条边(J)/模式(MO)]：依次选择两个

断面

输入选项［导向(G)/路径(P)/横截面(C)/设置(S)］＜仅横截面＞：G

选择导向轮廓或［合并多条边(J)］：指定 L 对应的边即可。

三维图如图 4-5-4（b）所示。

命令行中各选项说明如下：

(1) 导向：指定控制放样实体或曲面形状的导向曲线，导向曲线可以是直线或曲线，可通过将其他线框信息任意添加至对象来进一步定义实体或曲面的形状。当与每个横截面相交，并始于第一个横截面，止于最后一个横截面的情况下，导向线才能正常工作。

(2) 路径：指定放样实体或曲面的单一路径，曲线必须与横截面的所有平面相交。

(3) 仅横截面：选择该选项，可在"放样设置"对话框中控制放样曲线在其横截面处的轮廓。

4. 扫掠实体

"扫掠"命令可通过沿开放或闭合的二维或三维路径，扫琼开放或闭合的平面曲线来创建新的实体。

(1) 执行【常用】—【建模】—【扫掠】命令。

(2) 命令行输入【sweep】，回车后，选中要扫掠的图形对象，其后选择扫掠路径，即可完成扫掠操作。

【例 4-5-10】　绘制压力管道三维图，如图 4-5-5 所示。

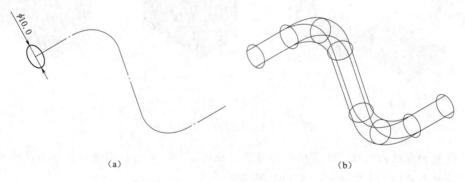

(a)　　　　　　　　　　　　　　(b)

图 4-5-5　绘制压力管道三维实体

如图 4-5-5（a）所示，在图示路径的左端绘制压力管道横断面的左视图（直径为 100 的圆形），转换到西南等轴测视图。

命令：sweep

选择要扫掠的对象或［模式(MO)］：选择对象

选择要扫掠的路径或［对齐(A)/基点(B)/比例(S)/扭曲(T)］：选择路径即可。

三维图如图 4-5-5（b）所示。

命令行中各选项说明如下：

(1) 对齐：指定是否对齐轮廓以使其作为扫掠路径切向的法线。

（2）基点：指定要扫掠对象的基点，如果该点不在选定对象所在的平面上，则该点将被投影到该平面上。

（3）比例：指定比例因子以进行扫掠操作，从扫掠路径开始到结束，比例因子将统一应用到扫掠的对象上。

（4）扭曲：设置正被扫掠对象的扭曲角度。扭曲角度指定沿扫掠路径全部长度的旋转量。

4.5.1.3　布尔运算

将简单实体放在一起，然后进行布尔运算就能构建复杂的三维模型，布尔预算包括并集、差集和交集运算，下面将对其相关知识内容进行介绍。

1. 并集操作

并集运算，可将两个或多个实体合并在一起形成新的单一实体，操作对象既可以是相交的也可以是分离开的。

（1）执行【常用】—【实体编辑】—【并集】命令。

（2）命令行输入【union】，回车后，选中所需并集的实体模型，按回车键即可完成操作。

4-38　并集操作

【例 4-5-11】　绘制闸室的三维图，如图 4-5-6 所示。

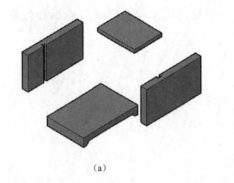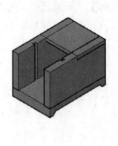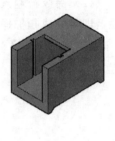

　　　　　（a）　　　　　　　　　　　　　　（b）　　　　　　　　　　　　　（c）

图 4-5-6　绘制闸室三维实体

绘制闸底板、闸墩、交通桥的三维图，如图 4-5-6（a）所示，并根据其实际的位置移动到一起，如图 4-5-6（b）所示。

命令：union

选择对象：选择 4 个对象，回车即可。

三维图如图 4-5-6（c）所示。

2. 差集操作

差集运算可将实体构成的一个选择集从另一个选择集中减去，操作时，首先选择被减对象，构成第一选择集，然后再选择要减去的对象，构成第二选择集，操作结果是第一选择集减去第二选择集后的新对象。

（1）执行【常用】—【实体编辑】—【差集】命令。

4-39　差集操作

（2）命令行输入【subtrsct】，回车后，根据提示信息，选择要从中减去的实体对象，其后选择要减去的实体对象，按回车键即可完成差集操作。

【例 4 - 5 - 12】 绘制消力池护坦的三维图，如图 4 - 5 - 7 所示。

绘制消力池护坦和排水孔的三维图，如图 4 - 5 - 7（a）所示，并根据其实际的位置移动到一起，如图 4 - 5 - 7（b）所示。

命令：subtrsct

选择对象：选择被减对象

选择对象：选择要减去的对象，回车即可。

三维图如图 4 - 5 - 7（c）所示。

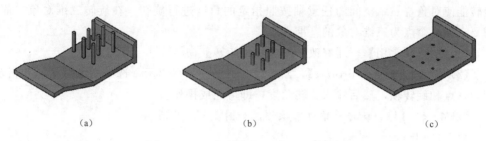

(a)   (b)   (c)

图 4 - 5 - 7 绘制消力池护坦三维实体

3. 交集操作

交集运算是从两个或两个以上重叠实体或面域的公共部分创建复合实体或二维面域，并保留两组实体对象的相交部分。

（1）执行【常用】—【实体编辑】—【交集】命令。

（2）命令行输入【intersect】，回车后，选中所需交集的实体对象，按回车键即可完成操作。

【例 4 - 5 - 13】 交集操作，如图 4 - 5 - 8 所示。

绘制两圆柱，并根据其实际的位置移动到一起，如图 4 - 5 - 8（a）所示。

命令：intersect

选择对象：选择 2 个对象，回车即可。

最终呈现如图 4 - 5 - 8（b）所示。

4.5.2 三维实体的编辑

4.5.2.1 三维对象的编辑

与二维图形的操作一样，用户也可以对三维曲面、实体进行操作，对于二维图形的许多操作命令同样适合于三维图形，如复制、移动、旋转、镜像等。

1. 移动三维对象

用户可以使用移动命令在三维空间中移动对象，操作方式与在二维空间一样，只不过当通过输入距离来移动对象时，必须输入

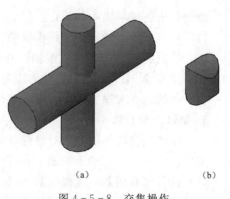

(a)   (b)

图 4 - 5 - 8 交集操作

沿 x、y、z 轴的距离值。在 AutoCAD 中提供了专门用来在三维空间中移动对象的三维移动命令，该命令还能移动实体的面、边及顶点等子对象（按 Ctrl 可选择子对象），三维移动比二维移动更形象、直观。

（1）执行【常用】—【修改】—【三维移动】命令。

（2）命令行输入【3dmove】，回车后，根据命令行提示，选中需要移动的三维对象，并指定好移动基点，然后指定好新位置点，输入移动距离即可完成移动。

2. 旋转三维对象

使用二维旋转命令仅能使对象在 XY 平面内旋转，其旋转轴只能是 Z 轴，三维旋转能使对象绕三维空间的任意轴按照指定的角度进行旋转，在旋转三维对象之前，需要定义一个点为三维对象的基准点。

（1）执行【常用】—【修改】—【三维旋转】命令。

4-40 旋转三维实体

（2）命令行输入【3drotate】，回车后，根据命令行提示，选中三维对象，并指定旋转基点和旋转轴，然后输入旋转角度，即可完成操作。

【例 4-5-14】　旋转三维对象操作，如图 4-5-9 所示。

命令：3drotate

选择对象：选择对象

指定基点：指定基点

拾取旋转轴：选择 Z 轴

指定角的起点或输入角度：90

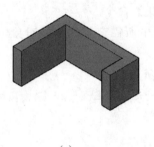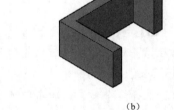

(a)　　　　　　　　　　　　(b)

图 4-5-9　旋转三维对象

命令行中各选项说明如下：

（1）指定基点：指定该三维模型的旋转基点。

（2）拾取旋转轴：选择三维轴，并以该轴进行旋转，这里三维轴为 X 轴、Y 轴和 Z 轴，其中 X 轴为红色，Y 轴为绿色，Z 轴为蓝色。

（3）角的起点或输入角度：输入旋转角度值。

3. 镜像三维对象

三维镜像是将选择的三维对象沿指定的面进行镜像，镜像平面可以是已经创建的面，如实体的面，坐标轴上的面，也可以通过三点创建一个镜像平面。

（1）执行【常用】—【修改】—【三维镜像】命令。

4-41 三维镜像

（2）命令行输入【mirror3d】，回车后，根据命令提示，选中镜像平面和平面上的镜像点，即可完成镜像操作。

【例 4-5-15】　镜像三维对象练习，如图 4-5-10 所示。

绘制水闸下游一侧的扭曲面翼墙，如图 4-5-10 （a） 所示。

命令：mirror3d

选择对象：选择对象

指定镜像平面（三点）的第一个点或 ［对象（O）/最近的（L）/Z 轴（Z）/视图（V）/XY 平面（XY）/YZ 平面（YZ）/ZX 平面（ZX）/三点（3）］：＜3 点＞指定镜像面内的 3 点。

最终呈现如图 4-5-10 （b） 所示。

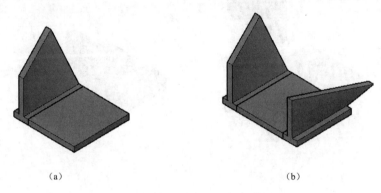

（a）　　　　　　　　　　　　　　　　（b）

图 4-5-10　镜像三维对象操作

命令行中各选项说明如下：

（1）对象：选择需要镜像的三维模型。

（2）三点：通过三个点定义镜像平面。

（3）最近的：使用上次执行的三维镜像命令的设置。

（4）Z 轴：根据平面上的一点和平面法线上的一点定义镜像平面。

（5）视图：将镜像平面与当前视口中通过指定点的视图平面对齐。

（6）XY、YZ、ZX 平面：将镜像平面与一个通过指定点的标准平面（XY、YZ、ZX）对齐。

4. 对齐三维对象

三维对齐是指在三维空间中将两个对象与其他对象对齐，可以为源对象指定一个、两个或三个点，然后为目标对象指定一个、两个或三个点，其中源对象的目标点要与目标对象的点相对应。

（1）执行【常用】—【修改】—【三维对齐】命令。

（2）命令行输入【3dalign】，回车后，根据命令行提示进行操作即可。

【例 4-5-16】　对齐三维对象，如图 4-5-11 所示。

绘制闸墩与底板，如图 4-5-11 （a） 所示。

命令：3dalign

选择对象：选择对象

指定基点或 [复制 (C)]：指定基点

指定第二个点或 [继续 (C)]：＜C＞指定第二个点

指定第三个点或 [继续 (C)]：＜C＞指定第三个点

指定第一个目标点：指定点

指定第二个目标点或 [退出 (X)]：＜X＞指定第二个点

指定第三个目标点或 [退出 (X)]：＜X＞指定第三个点

最终呈现如图 4-5-11 (b) 所示。

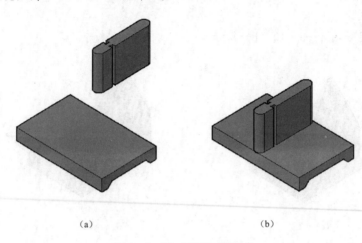

(a)　　　　　　　　　　　　　(b)

图 4-5-11　对齐三维对象

5. 阵列三维对象

三维阵列可以将三维实体对象按矩形阵列或环形阵列的方式来创建多个副本。环形阵列可将选择的对象绕一个点进行旋转生成多个实体对象。

(1) 三维矩形阵列。

1) 执行于【常用】—【修改】—【三维阵列】命令。

2) 命令行输入【3darray】，回车后，根据命令行提示，输入相关的行数、列数、层数以及各个间距值，即可完成三维阵列操作。

【例 4-5-17】　矩形阵列三维对象，如图 4-5-12 所示。

绘制 20×20×20 的正方体，如图 4-5-12 (a) 所示。

命令：3darray

选择对象：选择对象

输入阵列类型 [矩形 (R)/环形 (P)]：R

输入行数 (———)：＜1＞3

输入列数 (｜｜｜)：＜1＞5

输入层数 (…)：＜1＞2

指定行距 (———)：100

指定列距 (｜｜｜)：100

指定层距 (…)：400

最终呈现如图 4-5-12（b）所示。

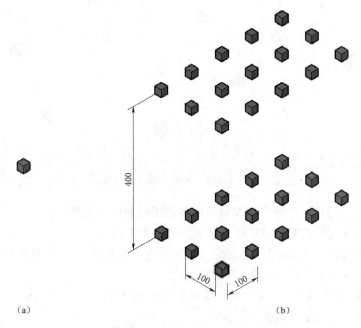

图 4-5-12　矩形阵列三维对象

（2）三维环形阵列。

使用三维环形阵列命令，需要指定阵列角度、阵列中心以及阵列数值。

【例 4-5-18】　环形阵列三维对象，如图 4-5-13 所示。

绘制正方体，如图 4-5-13（a）所示。

命令：3darray

选择对象：选择对象

输入阵列类型［矩形（R）/环形（P）］：P

输入阵列中的项目数：6

指定要填充的角度（＋＝逆时针，－＝顺时针)＜360＞：360

旋转阵列对象?：［是（Y）/否（N)］＜Y＞：Y

指定阵列中心点：指定中心点

指定旋转轴上的第二点：指定第二点

最终呈现如图 4-5-13（b）所示。

4.5.2.2　三维对象的修改

在对三维实体进行编辑时，不仅可对三维实体对象进行编辑，还可以将三维实体进行剖切、抽壳、倒直角或倒圆角操作。

1. 剖切三维对象

该命令通过剖切现有实体来创建新实体，可以通过多种方式定义剪切平面，包括制定点或者选择某个曲面或平面对象。使用"剖切"命令剖切实体时，可以保留剖切

269

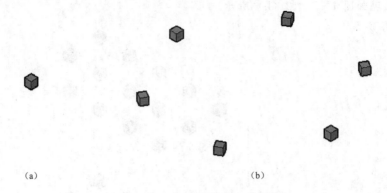

（a）　　　　　　　　　　　　　　　（b）

图 4 - 5 - 13　环形阵列三维对象

实体的一半或全部，切后的实体保留原实体的图层和颜色特性。

（1）执行于【修改】—【三维操作】—【剖切】命令。

（2）命令行输入【slice】，回车后，根据命令行的提示，选择剖切的对象和剖切平面，并指定剖切点，按回车键即可完成操作。

【例 4 - 5 - 19】　剖切三维对象，如图 4 - 5 - 14 所示。

绘制闸室三维图，如图 4 - 5 - 14（a）所示。

命令：slice

选择要剖切的对象：选择对象

指定剖切面的起点或 ［平面对象（O）/曲面（S）/Z 轴（Z）/视图（V）/XY(XY)/YZ(YZ)/ZX(ZX)/三点（3）］＜三点＞：ZX

指定 ZX 平面上的点＜0，0，0＞：指定一点

4 - 42　剖切实体

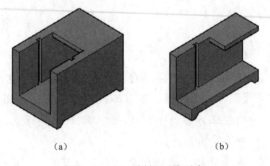

（a）　　　　　　　　（b）

图 4 - 5 - 14　剖切三维对象

在所需的侧面上指定点或 ［保留两个侧面（B）]＜保留两个侧面＞：点后侧的立体

最终呈现如图 4 - 5 - 14（b）所示。

命令行中各选项说明如下：

（1）平面对象：将剖切平面与圆、椭圆、圆弧、二维样条曲线或二维多段线对齐进行剖切。

（2）曲面：将剖切平面与曲面对齐进行剖切。

（3）Z 轴：通过平面上指定的点和 Z 轴上指定的一点来确定剖切平面进行剖切。

（4）视图：将剖切面与当前视口的视图平面对齐进行剖切。

（5）XY、YZ、ZX：将剖切面与当前 UCS 的 XY、YZ、ZX 平面对齐进行剖切。

（6）三点：用三点确定剖切面进行剖切。

2. 抽壳三维对象

使用该命令可以将三维实体转换为中空薄壁或壳体。将实体对象转换为壳体时，可以通过将现有面朝其原始位置的内部或外部偏移来创建新面。

（1）执行【常用】—【实体编辑】—【抽壳】命令。

（2）命令行输入【solidedit】，回车后，根据命令行提示选择要抽壳的实体，并选中要删除的实体面，然后输入抽壳距离值，即可完成抽壳操作。

【例 4-5-20】　抽壳三维对象，如图 4-5-15 所示。

绘制扇形柱，如图 4-5-15（a）所示。

命令：solidedit

输入实体编辑选项［面（F）/边（E）/体（B）/放弃（U）/退出（X）］＜退出＞：B

［压印（I）/分割实体（P）/抽壳（S）/清除（L）/检查（C）/放弃（U）/退出（X）］＜退出＞：S

选择三维实体：选择三维实体

删除面或［放弃（U）/添加（A）/全部（ALL）］：找到一个面

输入抽壳偏移距离：20

最终呈现如图 4-5-15（b）所示。

图 4-5-15　抽壳三维对象

3. 三维对象倒直角

三维对象倒直角命令只能用于实体，对表面模型不适用。在对三维对象应用此命令时，AutoCAD 的提示顺序与二维对象倒角时不同。

（1）执行【常用】—【修改】—【倒角】命令。

（2）命令行输入【chamfer】，回车后，根据命令行提示，输入好倒角距离，并选择所需倒角边即可。

【例 4-5-21】　三维对象倒直角，如图 4-5-16 所示。

绘制扇形柱，如图 4-5-16（a）所示。

命令：chamfer

选择第一条直线或［放弃（U）/多段线（P）/距离（D）/角度（Z）/修剪（T）/方式（E）/多个（M）］：选择基面

输入曲面选择选项［下一个（N）/当前（OK）］＜当前＞：OK

指定基面倒角距离或［表达式（E）］＜0.000＞：20

指定其他曲面倒角距离或［表达式（E）］＜0.000＞：20

选择边或［环（L）］：依次选择倒角边

最终呈现如图 4-5-16（b）所示。

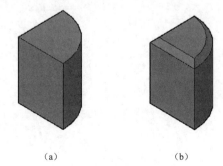

图 4-5-16　三维对象倒直角

4. 三维对象倒圆角

三维倒圆角命令可以给实心体的棱边倒圆角，该命令对表面模型不适用。在 3D 空间中使用此命令时与在 2D 中有所不同，用户不必事先设定倒角的半径值，AutoCAD 会提示用户进行设定。

(1) 执行【常用】—【修改】—【倒圆角】命令。

(2) 命令行输入【fillet】，回车后，根据命令行提示，输入半径值，并选中要倒角的实体边即可。

【例 4-5-22】 三维对象倒圆角，如图 4-5-17 所示。

绘制扇形柱，如图 4-5-17 (a) 所示。

命令：fillet

课后巩固
练习 4.5

选择第一个对象或 [放弃 (U)/多段线 (P)/半径 (D)/修剪 (T)/多个 (M)]：选择对象

指定圆角半径或 [表达式 (E)]＜300.0000＞：20

选择边或 [链 (C)/环 (L)/半径 (R)]：依次选择倒圆角边

最终呈现如图 4-5-17 (b) 所示。

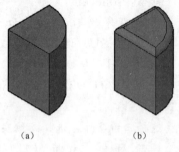

(a)　　　　(b)

图 4-5-17　三维对象倒圆角

模块 5　计算机绘制专业图操作实训

任务 5.1　水利工程图绘图实训

【教学目标】

一、知识目标

1. 水利工程图缩放比例的设置方法。

2. 水利工程图文字样式与尺寸标注样式的设置。

3. 应用 AutoCAD2017 软件绘制水利工程图的方法和技巧。

二、能力目标

应用 AutoCAD2017 软件绘制水利工程图的方法和技巧，提高绘制专业图的能力。

三、素质目标

树立并培养严谨细致、一丝不苟的工作意识及作风。

【教学内容】

1. 水利工程图缩放比例的设置方法。

2. 水利工程图绘图环境的设置。

3. 应用 AutoCAD2017 软件绘制水利工程图的方法和技巧。

5.1.1　水利工程图缩放比例的设置与绘图方法

5.1.1.1　水利工程图缩放比例的设置

工程图纸由图幅、图形实体、尺寸标注和文字标注等部分组成。由于所表达的水利工程建筑物的尺寸都比较大，因此画图时一般需要选择缩小比例作图。画一张工程图纸两种绘图方式，一是放大图幅，以原尺寸绘制图形并标注，出图时缩小比例打印，下面称之为"先画不缩"；二是按原尺寸先画图形，然后按出图比例缩小图形，放入相应的图幅，再出图，下面称之为"先画后缩"。第一种方法在设计院中常用，只是在标注文字和各种符号时，需要按比例放大文字字高和符号的大小，标注尺寸时，将标注样式中的"使用全局比例"的值按比例放大。第二种方法对于文字、符号的添加比较容易，线型特性的显示也比较适合，对于一幅图中有多种比例的图形的绘制也比较方便，只需将按原尺寸画好的图形按相应的比例缩小后放入图幅，并设置相应比例的尺寸标注样式即可标注尺寸。下面以比例为 1：100 的 A3 工程图纸为例，说明绘图的两种方式。

1. 先画不缩

(1) 绘制图幅、图框、标题栏。

打开一张新图纸，绘制图幅、图框、标题栏（或者调入以前已画好的 A3 图框、标题栏，或者打开一张已经创建好的 A3 模板图纸）后将其按比例放大 100 倍。

（2）设置文字样式。

1）设置"数字和字母"文字样式：执行文字样式（style）命令，新建文字样式"数字和字母"，将字体改为"gbeitc. shx"或其他工程字体，点击"应用"，如图 5 - 1 - 1 所示。

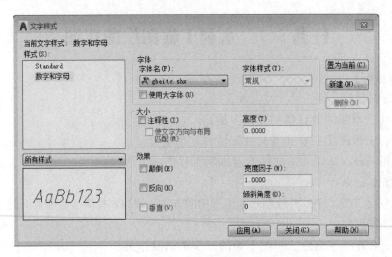

图 5 - 1 - 1　设置"数字和字母"文字样式

2）设置"汉字"样式：执行文字样式（style）命令，新建文字样式"汉字"，将字体改为"仿宋"，将宽度因子改为"0.7"，点击"应用"，如图 5 - 1 - 2 所示。

图 5 - 1 - 2　设置"汉字"文字样式

（3）设置尺寸标注样式。

执行标注样式（dimstyle）命令，新建"1 - 100"标注样式，按国标规定设置，"线"、"符号和箭头"、"文字"和"调整"，其中"文字"选项卡中文字样式选"数字

和字母"，"调整"选项卡中，使用全局比例改为"100"，并保存该尺寸标注样式，如
图 5-1-3 所示。

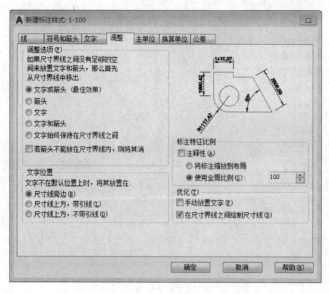

图 5-1-3　"先画不缩"标注样式

（4）按 1∶1 比例绘制所有图形实体，即按图形所标注实际尺寸输入绘制。

（5）将"1-100"标注样式设置为当前，标注图形尺寸。

（6）按标准字高的 100 倍，以设置的"汉字"和"数字和字母"样式标注图中的文字。

（7）打印图形，启动打印"plot"命令，在"打印设置"选项卡的"图纸尺寸相
图形单位"选项组中选择"mm"单选按钮，即采用 mm 作为长度单位，在"打印比
例"选项组中，设置打印比为 1∶100。设置完打印参数后，单击"确定"按钮，即
可打印出图。

2. 先画后缩

（1）绘制图幅、图框、标题栏。

打开一张新图纸，绘制图幅、图框、标题栏（或者调入以前已画好的 A3 图框、
标题栏，或者打开一张已经创建好的 A3 模板图纸）。

（2）设置文字样式。

"数字和字母"和"汉字"文字样式的设置同上。

（3）设置尺寸标注样式。

执行标注样式（dimstyle）命令，新建"1-100"标注样式，按国标规定设置，
"线"、"符号和箭头"、"文字"和"调整"，其中"文字"选项卡中文字样式选"数字
和字母"，"调整"选项卡中，使用全局比例仍为"1"，将"主单位"选项卡中，比例
因子改为"100"，并保存该尺寸标注样式，如图 5-1-4 所示。

（4）在图幅外部，按 1∶1 比例绘制所有图形实体，即按图形所标注实际尺寸输
入绘制，绘制完成后，执行比例缩放命令（scale），输入比例因子为 0.01，将绘制的

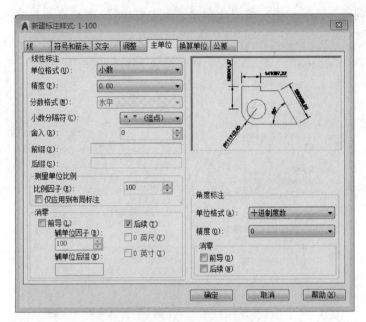

图 5-1-4　"先画后缩"标注样式

所有图形缩小为原来的 1/100，将图形移动到 A3 图幅内。

（5）将"1-100"标注样式设置为当前，标注图形尺寸。

（6）按标准字高，以设置的"汉字"和"数字和字母"样式标注图中的文字。

（7）打印图形，启动打印"plot"命令，在"打印设置"选项卡的"图纸尺寸相图形单位"选项组中选择"mm"单选按钮，即采用 mm 作为长度单位，在"打印比例"选项组中，设置打印比为 1∶1。设置完打印参数后，单击"确定"按钮，即可打印出图。

5.1.1.2　水利工程图绘图方法

水利工程图是表达水工建筑物设计意图，施工过程的图样，一般包括规划图、枢纽布置图、建筑结构图、施工图和竣工图等。水利工程图的画图步骤如下：

（1）分析资料确定最佳表达方案。

（2）选择合适的图幅和作图比例。

（3）进行图面布置，画作图基准线，如建筑物轴线（中心线），主要轮廓线等。

（4）画轮廓线：先画特征视图和主要部分轮廓，再画其他视图和次要部分轮廓，最后画细部结构。

（5）填充材料，标注尺寸、文字、标高和图名。

（6）检查修改后打印出图。

5.1.2　土石坝最大横断面图的绘制

5.1.2.1　工程图分析

某土石坝最大横断面图，如图 5-1-5 所示。

5-1　专业图绘图环境的设置

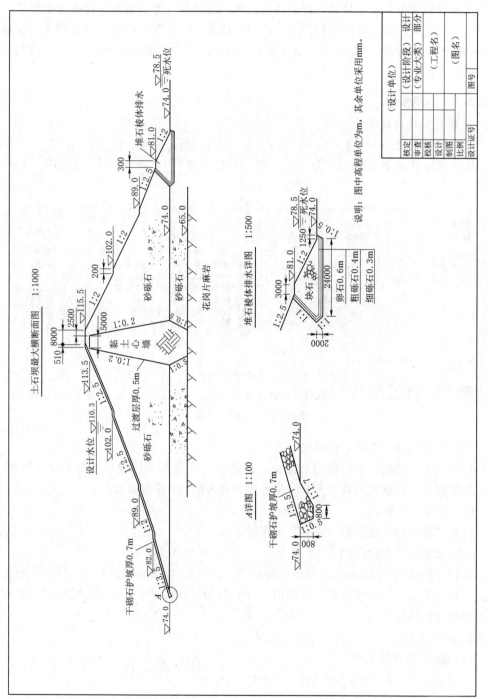

图 5 – 1 – 5 土石坝最大横断面图

　　分析：该土石坝最大横断面图有 3 个图形，由土石坝最大横断面图（比例 1∶1000）和两个详图：A 详图（比例 1∶100）和堆石棱体排水详图（比例 1∶500）组成。图形轮廓简单，尺寸易读，只需注意高程、坡度等尺寸和建筑材料的填充即可。

　　我们以先画后缩的方法进行讲解。绘图时按原尺寸，可先画详图，再画土石坝最大横断面图，然后按 1∶100、1∶500 和 1∶1000 的比例将相应图形缩放后移入图框，然后进行标注。

5.1.2.2　绘图步骤

1. 绘图环境的设置

（1）设置图层。

执行图层管理器（layer）命令，打开"图层管理器"，新建图层，如图 5 - 1 - 6 所示。

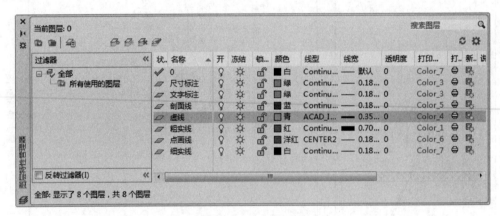

图 5 - 1 - 6　设置图层

（2）绘制图幅、图框、标题栏。

打开一张新图纸，绘制图幅、图框、标题栏（或者调入以前已画好的 A3 图幅，装订式图框线、标题栏，或者打开一张已经创建好的 A3 模板图纸）。

（3）设置文字样式。

设置"数字和字母"和"汉字"文字样式。

（4）设置尺寸标注样式。

执行标注样式（dimstyle）命令，新建"1 - 100"、"1 - 500"和"1 - 1000"标注样式，将"主单位"选项卡中，比例因子分别改为"100"、"500"和"1000"，并保存三个尺寸标注样式。

2. 绘制图形

（1）绘制 A 详图。

在图幅外部，按 1∶1 比例绘制 A 详图。

将"点划线"图层置为当前，应用"直线（line）""偏移（offset）"等命令，根据 A 详图中的尺寸、高程、坡度等绘制基准线，如图 5 - 1 - 7（a）所示。

将"粗实线"图层置为当前，"直线（line）""复制（copy）"等命令，连接 A

详图中轮廓，绘制图形，如图 5-1-7 （b）所示。

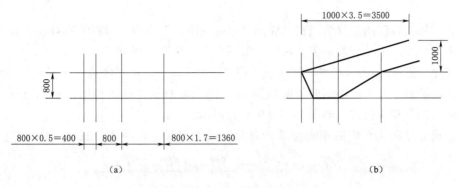

(a)   (b)

图 5-1-7 A 详图的绘制

（2）绘制堆石棱体排水详图。

在图幅外部，按 1∶1 比例绘制堆石棱体排水详图。

将"点划线"图层置为当前，应用"直线（line）""偏移（offset）"等命令，根据堆石棱体排水详图中的尺寸、高程、坡度等绘制基准线。

将"粗实线"图层置为当前，"直线（line）""复制（copy）""延伸（extend）""修剪（trim）"等命令，绘制图形，如图 5-1-8 所示。

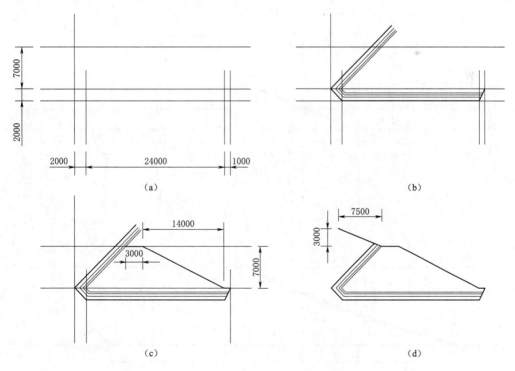

(a)   (b)

(c)   (d)

图 5-1-8 堆石棱体排水详图的绘制

（3）土石坝最大横断面图。

将"点划线"图层置为当前，根据土石坝最大横断面图中的尺寸、高程、坡度的标注，应用"直线（line）""偏移（offset）"等命令，绘制基准线，如图 5-1-9（a）所示。

将"粗实线"图层置为当前，应用"直线（line）"命令，捕捉基准线的交点绘制出土石坝坝顶、上游坝坡和下游坝坡，如图 5-1-9（b）所示。

应用"偏移（offset）""复制（copy）""延伸（extend）""修剪（trim）"等命令，绘制上游护坡，并将已绘制的上游坝脚 A 详图和堆石棱体排水详图复制到土石坝最大横断面图的相应位置，如图 5-1-9（c）所示。

根据心墙和截水槽的相对位置、高程、坡度等尺寸，应用"直线（line）""偏

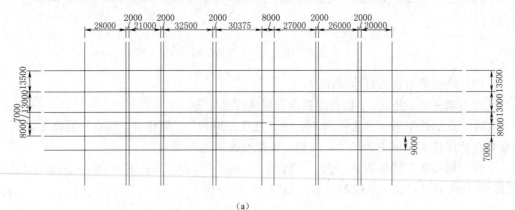

（a）

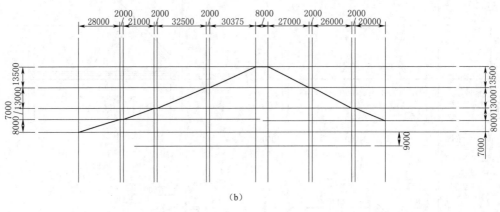

（b）

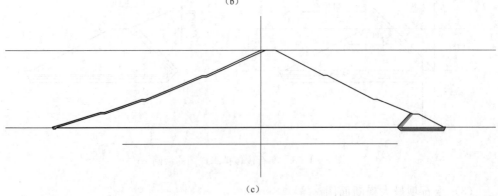

（c）

图 5-1-9（一） 土石坝最大横断面图的绘制

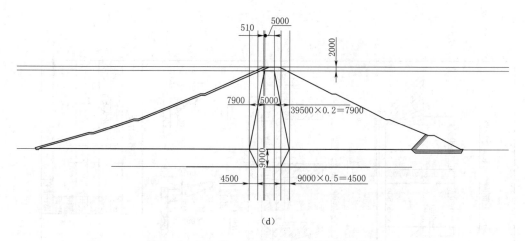

（d）

图 5-1-9（二）　土石坝最大横断面图的绘制

移（offset）"等命令，绘制心墙和和截水槽轮廓，补绘基岩线，如图 5-1-9（d）
所示。

（4）缩图。

执行比例缩放命令（scale），输入比例因子为 0.01，将 A 详图缩放 1/100 倍，输
入比例因子为 0.002，将堆石棱体排水图缩放 1/500 倍，输入比例因子为 0.001，将
堆石棱体排水图缩放 1/1000 倍后，将图形移动到 A3 图框内，注意布图合理。

3. 标注图形

（1）填充材料图例。

执行"图案填充（hatch）"命令，填充"干砌石""黏土""砂砾石"材料，用
"直线（l）"命令绘制基岩图例（或定义成块，插入块）。

（2）标注尺寸。

将"1-100"标注样式置为当前，标注 A 详图尺寸，"1-500"标注样式置为当
前，标注堆石棱体排水详图尺寸，"1-1000"标注样式置为当前，标注土石坝最大横
断面图尺寸。图中的"密集小尺寸"应设置"替代"标注样式进行标注，即标注"密
集小尺寸"时应将"替代"样式中"直线和箭头"的"第一个箭头"和"第二个箭
头"分别或同时设为"小点"。

（3）标注图名和图中文字。

按标准字高，以设置的"汉字"和"数字和字母"样式标注图中的文字、图
名等。

【注意】　本绘制方法操作清晰、易懂，但绘图较慢。在实际绘图中，可以不做基
准线，直接执行"直线""对象追踪"等命令，以坐标绘制图形。

5.1.3　水闸设计图的绘制

5.1.3.1　工程图分析

某水闸设计图，如图 5-1-10 所示。

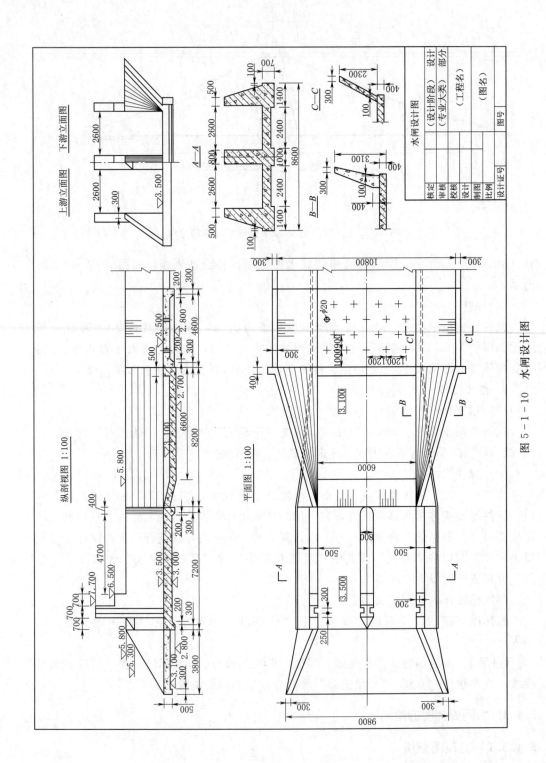

图 5 - 1 - 10　水闸设计图

分析：该水闸设计图有 6 个图形，分别为纵剖视图、平面图、上下游立面图按投影关系布置，A—A、B—B、C—C 断面图供了中间闸室断面形状和尺寸与下游翼墙的断面形状和尺寸。因此，作图时可以先画反映水闸整体形状和结构的三个视图，再画三个断面图。

5.1.3.2　绘图步骤

1. 绘图环境的设置

绘图环境的图层、文字样式、标注样式的设置及图幅、图框、标题栏绘制与土坝最大横断面图的基本相同，在此略去。

2. 绘制图形

(1) 绘制纵剖视图。

在图幅外部，按 1∶1 比例绘制纵剖视图。

将"点划线"图层置为当前，应用"直线（line）""偏移（offset）"等命令，根据纵剖视图中的尺寸、高程、坡度等绘制基准线，如图 5-1-11（a）所示。

将"粗实线"图层置为当前，"直线（line）""复制（copy）"等命令，绘制铺盖、闸底板、护坦、海漫的轮廓，如图 5-1-11（b）所示。

以"直线（line）""偏移（offset）""复制（copy）"等命令，绘制上游翼墙、闸墩、下游翼墙的轮廓，如图 5-1-11（c）所示。

以"直线（line）""等分（divide）""偏移（offset）""复制（copy）"等命令，绘

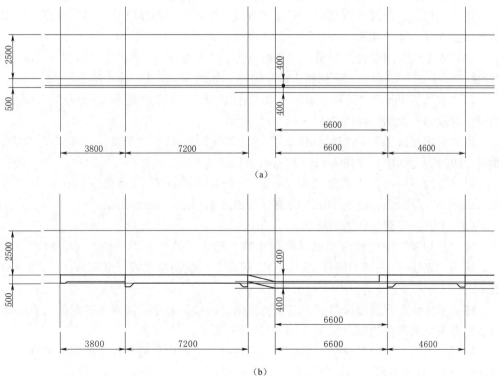

图 5-1-11（一）　纵剖视图的绘制

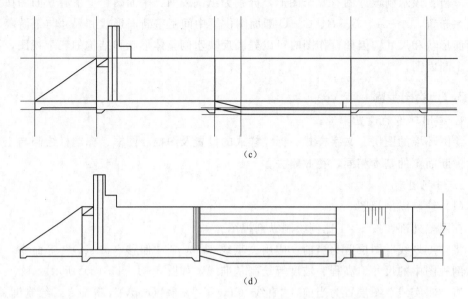

(c)

(d)

图 5-1-11（二）　纵剖视图的绘制

制纵剖视图的细节，如图 5-1-11（d）所示。

（2）绘制平面图。

在图幅外部，按 1∶1 比例绘制平面图。

将"点划线"图层置为当前，应用"直线（line）""偏移（offset）"等命令，根据平面图中的尺寸、高程、坡度等绘制基准线，如图 5-1-12（a）所示。

将"粗实线"图层置为当前，"直线（line）""复制（copy）""偏移（offset）""镜像（mirror）"等命令，绘制闸室的平面图，如图 5-1-12（b）所示。

以"直线（line）""偏移（offset）""镜像（mirror）""复制（copy）"等命令，绘制下游段的平面图，如图 5-1-12（c）所示。

以"直线（line）""偏移（offset）""镜像（mirror）""复制（copy）"等命令，绘制上游段的平面图，如图 5-1-12（d）所示。

以"直线（line）""等分（divide）""偏移（offset）""镜像（mirror）""复制（copy）"等命令，绘制平面图的细节，如图 5-1-12（e）所示。

（3）上游、下游立面图的绘制。

将"点划线"图层置为当前，根据水闸上游、下游立面图中的尺寸、高程的标注，应用"直线（line）""偏移（offset）"等命令，绘制基准线，如图 5-1-13（a）所示。

将"粗实线"图层置为当前，应用"直线（line）"命令，捕捉基准线的交点绘制出水闸上游立面图的轮廓，如图 5-1-13（b）所示。

应用"直线（line）"命令，捕捉基准线的交点绘制出水闸下游立面图的轮廓，如图 5-1-13（c）所示。

以"直线（line）""等分（divide）""偏移（offset）""镜像（mirror）""复

制（copy）"等命令，绘制水闸上游、下游立面图的细节，如图 5-1-13（d）所示。

（4）A—A、B—B、C—C 断面图的绘制。

将"点划线"图层置为当前，应用"直线（line）""偏移（offset）"等命令，根据平面图中的尺寸、高程等绘制 A—A 断面图的基准线，如图 5-1-14（a）所示。

将"粗实线"图层置为当前，"直线（line）""复制（copy）""偏移（offset）"等命令，绘制 A—A 断面图，如图 5-1-14（b）所示。

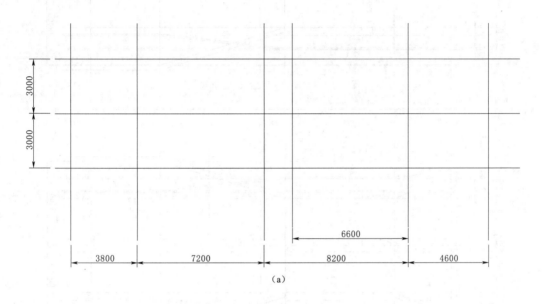

（a）

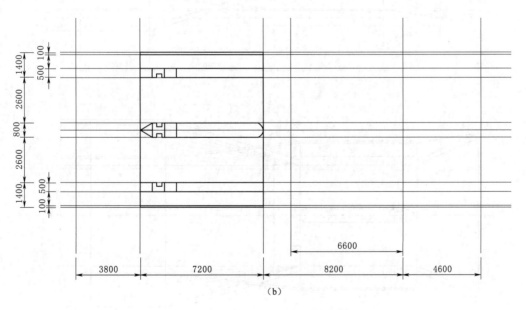

（b）

图 5-1-12（一）　平面图的绘制

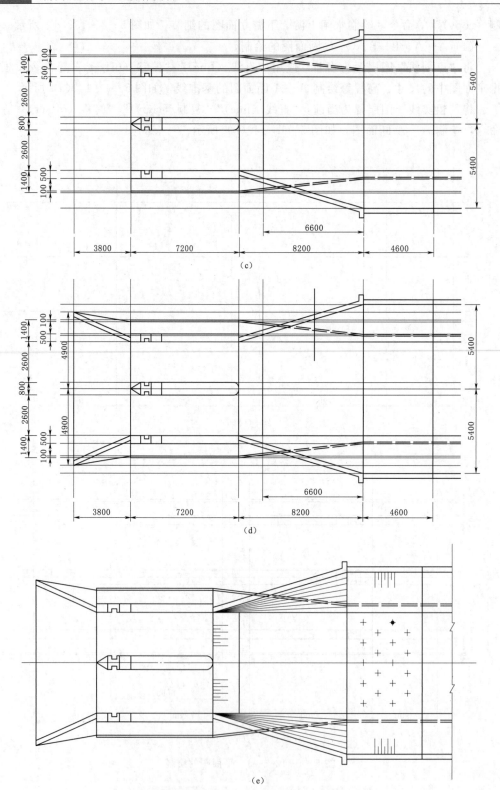

(c)

(d)

(e)

图 5-1-12（二） 平面图的绘制

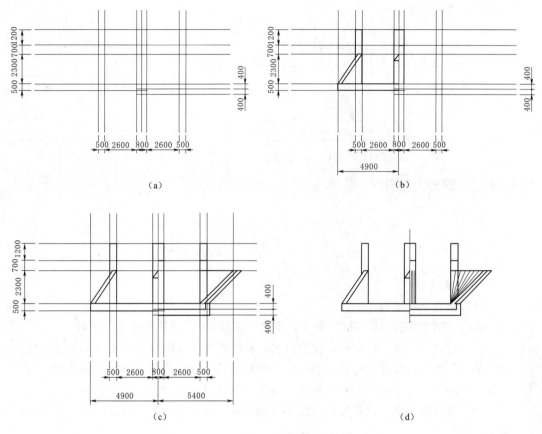

图 5-1-13　上游、下游立面图的绘制

同理绘制 $B—B$ 断面图和 $C—C$ 断面图，如图 5-1-14（c）、（d）所示。

（5）缩图。

执行比例缩放命令（scale），输入比例因子为 0.01，将六个视图缩放 1/100 倍后移动到 A3 图框内，注意布图合理，主要视图满足投影规律。

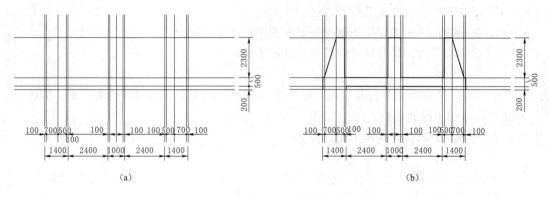

图 5-1-14（一）　三个断面图的绘制

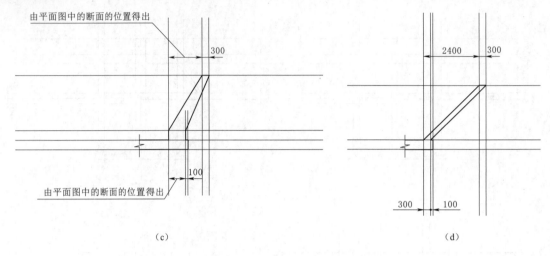

（c）　　　　　　　　　　　　　　　　　　　　（d）

图 5-1-14（二）　三个断面图的绘制

3. 标注图形

（1）填充材料图例。

执行"图案填充（hatch）"命令，填充"混凝土""钢筋混凝土"材料。

课后巩固练习 5.1

（2）将"1-100"标注样式置为当前，标注尺寸。本图中的"密集小尺寸"应设置"替代"标注样式进行标注，即标注"密集小尺寸"时应将"替代"样式中"直线和箭头"的"第一个箭头"和"第二个箭头"分别或同时设为"小点"。

（3）按标准字高，以设置的"汉字"和"数字和字母"样式标注图中的文字、图名等。

任务 5.2　房屋建筑 CAD 图绘制

【教学目标】

一、知识目标

1. 熟练掌握用 CAD 绘制建筑平面图、立面图的步骤和方法。

2. 了解图层的概念及其设置方法。

3. 掌握建筑平面图常用图例绘制及立面图的图示方法。

4. 掌握文字输入以及尺寸和符号标注的方法。

课前预习 5.2

二、能力目标

1. 通过 CAD 绘制房屋建筑图，使学生具有对建筑施工图的空间想象能力，同时可进行基本施工图的绘制。

2. 初步具备识读建筑施工图的能力。

三、素质目标

通过建筑平面图、立面图的绘制与识读，使学生具有一定的 CAD 绘图功底素养。

【教学内容】

1. 建筑平面图绘制。

2. 建筑立面图绘制。

5.2.1 建筑平面图的绘制

用 AutoCAD 绘制建筑平面图要遵循先整体后局部，并按以下步骤来绘制完整的建筑平面图：创建图层，绘制轴线，绘制墙体，绘制门窗洞口，绘制门窗、楼梯及其他局部构件，标注尺寸，标注文字，整理图形。

一般来说，多层房屋应画出各层平面图，但当有些层的平面布置相同，或仅有局部不同时，则只需要画出一个共同地平面图，也称为标准层平面图。而对于局部不同之处，只需另绘局部平面图。故一栋建筑物所有平面图应包括底层平面图、标准层平面图、屋顶平面图和局部平面图。

5.2.1.1 创建图层

在绘制具体的图形之前，需要创建不同的图层，以便对各种图形进行分类，方便各种操作。图形界限在前面已经创建的 A3 模板中进行。打开 A3 模板后，设置图层。图层中的各种线性的设置按照《建筑制图标准》（GB/T 50104—2010）规定的图线宽度以及现行国家标准《房屋建筑制图统一标准》（GB/T 50001—2017）的有关规定选用。

设置图层的具体操作如下：

第一步，打开 A3 模板，在"面板"选项板的"图层"控制台中单击"图层特性"按钮，快捷键为"la"，单击"新建图层（N）"按钮，快捷键为"Alt＋N"创建各个图层，效果如图 5-2-1 所示。

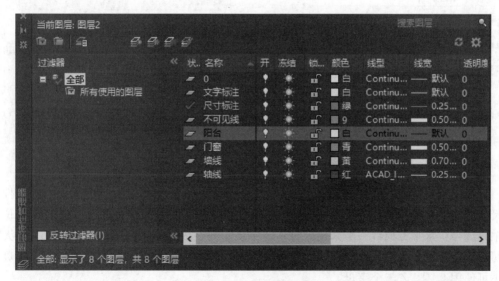

图 5-2-1 图层设置

第二步，选中"轴线"图层，单击相应的"颜色"列表中的"白图标"，打开"选择颜色"对话框，设置颜色为红色，设置完成后，单击"确定"按钮，具体详见图 5-2-2 所示。

第三步，单击"轴线"图层中"线型"列表中的"Contiuous 图标"，打开选择线型对话框。单击"加载"按钮，打开"加载或重载线型"对话框，如图 5-2-3 所示。选择 ACAD _ IS010W100 线型，单击"确定"按钮，返回到"选择线型"对话框，选择刚刚加载的线型，如图 5-2-4 所示，单击"确定"按钮完成线型设置。

第四步，使用相同的方法，设置其他图层的颜色、线型以及线宽等特性。

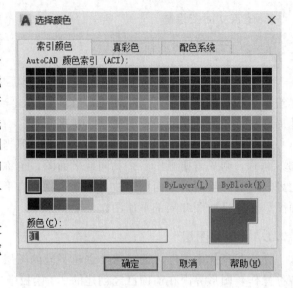

图 5-2-2　颜色选取

5.2.1.2　绘制轴线

1. 定位轴线

在建筑施工图的绘制过程中，用来表示建筑物主要构件的位置所使用的直线称为定位轴线，一般用细单点划线绘制。定位轴线是绘制施工图其他部分的基础，同时也是施工过程中放线和定位的重要依据。

图 5-2-3　加载或重载线型

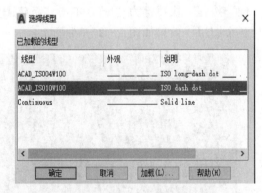

图 5-2-4　选择线型

绘制定位轴线时主要注意以下两点：①附加轴线主要用于对一些建筑附属的构件尺寸的定位，如排烟口或一些楼梯等；而主轴线则用来定位建筑的整体尺寸；②定位轴线编号：水平方向线一般采用阿拉伯数字从左到右依次标注，垂直方向一般采用大写拉丁字母从下到上依次标注，为了避免与水平方向数字 0、1、2 相混淆，拉丁字母不可使用 0、I、Z 三个字母。

绘制具体步骤如下：

第一步，将图层切换到"轴线"图层。选择"绘图"→"构造线"命令，快捷键"XL"。绘制一条水平基准定位轴线和垂直基准定位轴线。

第二步，选择两条直线并右击，从弹出的快捷菜单中选择"特性"命令，打开

"特性"选项板,设置"线型比例"为 50,效果如图 5-2-5 所示。

第三步,选择"修改"→"偏移"命令,按照图纸设置偏移距离为 3900,选择要偏移的对象即水平轴线,指定要偏移那一侧,向右点击一点,第二条水平轴线就出现了。再用同样的方法对剩下的水平轴线和垂直轴线进行绘制,偏移尺寸如图 5-2-6 所示。

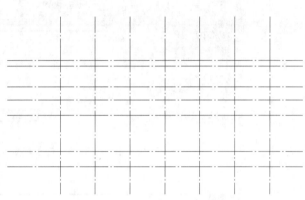

图 5-2-5 线型比例　　　　　　　　　图 5-2-6 轴网

2. 标准层平面图中的柱网绘制

建筑施工图中承重结构柱在平面图中排列所形成的网格称为柱网。

柱子的绘制方法比较简单,主要使用"矩形"命令和"图案填充"命令进行绘制,绘制时需要把柱子定义为图块,在平面图中插入柱子时,可以一个一个地插入,也可以使用复制命令,定位的基准就是轴线的交点。具体操作步骤如下:

第一步,切换到柱网图层,选择"矩形"命令,快捷键"REC"。在绘图区内任意选择一点,然后输入另一个角点的相对坐标(@400,400),点击空格,完成矩形的绘制。

第二步,选择"填充"命令,快捷键"H",在矩形内部拾取一点,填充效果如图 5-2-7 所示。

第三步,选择"创建块"命令,打开"块定义"对话框,拾取矩形的对角线交点为基点,选择所有图形,块定义为"柱子",设置如图 5-2-8 所示,单击"确定"按钮完成图块的创建。

图 5-2-7 柱子
填充效果

第四步,选择"插入块"或"复制"工具,将柱子插入或复制到指定位置,效果如图 5-2-9 所示。

5.2.1.3 建筑平面图常用图例的绘制

1. 墙体的绘制

普通砖混结构中,常见墙体厚度主要有 120mm、240m 和 370m 三种。

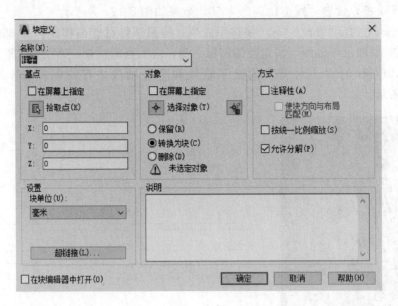

图 5-2-8　柱子块定义

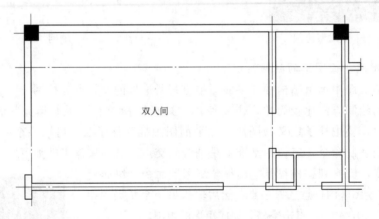

图 5-2-9　柱子绘制

（1）120 墙和 240 墙的绘制：在使用"多线样式"命令，快捷键"MLSTYLE"。绘制的过程中，宽度按照实际确定。

（2）370 墙的绘制与其他两种有所不同，需提前新建多线样式，如图 5-2-10 所示，其操作步骤如下：单击导航栏中的"格式"—"多线样式"按钮，弹出"多线样式"对话框；单击"新建"按钮，输入新建样式名称"370"；弹出"新建多线样式"对话框，修改相关参数；执行"多线"命令，命令行设置"对正"（J）为"无"、"比例"为"1"、"样式"为"370"；沿轴线完成墙体绘制。

（3）砖混结构墙体的图例，当图纸比例小于 1∶100 时，墙体为留白，如图 5-2-11 所示；当图纸比例大于 1∶100 时，砖体填充为国家标准图例符号，如图 5-2-12 所示。

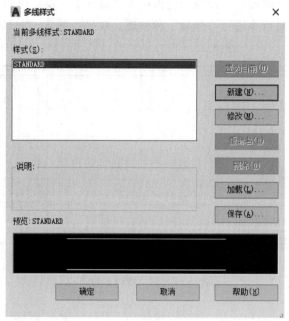

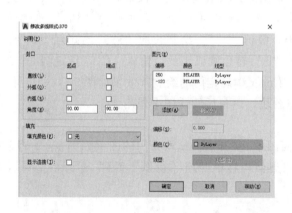

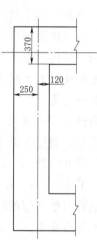

图 5-2-10　墙体绘制

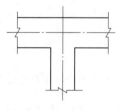

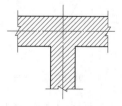

图 5-2-11　墙体 1　　　　　图 5-2-12　墙体 2

2. 标准层平面图中墙线的绘制

在绘制建筑平面图的过程中，墙线的绘制在轴线和柱网绘制之后，决定了建筑的

基本结构，其具体步骤如下：设置当前图层为"墙体"图层，执行"多线"命令绘制墙线，编辑墙线，对墙线进行"修剪"和整理。效果如图 5-2-13 所示。

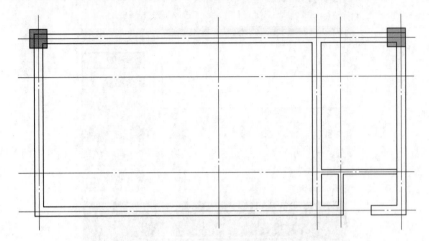

图 5-2-13　墙线的绘制

3. 门的绘制

（1）单开门的绘制。

在平面图中绘制门时，最常采用的方法就是使用多段线，当然也可以采用直线和圆弧绘制。具体操作步骤如下：选择"多段线"命令，快捷键"PL"。捕捉墙线中点，待光标变绿输入线宽的一半，数值"15"。绘制长为"585"，宽为"30"的多段线，更改线宽为"0"。然后输入"A"转化圆弧工具，输入"C"，指定圆心，指定墙体中心为圆心，再输入角度。按 Enter 键确定门的绘制，效果如图 5-2-14 所示。在绘制完成后，将单开制作成动态图块，以备后续绘图中使用。

（2）双开门的绘制。

1）90°开启 2m。双开门平面图中 90°开启 2m 双开门的图例如图 5-2-15 所示，其绘制过程与单开门的绘制过程类似，将单开门"镜像"得到 90°开启 2m 双开门，此处不再过多介绍。

M1

图 5-2-14　单开门

M2

图 5-2-15　双开门

2）45°开启 2m。双开门平面图中 45°开启 2m，其绘制过程为：使用"捕捉"和"极轴追踪"功能（增量角设置为 45°），绘制角度为"-45°"、长度为"1000"的直线，以所绘直线为半径绘制圆，执行"修剪"命令得到 45°开启单开门，执行"镜像"命令完成 45°开启 2m 及双开门绘制，制作属性图块。

4. 窗的绘制

在绘制窗之前，与门的绘制相同，首先要打断墙线，绘制好窗洞。平面图中窗的绘制步骤如下：设置"门窗"图层为当前图层；新建"多线样式"并置为当前，如图 5-2-16 所示。以外墙为例，依次绘制窗线（比例"1"，对正"Z"）；更改图层为"文字"图层，书写窗编号。

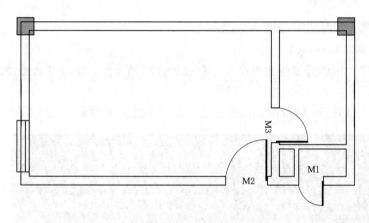

图 5-2-16　窗的绘制

5.2.2　建筑立面图的绘制

5.2.2.1　建筑立面图概述

建筑立面图是建筑物立面的正投影图，主要反映建筑物的外貌和立面装饰情况。可以看作是由很多构件组成的整体，包括墙体、梁、柱、屋顶、门窗、阳台、雨篷以及雨水管等。同时应包含图名和绘图比例、外墙面上的装修做法、材料、装饰图线、色调等。建筑立面图绘制的主要任务是：恰当地确定立面中这些构件的比例和尺度，以达到结构的完整，满足建筑结构和美观的要求。一个建筑一般应该绘制出每一侧的立面图，但当各侧面较为简单或有相同立面时，可以绘制主要的立面图。常见的主要立面图包括以下 3 种：

（1）正立面图：表示建筑物正立面特征的正投影。

（2）背立面图：表示建筑物背立面特征的正投影。

（3）侧立面图：表示建筑物侧立面特征的正投影。侧立面图又分为左侧立面图和右侧立面图。常见立面图的命名方式有以下三种：

1）对于有定位轴线的建筑物，可按照两端定位轴线编号命名，如"①～⑩立面图"。

2）对于无定位轴线的建筑物，可按平面图各面的朝向确定名称，如东立面图、西立面图。

3）按照建筑墙面特征命名，反映主要出入口或显著房屋外貌特征的那一面的立面图称为正立面图，其余立面图相应称为背立面图和侧立面图。

5.2.2.2　绘制立面图步骤

立面图的绘制主要包括外轮廓的绘制以及内部图形的绘制，同样也主要使用轴线和辅助线进行定位。绘制建筑立面图的主要步骤如下：设置绘图环境，创建图层，绘制轴线，绘制立面外轮廓线，绘制门扇，绘制屋顶、阳台、雨篷、坡道和装饰线，标注尺寸、文字，整理图形。

5.2.2.3　建筑立面图常用图例的绘制

1. 绘制辅助线和轴线

立面图中，同样需要创建图层，绘制辅助线和轴线的方法与平面图中类似。具体操作步骤如下：

第一步，打开 A3 样板图，创建图层，图层创建效果如图 5－2－17 所示。

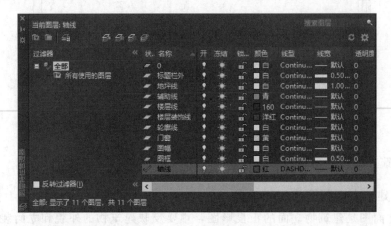

图 5－2－17　图层创建效果

图 5－2－18　设置比例因子

第二步，切换到"辅助线"图层，选择"构造线"命令快捷键 xl，绘制水平构造线。

第三步，切换到"轴线"图层，绘制垂直构造线，并将构造线向右偏移，选择所有垂直轴线并右击，从弹出的快捷菜单中选择"特性"命令，在打开的"特性"选项板中设置比例为 50，效果如图 5－2－18 和图 5－2－19 所示。

2. 绘制地坪线和轮廓线

地坪线和轮廓线可使用直线绘制，也可以使用多段线绘制，其定位由辅助线和轴线的偏移线完成。具体操作步骤如下。

选择"地平线"图层，在已知轴线上选择基线作为地坪线，切换到"轮廓线"图层，选择"矩形"命令，快捷键"REC"，按照轴线交点绘制矩形，删除多余的线条，效果如图 5－2－20 所示。

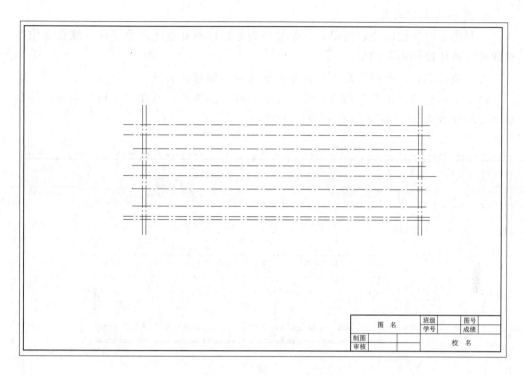

图 5-2-19　轴线辅助线创建效果

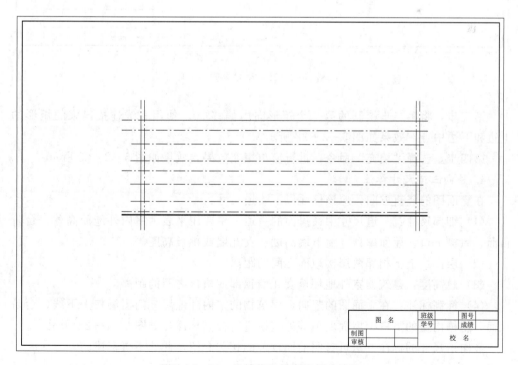

图 5-2-20　地坪线和轮廓线创建效果

3. 绘制立面窗效果

立面图中窗的绘制比较简单，主要使用矩形、偏移和直线命令完成，注意定位准确即可。具体操作步骤如下：

第一步，选择"偏移"命令，将左侧轴线向右偏移。

第二步，选择"矩形"命令，绘制 600×3000 的矩形，选择"矩形"命令，绘制 1800×3000 的矩形，效果如图 5-2-21 所示。

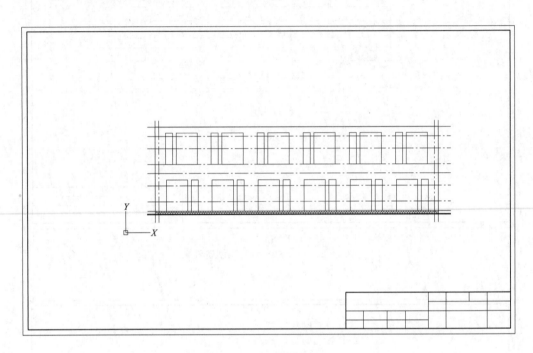

图 5-2-21 窗效果图一

第三步，将第二步绘制的第二个矩形向内偏移 50，使用直线连接出来的矩形的上边和下边中点，效果如图 5-2-22 所示。

第四步，选择"填充"命令，进行窗户填充效果，效果如图 5-2-23 所示。

4. 竖向三道尺寸标注

在立面图的竖直方向，应该标注以下 4 道尺寸：

（1）细部尺寸：三道尺寸中最里面的一道，主要用来表示室内外地面高差、台阶顶面、屋檐下口、屋面屋顶，窗下墙高度、女儿墙或挑板高度等。

（2）层高：上下相邻两层楼地面之间的距离。

（3）总高度：建筑物室外地坪至女儿墙顶部或檐口之间的距离。

（4）标高标注：在立面图的竖向，建筑物的室内外地坪、门窗洞口上下线、台阶顶面、屋檐雨篷的下口、屋面屋顶等处应该进行标高标注，如图 5-2-24 所示。

竖向道尺寸的标注方法可参照前面章节的相关介绍，此处不再赘述。

课后巩固
练习 5.2

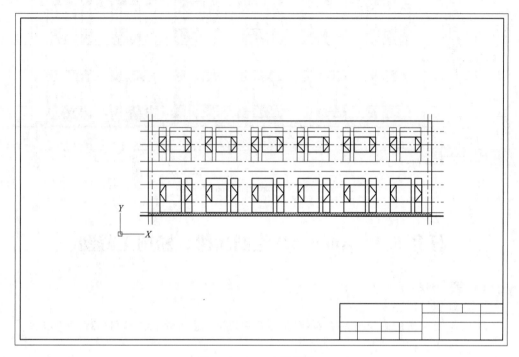

图 5-2-22 窗效果图二

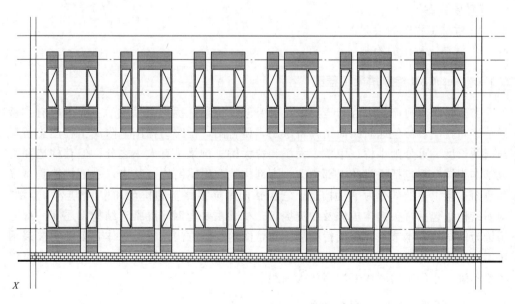

图 5-2-23 窗填充效果

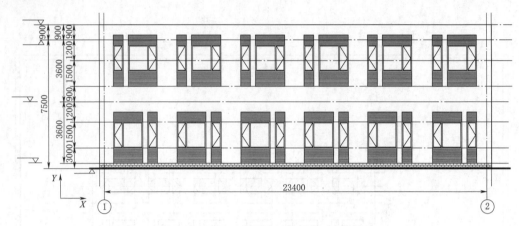

图 5-2-24　建筑立面图的尺寸标注

任务 5.3　AutoCAD 绘制桥梁、涵洞工程图

课前预习 5.3

【教学目标】

一、知识目标

了解绘图比例的确定方法；掌握 AutoCAD2017 绘制桥梁、涵洞工程图的步骤。

二、能力目标

通过本章学习，学生能绘制桥梁侧面图、立面图和平面图，涵洞工程图。

三、素质目标

通过对桥梁工程图和涵洞工程图的绘制，使学生更好地理解施工图纸。

【教学内容】

1. 桥梁工程图的绘制。

2. 涵洞工程图的绘制。

5-1　工程图集

5.3.1　AutoCAD 绘制桥梁工程图

当公路跨越河流、山谷和道路时，需要架设桥梁。桥梁工程图的主要内容有：桥梁总体布置图，桥位地质断面图，桥墩图，桥台图，桥跨结构图，附属工程图。桥梁根据其长度，可分为小桥、中桥、大桥和特大桥。桥梁虽有大小之分，但其构造和组成基本相同，都包括桥梁的上部构造、下部构造和附属结构。其中，上部构造是指梁和桥面；梁以下的部分为下部构造，它包括两岸连接路基的桥台和中间的支承桥墩；附属结构则包括桥头锥体护坡及导流堤等。桥梁主要为钢筋混凝土结构，还有一部分桥梁为钢结构。本节主要介绍桥梁总体布置图的绘制方法。桥梁总体布置图主要表示桥梁的形式、跨径、净孔高、孔数、桥墩和桥台的形式、总体尺寸等，一些细节可以省略不画，小间距的图线要适当放大间距。

5.3.1.1　桥梁工程图绘图前准备

绘制桥梁工程图，通常有两种绘图环境的设置方法。

（1）新建图形文件，打开样板图 A2，为了以 1∶1 的比例绘图，即按实际尺寸绘图，需要将图框标题栏放大 100 倍，将尺寸标注样式中的"使用全局比例"设置为 100，文字高度比打印的字高放大 100 倍。线型比例根据需要调整，打印比例为 1∶100。

（2）新建图形文件，打开样板图 A2，为了以 1∶1 的比例绘图，即按实际尺寸绘图，然后缩小 100 倍放置到图框标题栏内，将尺寸标注样式中的"使用全局比例"设置为 1，文字高度设置为打印的高度，也就是文字样式和尺寸样式不变，打印比例为 1∶1。

5.3.1.2　桥梁工程图绘图步骤

5-5　桥梁侧面图的绘制

桥梁总体布置图主要包括侧面图、立面图和平面图，在绘制桥梁总体布置图时，因为侧面图反映了空心板和 T 形主梁板的断面实形，因此应先绘制侧面图。

1. 桥侧面图的绘制步骤

（1）建立图层、文字样式和尺寸样式。

（2）打开"正交模式"，用偏移等命令画定位线，如图 5-3-1 所示。

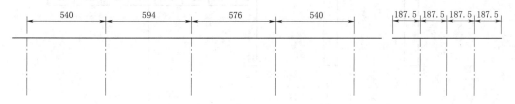

图 5-3-1　定位线的绘制

（3）画空心板，如图 5-3-2 所示。

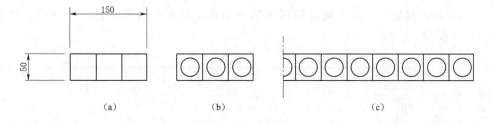

图 5-3-2　空心板的绘制

画空心板步骤如下：

第一步，在屏幕空白处画矩形，然后分解矩形、偏移直线，如图 5-3-2（a）所示。

第二步，利用"对象捕捉追踪"功能确定回心画圆，如图 5-3-2（b）所示。

第三步，复制、修剪图形。

第四步，将所面图形移至所要求的位置，如图 5-3-2（c）所示。

（4）画 T 形主梁板，如图 5-3-3 所示。打开"正交模式"，输入相对坐标值等，画 T 形截面的一半，尺寸如图 5-3-3（a）所示。镜像生成另一半，复制另两个 T

形截面，并删除最右边 T 形截面的右半部分，如图 5 - 3 - 3（b）所示。然后将所画形移到要求位置，见图 5 - 3 - 3（c）。

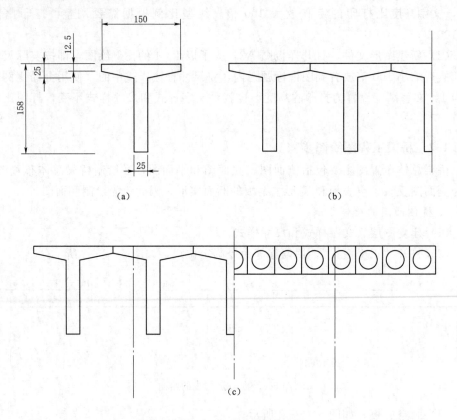

（a）　　　　　　　　　　　　　　（b）

（c）

图 5 - 3 - 3　T 形主梁板的绘制

（5）用"捕捉自"命令确定矩形的第一角点，画人行道和护栏，并镜像，如图 5 - 3 - 4 所示。

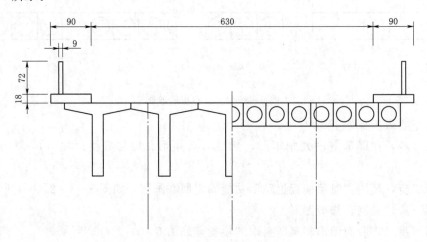

图 5 - 3 - 4　人行道和护栏的绘制

（6）用"直线""样条曲线"等命令，画桥墩立柱和墩帽，如图 5-3-5 所示。

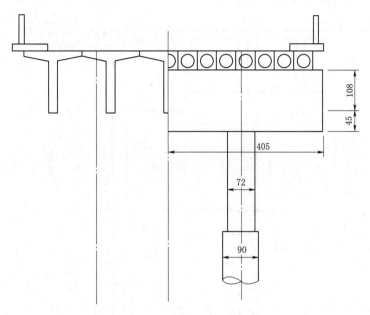

图 5-3-5　桥墩立柱和墩帽的绘制

同样画另一个墩帽，复制生成另一个桥墩立柱，如图 5-3-6 所示。

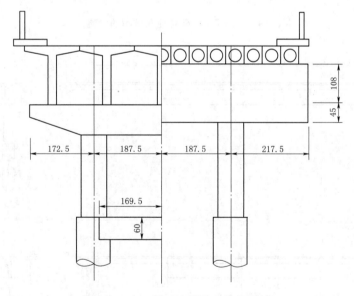

图 5-3-6　另一个桥墩立柱的绘制

5-6　桥梁
立面图的
绘制

用"镜像"命令将立柱拉伸一定长度，画立柱断裂面，如图 5-3-7 所示。

2. 桥梁立面图的绘制步骤

下面绘制桥的立面图，左半部分为立面图，右半部分为纵剖面图（侧面图），如图 5-3-8 所示。

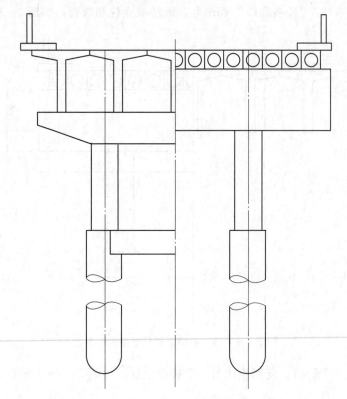

图 5 - 3 - 7　桥墩立柱和墩帽的绘制

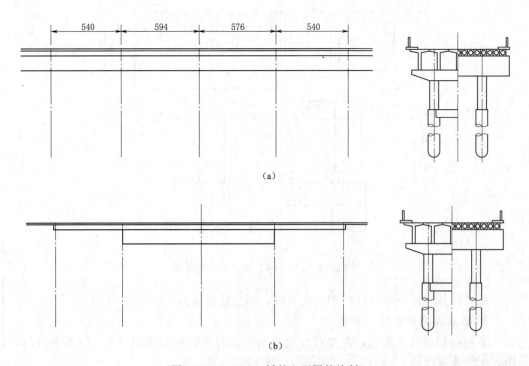

(a)

(b)

图 5 - 3 - 8（一）　桥的立面图的绘制

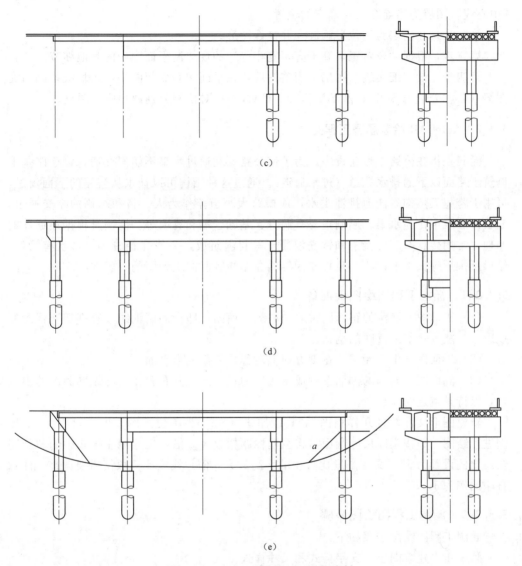

图 5 - 3 - 8 （二）　桥的立面图的绘制

第一步，画水平构造线，如图 5 - 3 - 8 （a）所示。

第二步，修剪图线，如图 5 - 3 - 8 （b）所示。

第三步，打开"正交模式"，复制桥墩立柱，根据"高平齐"画水平构造线，用"延伸""修剪"命令画墩帽，如图 5 - 3 - 8 （c）所示。

第四步，镜像桥墩立柱和墩帽，如图 5 - 3 - 8 （d）所示。

第五步，设"粗实线"图层为当前图层，输入主要点的相对坐标值画样条曲线和右侧两桥墩立柱之间的直线 a，如图 5 - 3 - 8 （e）所示。

3. 桥梁平面图的绘制步骤

桥梁平面图的绘制步骤如下：

第一步，拉长水平线交开始面的水平构造线于 A 点，过 A 点画一条 45°直线，设

5 - 7　桥梁平面图的绘制

305

"中心线"图层为当前图层，确定的位置。

第二步，在确定为的位置画圆，并镜像图形。

第三步，根据"长对正、高平齐、宽相等"的规律制平面图中的其他细节。

第四步，设"细实线"图层为当前图层，在平面图和立面图中绘示坡线，画填充图案（名称分别为 SOLID 和 ANST31、CONC）；对比例分别做相应的调整。

5.3.2　AutoCAD 绘制涵洞工程图

涵洞是指在公路工程建设中，为了使公路顺利通过水渠不妨碍交通，设于路基下修筑于路面以下的排水孔道（过水通道）。通过这种结构可以让水从公路的下面流过，可用于跨越天然沟谷洼地排泄洪水，或横跨大小道路作为人、畜和车辆的立交通道，或农田灌溉中作为水渠。涵洞主要有洞身、基础、端和翼墙等。涵洞是根据连通器的原理，常用砖、石、混凝土和钢筋混凝土等材料筑成，一般孔径较小，形状有管形、箱形及拱形等。本节以绘制盖板涵为例，介绍绘制涵洞工程图的一般方法。

5.3.2.1　涵洞工程图绘图前准备

（1）正面图。涵洞的正面图常取中心纵剖面图，即沿涵洞轴线竖直剖切所得到的投影。它能较全前地反映的构造。

（2）平面图。由于涵洞在宽度方向上对称，故面成半平面。

（3）侧面图。涵洞的侧面图画成出入口的正前图，并布置在中心纵剖面图的出入口，保持其就近对应位置。

新建图形文件，打开样板图 A3，以厘米（cm）为单位绘图，为了以 1∶1 的比例进行绘图，即按实际尺寸绘图需将图框标题栏放大 5 倍，尺寸标注样式中的"使用全局比例设置为5"，文字高度比打印的字高放大 5 倍。线型比例根据需要调整。注意打印比例为 1∶5。

5.3.2.2　涵洞工程图绘图步骤

涵洞工程图绘图步骤如下：

第一步，建立图层、文字样式和尺寸样式。

第二步，画洞身，设"中心线"图层为当前图层，打开"正交模式"，画中心线；捕捉交点画一条 45°构造线；捕捉中心线的交点画圆，画铅垂构造线；分别设"中实线""虚线"图层为当前图层画水平构造线，如图 5-3-9 所示。

第三步，用"对象捕捉追踪"和"正交模式"画端墙，倒角尺寸为 5×5，如图5-3-10（a）所示。

第四步，为了画端墙平面图，交点画构造线，如图 5-3-10（b）所示。

第五步，用"正交模式""偏移""对象捕捉追踪""修剪"及修改图层等命令，画截水墙和墙基，如图 5-3-10（c）和（d）所示。

第六步，画端墙与洞身的交线，修改洞身的部分线型，如图 5-3-10（e）所示。

第七步，用"偏移""直线"等命令画进口段底板，如图 5-3-11（a）所示。

第八步，用"圆弧""直线"等命令绘制 1/4 圆锥翼，如图 5-3-11（b）所示。

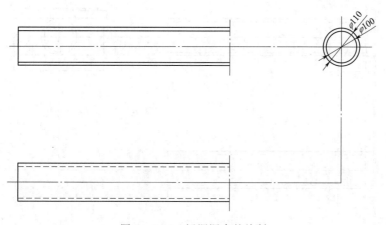

图 5-3-9   涵洞洞身的绘制

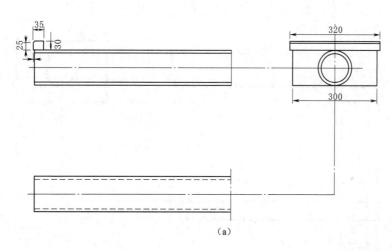

（a）

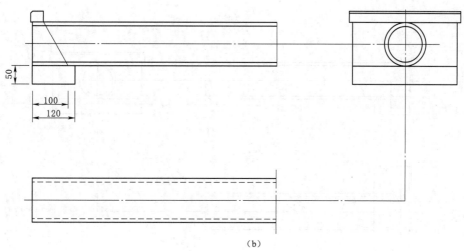

（b）

图 5-3-10（一）   涵洞端墙的绘制

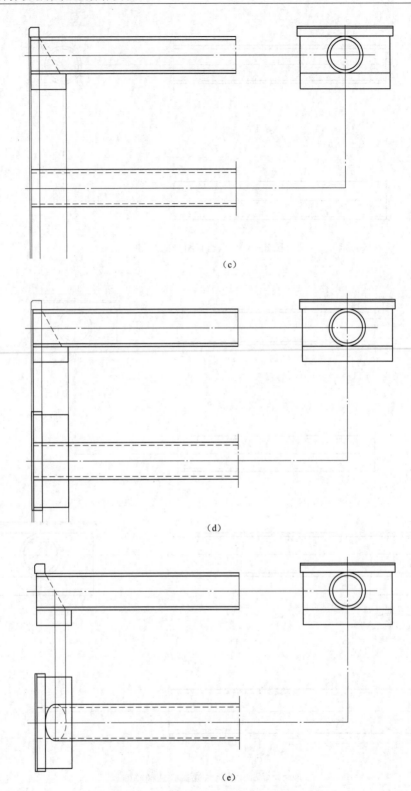

（c）

（d）

（e）

图 5-3-10（二）　涵洞端墙的绘制

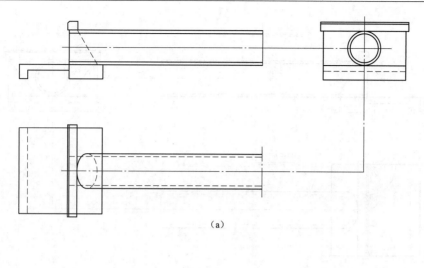

（a）

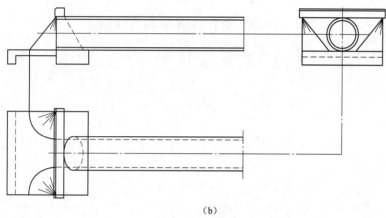

（b）

图 5-3-11 涵洞进口段的绘制

第九步，填充建筑材料图例，如图 5-3-12（a）所示。

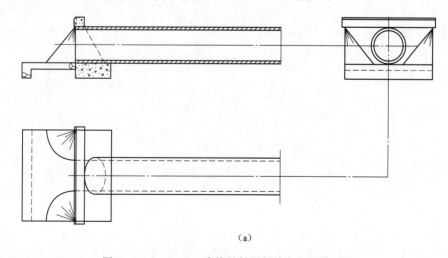

（a）

图 5-3-12（一） 建筑材料图例填充与图名标注

半纵剖面图   洞口立面图

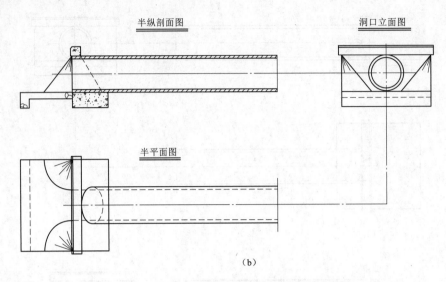

半平面图

（b）

图 5 - 3 - 12（二）　建筑材料图例填充与图名标注

课后巩固练习
5.3

第十步，建立文字样式，标注图名，完成作图，如图 5 - 3 - 12（b）所示。